郑功成论社会保障与民生系列

郑功成

中国
灾情论

郑功成 著

Disasters in China

中国劳动社会保障出版社

图书在版编目(CIP)数据

中国灾情论/郑功成著. —北京:中国劳动社会保障出版社,2009
ISBN 978 - 7 - 5045 - 7617 - 0

Ⅰ. 中… Ⅱ. 郑… Ⅲ. 灾害-研究-中国 Ⅳ. X4

中国版本图书馆 CIP 数据核字(2009)第 150199 号

中国劳动社会保障出版社出版发行

(北京市惠新东街 1 号 邮政编码:100029)

出版人: 张梦欣

*

世界知识印刷厂印刷装订 新华书店经销
787 毫米×1092 毫米 16 开本 20 印张 2 插页 302 千字
2009 年 9 月第 1 版 2009 年 9 月第 1 次印刷
定价: 38.00 元

读者服务部电话: 010 - 64929211
发行部电话: 010 - 64927085
出版社网址: http://www.class.com.cn

版权专有 侵权必究
举报电话: 010 - 64954652

总 序

郑功成

中国的社会保障制度建设、改革与发展之路，是一条充满着曲折起伏和艰辛探索之路，它凝结了新中国几代领导人、社会保障专业工作者以及所有参与建设的人的心血。尤其是改革开放以来，社会保障制度更是以其全面、渐进而深刻的变革，在经济社会急剧变革时期保障了亿万人民的最基本的民生，维系着整个经济社会的持续快速发展，制度自身也实现了质的飞跃，从传统的国家负责、单位包办、板块结构、封闭运行的制度安排，走向了政府主导、责任分担、社会化、多层次的新型社会保障体系。从健全社会保障体系到整个民生事业的发展及其制度化，无疑是亿万人民的共同期盼，也是党和政府的重要使命与追求目标。作为持续20多年来追踪研究中国社会保障制度变革并较早关注民生问题、研究民生问题的专业理论工作者，深感往事并不如烟，对这种巨变及其艰难经历的感受尤其深切。

此次将以前出版过的部分社会保障与民生著述重新出版，以满足一部分读者的需要，是中国劳动社会保障出版社建议并认真付诸行动的一项工作，也是对我以往思考的部分回顾。纳入再版的著述包括如下五种：一是《中国社会保障论》（1994年由湖北人民出版社出版），它是我在20世纪80年代末至90年代初期研究中国社会保障问题的较为集中的一次结晶。二是《论中国特色的社会保障道路》（1997年由武汉大学出版社出版），它是我早期研究中国社会保障改革及其未来发展的主要成果，对《中国社会保障论》有所继承、有所发展，是后续研究的一块基石。三是《从企业保障到社会保障》（1996年由辽宁人民出版社出版），它着重阐述与分析了中国社会保障制度从国家—单位保障制向国家—社会保障制的变迁过程，为弥补原著的缺失，这次又将2002年出版的《中国社会保障制度变迁与评估》一书的3篇并入再版本，以便能够比较完整地反映笔者对这一制度变迁的观察与思考。四是《中国灾情论》（1994年由湖南出版社），它曾被称为中国灾害黑皮书，在试图全面展示中国灾情的同时，突出强调灾情是国情的重要组成部分，减灾应当成为国家发展的重大战略。五是《构建民生为本的和谐社会》，它是从我近10年间有关民生的论文、演讲、访谈稿中选择一部分并进行有限的体例调整后结集而成的，基本上反映了现阶段对民生问题的思考。需要指出的是，这次再版的著述不可避免地存在着不足。例如，有个别地方对福利国家的批评失之简单，其实是自己知浅识陋、人云亦云的表现，它成了我现在指导学生做学问时针对主流观点需要"逆向思维、辩证思考"的一个负面例证。对类似于这样的不足，这次未做任何调整，旨在保留原貌，供读者批评指正。

经过中华人民共和国成立60年来的建设，尤其是经过近30年来的改革与发展，国家已经进入了一个崭新的时代，这就是在持续发展的基础上走向共同富裕的民生新时代。在这个新时代，执政重视民生，施政增进福利，社会突出公平，公民强调权益，全民有保障不再是乌托邦式的梦想，我在以往著述中提出的有关社会保障及与民生相关的许多设想已经或者正在变成现实。尤其可喜的是，社会保障制度作为民生之安全网与增进国民福利、实现成果共享、维护公民生存与发展权益的基本制度保障，正在沿着公平、正义、共享的正确轨道快速地向前发展！能够实现老有所养、病有所医、贫有所救、残有所助、失业有保障、服务可满足的覆盖全民的社会保障体系，正在走向定型、稳定、持续发展的新阶段！

衷心感谢中国劳动社会保障出版社，感谢王玉君副社长和刁翠萍、赵铭皓两位编辑，他们为整理、出版本系列付出了许多心血。

2009.08.12

目　录

开展灾害问题研究　建立中国灾情学（代自序） …………………… 001

第一篇　灾害问题总论 ……………………………………………… 008
　一、灾害概述 ………………………………………………………… 008
　二、灾害分类 ………………………………………………………… 011
　三、灾害成因 ………………………………………………………… 013
　　（一）灾害的成因与系统论 ……………………………………… 013
　　（二）灾因中的自然原因 ………………………………………… 014
　　（三）灾因中的社会原因 ………………………………………… 015
　四、灾害特征 ………………………………………………………… 017
　　（一）总体上表现为普遍性、频繁性 …………………………… 017
　　（二）灾种上表现为广泛性、集中性 …………………………… 018
　　（三）成因上表现为相关性 ……………………………………… 018
　　（四）空间分布上表现为地域性或区域性 ……………………… 019
　　（五）时间上表现为突发性、周期性 …………………………… 020
　　（六）客观上表现为不可避免性和可防御性 …………………… 020
　五、灾情趋势 ………………………………………………………… 021
　　（一）自然灾害的危害面积蔓延扩大 …………………………… 021
　　（二）自然灾害的发生周期越来越短 …………………………… 022
　　（三）自然灾害的危害程度日益严重 …………………………… 022
　　（四）人为型自然灾害剧增 ……………………………………… 023
　　（五）交通事故与火灾持续上升 ………………………………… 024
　　（六）与生产有关的灾害不断增加 ……………………………… 024

六、灾害影响 ··· 025
（一）灾害造成人口死亡和流移 ······································· 025
（二）灾害吞噬着巨额财富 ·· 026
（三）灾害直接制约着国民经济的发展 ···························· 026
（四）灾害制造贫困，危害社会安定 ······························· 027
（五）灾害影响国民的生活水平和质量 ···························· 028
（六）灾害造成社会恐慌 ·· 028

第二篇　自然灾害分论 ··· 030
一、水灾 ·· 031
（一）水灾是中国的众灾之首 ·· 031
（二）水灾严重的原因分析 ·· 032
（三）水灾的特征 ··· 033
（四）水灾的减灾对策 ··· 035
二、旱灾 ·· 036
（一）旱灾的严重性 ··· 037
（二）旱灾的成因 ··· 037
（三）旱灾的时空分布 ··· 038
（四）旱灾的影响 ··· 039
（五）旱灾的防御 ··· 041
三、地震灾害 ··· 041
（一）地震与地震灾害 ··· 041
（二）中国的地震灾情 ··· 042
（三）地震灾害的主要特点 ·· 044
（四）地震灾害的空间与时间分布 ··································· 046
（五）地震灾害的防御 ··· 047
四、台风灾害 ··· 049
（一）台风灾害的国际化 ·· 049
（二）中国的台风及其危害 ·· 050
（三）台风的分布 ··· 051
（四）台风灾害的特征 ··· 053

（五）台风的减灾对策 ································· 054

五、龙卷风灾
（一）龙卷风灾的形成与标准 ························· 055
（二）龙卷风灾的特征 ································· 056
（三）龙卷风灾的分布及危害 ························· 057
（四）龙卷风灾的应对之策 ···························· 059

六、冰雹灾害
（一）冰雹的危害 ······································ 060
（二）冰雹灾害的特征 ································· 062
（三）冰雹灾害的分布 ································· 063
（四）冰雹灾害的防御 ································· 064

七、雷电灾害
（一）雷电与雷电灾害 ································· 066
（二）雷电灾害在中国 ································· 067
（三）雷电灾害的特点 ································· 068
（四）防避雷灾之策 ···································· 069

八、风沙灾害
（一）何谓风沙灾害 ···································· 070
（二）风沙灾情 ··· 070
（三）风沙灾害的分布 ································· 072
（四）风沙灾害的防治 ································· 073

九、雪灾
（一）雪与雪灾 ··· 074
（二）雪崩灾害 ··· 074
（三）凌汛灾害 ··· 075
（四）雪暴灾害 ··· 077
（五）黑灾 ·· 077
（六）白灾 ·· 078

十、冷冻灾害
（一）冷冻灾害概述 ···································· 079
（二）冷害及其危害 ···································· 080

（三）冻害及其危害 …………………………………… 081
　　（四）冷冻灾害的防御 ………………………………… 083
十一、滑坡灾害 …………………………………………… 083
　　（一）滑坡的危害 ……………………………………… 084
　　（二）滑坡灾害的生成条件 …………………………… 087
　　（三）滑坡灾害的时空分布 …………………………… 088
　　（四）减轻滑坡灾害的对策 …………………………… 089
十二、泥石流灾害 ………………………………………… 091
　　（一）泥石流灾害的分布 ……………………………… 091
　　（二）泥石流灾害的危害 ……………………………… 092
　　（三）泥石流灾害的防治 ……………………………… 095
十三、风暴潮灾害 ………………………………………… 095
　　（一）风暴潮是主要的海洋灾害 ……………………… 095
　　（二）风暴潮灾害的危害 ……………………………… 097
　　（三）减轻风暴潮灾害的对策 ………………………… 100
十四、赤潮灾害 …………………………………………… 101
　　（一）赤潮和赤潮生物 ………………………………… 101
　　（二）赤潮的危害 ……………………………………… 102
　　（三）赤潮的防治 ……………………………………… 104
十五、酸雨灾害 …………………………………………… 105
　　（一）酸雨及其发展 …………………………………… 105
　　（二）酸雨的分布 ……………………………………… 106
　　（三）酸雨的成因 ……………………………………… 107
　　（四）酸雨的危害 ……………………………………… 108
　　（五）对酸雨的防治 …………………………………… 109
十六、水污染灾害 ………………………………………… 110
　　（一）何谓水污染 ……………………………………… 110
　　（二）水污染的危害 …………………………………… 111
　　（三）水污染的治理 …………………………………… 114
十七、病虫草害 …………………………………………… 115
　　（一）生物灾害与病虫草害 …………………………… 115

（二）农作物病虫草害 …………………………………… 117
　　（三）养殖业病虫草害 …………………………………… 119
　　（四）森林病虫草害 ……………………………………… 120
　　（五）对病虫草害的防治 ………………………………… 121

十八、鼠害 …………………………………………………… 123
　　（一）鼠类及其对人类的危害 …………………………… 123
　　（二）农田鼠害 …………………………………………… 124
　　（三）牧业鼠害 …………………………………………… 125
　　（四）森林鼠害 …………………………………………… 125
　　（五）鼠疫 ………………………………………………… 126
　　（六）其他鼠害 …………………………………………… 127
　　（七）对鼠害的防治 ……………………………………… 128

十九、野生动物灾害 ………………………………………… 128
　　（一）野生动物灾害的含义 ……………………………… 128
　　（二）野生动物灾变的成因 ……………………………… 130
　　（三）野生动物灾害的表现与个案 ……………………… 131
　　（四）野生动物的保护 …………………………………… 133

二十、天文灾害 ……………………………………………… 135
　　（一）天文灾害概述 ……………………………………… 135
　　（二）中国的天文灾害 …………………………………… 136
　　（三）结束语 ……………………………………………… 137

第三篇　人为事故灾害分论 ……………………………… 139
一、火灾 ……………………………………………………… 140
　　（一）火灾及灾情 ………………………………………… 140
　　（二）企业火灾 …………………………………………… 142
　　（三）城市火灾 …………………………………………… 145
　　（四）农村火灾 …………………………………………… 147
　　（五）森林火灾 …………………………………………… 149
　　（六）地下煤火 …………………………………………… 150
　　（七）火灾的防范 ………………………………………… 151

二、爆炸灾害 ··· 154
  （一）爆炸的种类 ··· 154
  （二）物理性爆炸 ··· 155
  （三）火药爆炸 ··· 157
  （四）化工石油制品爆炸 ··· 159
  （五）工业粉尘爆炸 ··· 160

三、公路交通事故 ··· 161
  （一）机动车辆与公路交通事故 ··· 161
  （二）公路交通事故的成因 ··· 163
  （三）公路交通事故的危害 ··· 165
  （四）公路交通事故发展趋势 ··· 167
  （五）减轻公路交通事故的对策 ··· 169

四、铁路交通事故 ··· 170
  （一）铁路与铁路交通事故 ··· 170
  （二）铁路交通事故的特点 ··· 171
  （三）列车火灾事故 ··· 172
  （四）铁路道口交通事故 ··· 173
  （五）铁路交通事故的典型个案 ··· 173
  （六）铁路交通事故的防范 ··· 176

五、海事灾害 ··· 178
  （一）何谓海事灾害 ··· 178
  （二）海洋航运事故 ··· 180
  （三）近海石油开发及石油运输事故 ··· 182
  （四）内河航运事故 ··· 184
  （五）海事灾害的防范 ··· 187

六、民航事故 ··· 188
  （一）民航事业的风险性 ··· 188
  （二）民航风险分析 ··· 191
  （三）中国一般民航事故及其典型个案 ··· 193
  （四）空中劫持及其典型个案 ··· 197
  （五）民航事故风险的防范 ··· 199

（六）结束语 ………………………………………………… 201
七、公共场所事故 …………………………………………………… 202
　（一）公共场所事故概述 ………………………………………… 202
　（二）公共场所事故的危害 ……………………………………… 203
　（三）公共场所事故的特点 ……………………………………… 205
　（四）公共场所事故的防范 ……………………………………… 206
八、建筑物事故 ……………………………………………………… 207
　（一）建筑物及其危险性 ………………………………………… 207
　（二）建筑物事故及其危害 ……………………………………… 208
　（三）建筑物事故的防范 ………………………………………… 211
九、工伤事故 ………………………………………………………… 212
　（一）工伤事故概述 ……………………………………………… 212
　（二）工伤事故的性质与类型分析 ……………………………… 214
　（三）工伤事故的防范 …………………………………………… 216
十、采矿事故 ………………………………………………………… 218
　（一）采矿事故概况 ……………………………………………… 218
　（二）瓦斯爆炸事故 ……………………………………………… 219
　（三）透水事故 …………………………………………………… 222
　（四）其他采矿事故 ……………………………………………… 222
　（五）采矿事故的防范 …………………………………………… 224
十一、医疗事故 ……………………………………………………… 226
　（一）医疗事故及事故等级 ……………………………………… 226
　（二）医疗事故的危害后果 ……………………………………… 227
　（三）医疗事故的分布 …………………………………………… 229
　（四）医疗事故的防范 …………………………………………… 231
十二、中毒事故 ……………………………………………………… 233
　（一）中毒事故概述 ……………………………………………… 233
　（二）化学污染中毒事故 ………………………………………… 233
　（三）农药中毒事故 ……………………………………………… 236
　（四）药物中毒事故 ……………………………………………… 237
　（五）食物中毒事故 ……………………………………………… 239

（六）结束语 …………………………………………… 242
十三、传染病 ……………………………………………… 242
　　（一）传染病概述 ………………………………………… 242
　　（二）鼠疫 ………………………………………………… 244
　　（三）血吸虫病 …………………………………………… 245
　　（四）结核病 ……………………………………………… 247
　　（五）病毒性肝炎 ………………………………………… 248
　　（六）性病与艾滋病 ……………………………………… 249
　　（七）结束语 ……………………………………………… 251
十四、职业病 ……………………………………………… 252
　　（一）职业病及其种类 …………………………………… 252
　　（二）职业病的危害 ……………………………………… 253
　　（三）职业病的防治 ……………………………………… 257
十五、假冒伪劣产品灾害 ………………………………… 259
　　（一）假冒伪劣产品概况及其危害 ……………………… 259
　　（二）假冒伪劣产品的部分案例 ………………………… 261
　　（三）假冒伪劣产品泛滥成灾的原因 …………………… 266
　　（四）对假冒伪劣产品灾害的治理 ……………………… 269
　　（五）结束语 ……………………………………………… 272

第四篇　科技风险分论 …………………………………… 273
一、科技风险概述 ………………………………………… 274
　　（一）科技风险问题的提出 ……………………………… 274
　　（二）科技风险的特征 …………………………………… 276
　　（三）科技风险事故的分类 ……………………………… 277
　　（四）科技风险与保险 …………………………………… 279
二、航天事故风险 ………………………………………… 280
　　（一）航天事业的回顾 …………………………………… 280
　　（二）航天事业风险及个案 ……………………………… 282
　　（三）航天事故风险的原因 ……………………………… 284
　　（四）航天事故风险的防范 ……………………………… 285

三、核事故风险 ·· 286
 （一）核能和平应用及其发展 ·············· 287
 （二）核事故风险及个案 ······················ 288
 （三）核事故风险的防范 ······················ 290
四、计算机事故风险 ································ 292
 （一）计算机事故风险概述 ·················· 292
 （二）计算机事故与计算机犯罪 ·········· 293
 （三）计算机病毒及其种类 ·················· 294
 （四）计算机事故的防范 ······················ 297

附录一　有关灾害等级表 ·························· 299
 一、降水等级表 ·· 299
 二、降雪等级表 ·· 300
 三、龙卷风与旋风等级表 ························ 300
 四、风力等级表 ·· 301
 五、地震烈度表 ·· 301
 六、美国龙卷灾害等级表 ························ 302
 七、旱灾等级表 ·· 303
 八、火灾等级表 ·· 303
 九、马宗晋自然双灾害双因子灾度表 ···· 304
 十、公路交通事故等级表 ························ 304
附录二　主要参考文献索引 ······················ 305
后记 ·· 307

开展灾害问题研究　建立中国灾情学

（代自序）

"明者防祸于未萌，智者图患于将来。知得知失，可与为人；知存知亡，足别吉凶。"

——陈寿·《三国志》

（一）

当代社会最严重的问题之一，就是灾害问题的全面化、深刻化和全球化。

尽管经历数千年的发展，人类的智慧和文明已经达到了相当高的水平，但是，灾害不仅未退出历史舞台，而且随着社会的进步，生态环境的人为破坏，更加倍地反馈给人类社会。自然灾害在不断恶化，人为事故层出不穷，温室效应开始出现，南极上空的臭氧空洞已经形成，等等。灾害问题在世界范围内的深刻化，表明人类社会及其赖以生存的这颗星球正在陷入灾难深重的危机之中。如果不对严重的灾害问题引起高度的警惕，并在全面认识灾情的基础上及早采取对策，那么，人类社会的未来只能是恩格斯在《自然辩证法》一书中指出的："人的活动的结果只能和地球的普遍死亡一起消灭。"换言之，人类本身的毁灭将不仅仅是自然灾害的恶果，在很大程度上将是人类自己造成的恶果。

中国的灾害，自古以来就十分严重。在中国浩瀚的史籍中，经常用"饥民遍野""饿殍塞途""人相食"等描述灾害的直接后果，几乎每一页史书都浸透了各种天灾人祸肆虐的血泪。在今天的中国，虽然社会主义制度保障了绝大多数人民的安居乐业，但因人口的剧增、生产的发展等多种原因，包括自然灾害与人为灾害在内的各种灾害客观上在以前所未有的速度发展。1988年，戴逸先生在呼吁"重视近代灾荒史的研究"时，就用"触目惊心"来概括"历史上自然灾害给我们祖国和民族造成的疮痍，瞻望将来正在迫近我们的更大灾害的阴影";同年,于光远先生在一次全国性学术会议上也多次指出"灾害问题是一个非常严重的问题,研究灾害问题具有迫切性、严重性"。

那么,中国的灾害问题到底有多严重呢？1993年6月26日,分管救灾工作的国务院副总理朱镕基对外宾说:"中国由于面积很大,人口很多,年年都遭灾,对我们来讲,每年都是灾年。不是水灾,就是旱灾,或者别的什么灾害,全世界所有的灾我们这里都有……我担心的就是要发生大的灾害。"而在此前一天,国家主席江泽民在给灾害管理国际会议的一封信中说"我们深知,我国要实现本世纪90年代经济和社会发展的宏伟目标,不能不更加重视减灾工作",提出要"把减灾纳入国民经济和社会发展的总体规划中去"。在中国最高决策者忧虑的背后即是:中国平均每年因各种灾害造成的人口死亡数以10万计,造成的直接经济损失少则在1 000亿元以上,多则达2 000多亿元,按1992年的价格水平计算,这一数值约相当于国民生产总值的5%～9%,相当于国民收入总额的6%～10%,相当于国家财政收入的25%～40%。

在自然灾害方面,60年代初期的连年干旱,造成过中国大面积的饥荒;1976年的唐山地震,导致了40多万人口的死亡或终生残废;1987年的大兴安岭森林大火,摧垮了孕育亿万年的原始森林的生命活力;1991年的江淮大水,毁灭了皖、苏两省800亿元的物质财富;1993年的水旱风雪灾害,葬送了国家约20%的财政收入;等等。在人为事故方面,每年的直接经济损失也高达数百亿乃至逾千亿元,如每年有约26万多人死、残于汽车轮下,约100亿元的财产物资葬身于火海之中,爆炸事故数以万计,空难、海难、工伤事故、医疗事故、建筑事故等各种人为灾害全面爆发。尤其令人震惊的是,新中国成立后一度被根绝的血吸虫病、性病等又死灰复燃。环境状况随生产的工业化尤其是农村工业的迅速发展急剧恶化,许多地方以牺牲环境作为发展经济的代价,酸雨、赤潮及新型瘟疫在不断蔓延。在科技风险方面,继"澳星1号"首次发射失败后,不久前在酒泉基地发射的一颗要回收的科学试验卫星虽在过去多次回收成功,这次却未能如计划返回中国地面;计算机犯罪和计算机病毒在大范围扩散。不仅如此,隐藏在灾情背后的各种问题更为严重。以环境污染灾害为例,全国人大常委会环境保护委员会主任委员曲格平在1992年就公开算过一笔经济账:要使中国现存的污染问题在本世纪内得到基本解决,需投入6 400亿元(按当时水平计),仅此一项就占同期国民生产总值的2.4%;要实现控制污染的发展,也需要2 600亿元,资金缺口相当巨大,而现阶段中国的环境污染却仍在不分城乡地、大规模地加倍恶化。

所有这一切,均标志着在社会经济高速发展的当代中国,同时也进入了灾害事故与风险的多发时期。这种危机因减灾工作存在着经济的、社会的、政治的、科学技术的乃至思想意识方面的诸多困难,正在走向全面化和深刻化,灾情已成为国情中的重要组成部分。不研究中国的灾情,就无法全面把握中国的国情;不重视中国的灾情,我们将为发展付出高昂的代价。开展中国灾害问题的研究,采取有效的减灾对策,已刻不容缓。

(二)

灾害作为一种客观的自然社会现象,其过程是自然的,其前因(除少数地质灾害)与后果却是社会的。一方面,离开了人类社会,即使再大的地震、洪水、火灾也不成其为灾害,故灾害的本质就是针对人类社会而言的;另一方面,人类在由农业社会向现代工业文明迈进的过程中,各种活动不仅加剧着自然灾害的发生与危害,而且也直接制造着各种事故灾害。例如,丝绸之路已经成为历史,但沙漠化却不全是历史;洪水、干旱是自然灾害,而水患、旱灾的日趋严重却不能完全归罪于自然;在各种人为事故中,没有人的过错和无知,90%以上的灾害就能得以避免。正如恩格斯在《自然辩证法》中考察中东几个文明古国衰落的原因时分析的那样:"美索不达米亚、希腊、小亚细亚以及其他各地的居民,为了想得到耕地,把森林都砍完了,但他们梦想不到这些地方今天竟因此成了荒芜不毛之地,因为他们使这些地方失去了森林,也失去了积聚和储存水分的中心。"法国人C. A. 爱尔维修则肯定:"每个研究人类灾难史的人都可以确信,世界大部分不幸都来自人类自身的过失与无知。"

宏观决策失误和管理失职造成灾害的日趋恶化,是中国严重的政治问题;灾害造成的以千亿元计的直接经济损失和无法精确统计的各种防灾、抗灾、救灾投入,是中国严重的经济问题;灾害导致的众多人口伤亡,以及贫困化、社会秩序失控、精神恐惧等各种后遗症,又是中国严重的社会问题。因此，灾害不仅是社会保障与商业保险的风险基础，而且是一切政治、经济、社会活动的重要组成部分；同样，灾害问题不仅给千百万普通老百姓的生活带来巨大而深刻的影响，而且对整个国家的政治、经济、社会乃至思想文化等多个方面均产生重大影响。

然而，长期以来，我们只习惯于报喜不报忧、报"红"不报"黑"的"喜鹊文化"。在学术研究中，大多只注重那些纯政治的、纯经济的、纯社会性的题材，并常常把主要精力集中在上述题材的理论印证和政策解释上，忽视政治、经济、社会活动的负面——灾害、事故、失败与挫折及其影响的研究；即使是直接面对灾害问题，也往往是将历史与现实、国外与国内、自然灾害与人为灾害割裂开来。"提到过去，每个时代都承认它是事实；提到当前，每个时代都否认它是事实。"（罗素语）提到国外，小灾可以大谈；提到国内，大灾却常化小。提到自然灾害，还能客观对待；提到人为灾害，却常常讳莫如深。

中国的灾害研究起步不久，至今仍基本上局限于部分自然科学工作者的专业分割和封闭式研究之中，社会科学工作者绝少介入，国情研究中也几乎不考虑灾情。零散的、微观的灾种及个案研究现状表明中国的灾害研究尚不成熟，自然灾害与人为灾害的割裂表明研究灾害问题的宏观理论方法尚需完善，而社会科学工作者的不介入或不能介入更是造成了灾害问题研究难以弥补的缺陷。因此，一方面，中国的各种大灾、大事故年年不断，月月不断，有时甚至一天之中不同地方发生多起大灾，人人都感到中国灾情的严重；另一方面，又从未有过全面、系统阐述中国灾情的著述，甚至连部门或行业的灾情统计资料也没有，人民大众对灾害事故、风险的成因、规律、后果及影响所知甚少，更谈不上做到科学减灾。政府决策很少考虑灾情，社会经济发展纲要中也没有灾害问题的体现，等等。灾情严重的现实及危害的普遍性与理论界对灾害研究重视的不够，理论成果的非宏观化、非大众化形成了鲜明的反差，这种现状应该尽快得到改变。

（三）

中国的灾害，因其严重而深刻，以及对社会经济发展的持久的影响，迫切需要建立一门独立的灾情学科。于光远先生从1985年以来，就多次指出过中国灾害问题的严重性，倡导社会科学界"把灾害作为一门科学来研究"，并将灾害研究称为"警告性的未来研究"，呼吁"灾害的研究应该在学校、科研工作中占一个位置"，还提出出版灾害学著作、在高校开设灾害学课程、建立灾害经济学等具体设想。钱学森教授则在1986年首倡自然科学界搞"天地生"的同态转变观念，对灾害问题的研究应"从零散到整体、从局部到系统"，继而他针对灾害学界只研究自然灾害而忽略人为灾害的现象，在给《灾害学》杂志的信中强调"不考虑人为灾害的科学是不全面的"。1993年11月3日，钱学森教授又在给笔者的信中指出："我想，灾害学科是门处于应用层次的学问，它要综合自然科学和社会科学。"等等。社会科学界与自然科学界著名学者的真知灼见，不仅指出了研究灾害问题的重要性，而且也指出了研究灾害问题的科学方法。

　　中国的灾情学，作为以中国各种现实灾害问题为研究对象的科学，在理论上既属于灾害学范畴，又可归属于国情学范畴，同时还应该是灾害经济学、灾害社会学、灾害管理学、灾害保险学等的基础。中国灾情学与自然科学中的灾害学相比较，前者侧重于灾害问题的宏观研究和对各种灾害的危害后果、经济影响及社会影响进行反映、分析，并提出管理灾害的社会对策；而后者侧重于灾害的微观（专业或个案）研究和各种灾害的成因机理，以及规避灾害的技术手段。中国灾情学与社会科学中的其他学科相比较，它不仅以研究黑色的灾害问题为己任，而且涉及各种灾害的自然要素及减灾的工程措施等方面，并需要运用系统论和数理技术等科学方法。因此，中国灾情学既是一门探讨中国现实问题的应用科学，又是一门必须坚持自然科学与社会科学相结合的多学科交叉的科学，它应该在中国的学术研究中占有应有的、独特的地位。笔者撰写《中国灾情论》的初衷即是为这一学科的建立与发展做些基础工作。

　　灾害的凶残性，灾害的人为性，决定了我们必须有勇气正视中国的灾情，重视人的因素，做到人与自然的协调发展和人与社会的有序发展，并以此作为研究中国灾害问题和解决中国灾害问题的指导思想。在人与自然的关系上，正如《世界自然资源保护大纲》中指出的那样，"大地不是我们从父辈那儿继承来的，而是我们从自己后代那儿借来的。"自然界给予我们的是物质的精华，我们不能回赠以物质的垃圾。中国的社会经济正处在大发展过程中，即使是牺牲一点速度的代价，也必须充分考虑发展对环境等的影响。人与自然的关系应该是亲善的、协调发展的关系，马克思在他的《巴黎手稿》中就用一种庄严肃穆而又生动亲切的情愫写道："自然界，就它本身不是人的身体而言，是人的无机的身体。人靠自然界生活。这就是说，自然界是人为了不致死亡而必须与之不断交往的、人的身体。"在人与社会的关系上，是人组成了社会，人的过错与无知往往制造着各种损人害己的事故灾害，对此，必须通过严格的法规制度和科学的管理，才能确保人与社会的有序发展。

应当肯定，灾害摧残着人类，也锻炼了人类。从一定意义上讲，灾害也是社会进步与发展的动力，因为它事实上强迫着人类去抗争，去发展。钱学森教授在1993年10月3日就科技风险问题致笔者的信中指出："人通过实践是可以认识客观世界的，科技、高科技中是会有暂时不认识的东西，但可以把不认识的东西独立出来专门做试验来搞清楚。我国的'两弹'工作就是用这个办法来消除未知风险的。"他在另一封信中也一再强调研究灾害问题"要注意人的因素"，"减灾是有办法的"。无数防灾、抗灾、救灾成功的事实，雄辩地表明了人在灾害面前完全可以有所作为。因此，中国的灾情是消极的，但中国的灾情学却应该是积极的！

（四）

《论语·宪问》有云："邦有道，危言危行；邦无道，危行言孙。"在社会进步、经济发展、各种改革的大好消息不断传来的当代中国，出版《灾害黑皮书——中国灾情论》亦可以称之为盛世危言，但绝不是危言耸听！因为《中国灾情论》中的各种材料并非杜撰，而是中国现实灾害问题的客观写真，因而只是"从活问题和活材料中，朝夕寤寐以求之一点心得"（梁漱溟《中国文化要义》自序中语）。

笔者认为，忽略灾情的国情是不全面的国情，忽视灾害（或风险）的科学是有缺陷的科学，割裂自然灾害与人为灾害的理论是不现实的理论，只强调减轻自然灾害而不提减轻人为灾害的减灾活动将难以取得我们所预期的效果。笔者坚信，只有正视中国的各种灾害问题，让民众了解中国的灾情，让政府了解国情、省情、市情、县情中的灾情，并树立起全民的灾害危机意识，把减灾纳入到国民经济和社会发展的总体规划及每个国民的自觉行动中去，才能最终保护我们的国家、社区、家庭及亿万人民免受或少受各种灾祸的摧残，才会更有利于我们国家和民族的繁荣与发展。

　　成功源于失败，发展始自忧患。中国的灾害问题迫切需要得到有效的控制与减轻，中国的减灾道路充满着艰辛与困难，中国的灾情学任重而道远！

作者
于 1994 年 6 月

第一篇

灾害问题总论

中国的灾害是全球灾害的重要组成部分,中国的灾情应以完整的面孔出现在中国的国情中。本篇正是在以全球灾害为背景的基础上,以自然灾害与人为灾害的不可分割性为特征,对中国灾害问题进行了综合考察,旨在从宏观上全面地探讨中国的灾情。

本篇的研究内容表明:中国的灾情严重,灾种繁多,成因复杂;各种灾害在无序的发展中又表现出一定的规律和特征;中国的灾情还在不断恶化,并危及着社会经济的各个方面。

中国政府与中国人民都应该正视这种特殊的国情——中国的灾情。

一、灾害概述

灾害,是人类赖以生存繁衍的地球上经常出现的,对人类社会造成物质财富的损失和人身伤亡的各种自然社会现象的总称,它伴随着人类社会的文明与进步而发展。各种灾害都不是孤立发生和存在的,既有自然方面的原因,又有人为方面的原因,故灾害又是自然界与人类社会活动相互作用的结果。人类从刀耕火种中走出来,每前进一步都是以其巨大的智慧战胜自然,并且最终成为地球上最拥有力量和权威的主宰者。然而,正如恩格斯指出的,"对于每一次这样的胜利,自然界都对我们进行报复"。世界上四大文明古国中的巴比伦的灭亡,埃及、希腊的衰败就是生态环境严重破坏的结果;包括中国在内的许多国家日益严重的各种灾害也表明了这种报复随着现代工业文明的发展正越来越凶猛。它已不再局限于一个国家、一个地区、一个方面，也不再局限于自然界。灾害作为人类生存与社会发展的大敌，已经成为一个世界性问题。

从灾害的性质来看，种类虽然繁多，但都具有二重性，即灾害的自然属性和灾害的社会属性。灾害的自然属性，是指灾害对地球、生物（包括人）及物质财富的危害或损害，如地震会造成建筑物倒塌，火灾会烧毁森林并污染大气，交通事故可能车毁人亡。灾害的社会属性，是指灾害对人类社会文明和经济活动的危害或损害，如旱灾使农作物减产会制约经济发展和城乡人民生活水平的提高，劫机会带来旅客的精神恐慌和生命财产的威胁。灾害的二重属性，决定了不仅对灾害问题的理论研究必须将自然科学和社会科学相结合，而且在采取各种具体的防灾减灾措施时必须多部门协作和全体社会成员参与，才会取得明显的效果。

从灾害发生的情况来看，20世纪以来，全世界死于各种灾害的人口数以千万计，遇难者遍布全球，仅1971—1985年间，剔除因灾间接死亡者（如旱灾造成的饥饿死亡者就数以百万计），就有150多万人在2 305次较大的自然灾害和不幸事故中丧生，直接经济损失达16 350亿美元。有人估计，人类社会每年创造的财富，大约有5%被各种自然灾害所吞噬。在国际上，中国曾被称为"灾害之国"，历史上有"三岁一饥，六岁一衰，十二岁一荒"的说法。新中国成立后，发生的灾害种类繁多，损失巨大。据国家民政部的资料表明，即使是一般灾年，全国农作物受灾面积也达7亿亩，约占总播种面积的1/3，因灾少收粮食200多亿公斤；因灾倒塌房屋300万间左右，仅气象灾害造成的上述两项（农作物与房屋）的直接经济损失就达200多亿元。而1993年8月通过专家评审的《全国地质灾害现状调查报告》披露，全国有地质灾害30种，除现代火山灾害外，其余29种都相当严重，仅15种主要地质灾害所造成的经济损失平均每年达274亿元。海洋灾害在急剧恶化，1992年仅风暴潮灾害就致损90多亿元。生物灾害损失也同样惊人，病虫草鼠害每年所致损失达200多亿元。人为型的污染灾害损失年均数多达10亿乃至上百亿元。如果再加上火灾、爆炸、交通事故以及发生在工矿企业、市政建设等方面的灾害，全国年均因灾害造成的直接经济损失至少在1 000亿元以上，重灾年份可高达2 000亿元。这一数值约相当于国民生产总值（1992年）的5%～9%，占国民收入总额（1992年）的6%～

10%。

　　由此可见，中国的灾情之重超过了其他国家（损失额相当于国民收入、国民生产总值的比率，全世界平均为5％左右），中国是世界上灾害最多、损害后果最为严重的国家之一。因此，灾情作为持久影响国家社会经济发展的各个方面的重要制约因素，不仅应该成为中国国情的一部分，而且应该成为国情中必须给予高度重视的重要组成部分，如果我们对此掉以轻心，在发展社会经济的同时忽略灾情的研究与防控，必将为此付出高昂的代价。

　　在中国的灾害中，自然灾害一直威胁最大。据统计，1988年发生的220次重大灾害中有170次是自然灾害。在自然灾害中，水灾、旱灾、台风、地震、冷害是危害最大的灾害。在各种自然灾害的经济损失中，水灾占40％，台风（热带风暴）占20％，地震和干旱各占15％，其他灾害占10％。如1991年仅各种自然灾害损失就高达1 200多亿元，其中江淮大水灾损失就达780多亿元。值得指出的是，全国的人为事故灾害如交通事故、水灾、采矿事故、卫生灾害、近海石油开发事故等，近20年来呈大幅度上升趋势，它们的经常发生，同样给社会财富和城乡人民的生命财产带来日益严重的威胁。即使在自然灾害中，由于人类自身活动的不当，也带来或加重了许多人为型自然灾害，如工业污染造成环境损害，乱砍滥伐造成水土流失进而带来更加严重的水旱灾害。在唐山地震中，40多万条生命的死亡或伤残，就并非都是因地壳活动所致。位于震中区的开滦煤矿已开采百余年，大范围地层被挖空，使地震诱发的地裂缝、地面塌陷更为严重。处在地震带上的唐山市在震前还是个"不设防"城市，建筑物未按抗震标准设计，难怪有人称"地震不杀人，是建筑物在杀人"。而宝成铁路，更是人类不合理工程活动诱发、加剧地质灾害的典型例证。这条铁路因当初选线时对周围地质条件未做充分调查和考虑，结果在宝鸡至绵阳段平均一公里就有一处滑坡、崩塌或泥石流。1981年地质灾害全线爆发，中断行车三个月，仅维修费就花了3亿元，至今仍是一条令人头痛的铁路。据地质专家介绍，迄今为止，全国50％以上的地质灾害都与人为因素有关。

　　正是因为灾害的发生与人类社会的活动有着密切的关系，"灾害与社会"才成为当代国际社会普遍关注的重大问题。1987年12月11日联合国第42届大会通过了美、日等90个国家的提案，169号决议确定从1990—2000年为"国际减灾十年"；1988年10月，联合国成立了"国际减灾十年"指导委员会，成立了由24个国家的专家组成的专家组；1989年4月第44届联合国大会通过了《国际减灾十年决议案》及行动纲领。防灾减灾活动正在各国政府的重视下蓬勃开展。

中国的灾害尤其是自然灾害，作为全球灾害问题的重要组成部分，既受全球环境的影响（如全球"温室效应"使海平面上升，将使我国沿海平原经济发达和人口密集地区受到严重影响），又影响着整个世界。中国的灾害十分严重，中国的人口居世界之冠，中国是世界上最大的产煤国和煤炭消耗国（产生大量的废气污染），中国正从经济技术落后的条件下迅速发展着现代工业，等等，所有这些，都决定了中国必须充分考察自己的灾害状况和所处位置，把灾情纳入到国情范畴，作为制定和实施国家社会经济发展规划的重要依据，并把防灾减灾工作放到十分重要的战略地位，刻不容缓地加入到全人类拯救自身生存环境和减灾活动的实际行动中去。

二、灾害分类

中国的灾害，名目繁多，不胜枚举，但因目前尚未建立统一的灾害研究机构，也未形成专门的灾害学科，人们对于灾害问题的研究还局限于部门分割、行业分割以及自然灾害和人为灾害分割的境地，许多减灾措施也是头痛医头、脚痛医脚的治标之策，很难形成综合有效的理论成果。其表现在灾害的分类上就是见仁见智，采用的标准不同，分类也不一样。笔者主张对灾害进行多角度分类，并在此基础上，按灾害的起因和个体性质分类，作为研究灾害问题的主要依据。

从多角度出发，灾害的分类有以下10种：

1. 根据灾害的不同起因，可以分为自然灾害（包括人为型自然灾害）和人为灾害两类。自然灾害即因自然界的变化所引起的灾害；人为灾害系由人类的各种活动所引起的事故灾害；人为型自然灾害是指通过人类社会活动对自然界的作用所引发的自然灾害，如大型建筑工程可能引发地震，大量抽取地下水会带来地陷，因而可归于自然灾害。

2. 根据灾害与环境的关系，可以分为生态灾害和非生态灾害两类。前者指环境变化（包括气候、地理、海洋等）引起生态变化进而带发的灾害，如物种灭绝等；后者指与生态环境的变化无直接关系的灾害，如交通事故、医疗事故、电视机爆炸等。

3. 根据灾害的不同现象，可以分为明灾和暗灾两类。前者指从发生到终止所造成的后果都是显现的灾害，如明显可见的水、旱、风、火灾害等；后者则是指造成损害后果之前是潜在的或渐变的各种灾害，如地震、火山爆发、生态环境方面的"三废"污染等灾害。

4. 根据灾害的不同层次，可以分为天灾、地灾、人灾。天灾来自宇宙天体，如太阳黑子活动对地球气候的影响，月亮的盈亏对潮汛的影响，陨石降落造成的灾难事件等；地灾来自地球内部的运动和大气圈、水圈、生物圈的运动和相互作用，如暴雨、地陷、雷灾等；人灾来自人类自身活动，如战争、火灾、产品责任事故等。此外，还有天、地、人三因并发共同酿至的灾害，等等。

5. 根据灾害出现的概率，可以分为可避免型灾害和不可避免型灾害。前者通过人类自身的努力可以避免其出现，如污染灾害、卫生灾害等；后者则不以人类的意志而转移，只能防范或适度控制而不可避免，如地震、火山爆发、海啸等。

6. 根据灾害发生时的不同状态，可以分为连带型灾害（如旱灾——蝗灾、毁林开荒——水土流失——水旱灾害等）、并发型灾害（如风——沙、雨——涝、台风——暴雨等）、渐变型灾害（如碱荒、海侵、环境污染等）、突发型灾害（如地震、雪崩、建筑物倒塌等）四类。

7. 根据灾害的不同损害范围，可以分为城市灾害、农村灾害、工矿灾害、农业灾害、林木灾害、交通灾害、卫生灾害、海洋灾害、其他灾害九类。

8. 根据灾害造成的损害程度，可以分为特大灾害、大灾害、中灾害和小灾害四类。不同的灾种还有更加具体的划分标准，如地震的裂度和震级、风的等级、交通事故等级等。

9. 根据灾害损害的不同对象，可以分为人身灾害、财产灾害和公害三类。人身灾害以各种灾害事故中自然人的伤亡或损害为标志；财产灾害以各种灾害事故中物质财富的损毁为标志；公害则是带持续性、渐变性并能给生态环境、生产与生活带来损害的灾害。

10. 根据灾害的个体性质，可以分为水灾、旱灾、台风、地震、霜冻、空难、航运事故等若干种，灾种的划分实际上是上述9种划分方式的最终结果。

对灾害进行多角度分类，必然存在灾种交叉关系（如交通事故就是人为的、非生态的、可避免的突发型明灾），但决不是毫无价值的交叉重复，而是为了更加准确地把握具体的灾害对象及其个性，为采取有效的防灾减灾措施提供全面的、科学的依据；同时，由于对灾害的防控必须找到灾害发生的根源，按起因划分灾就更加具有特殊意义，从而有必要作深层划分。

灾害分类表

```
         ┌ 天文灾害——陨石冲击、小行星撞击、电磁异暴、太阳辐射异常等。
         │ 气象灾害——水灾、旱灾、风灾、冷害、雹灾、雷击等。
    自然 │ 地质灾害——地震、火山爆发、地陷等。
    灾害 │ 地貌灾害——泥石流、滑坡、雪崩、水土流失等。
         │ 水文灾害——海啸、海侵、风暴潮、泥沙淤积等。
         │ 生物灾害——病虫害、草害、鼠疫、物种灭绝等。
灾       └ 环境灾害——水污染、大气污染、酸雨、赤潮等。
害       ┌ 火　　灾——森林火灾、房屋火灾等。
         │ 事故灾害——交通事故、空难、海难、隧道倒塌、桥梁断裂、瓦斯爆炸、工伤事故等。
    人为 │ 卫生灾害——职业病、传染病、食物中毒等。
    灾害 │ 科技灾害——核事故、卫星发射失败等。
         │ 政治灾害——战争、劫机、暴乱等。
         └ 其　　他——假冒伪劣产品灾害等。
```

如果将灾害按起因划分到最低层次，就是灾种，它与按个体性质划分的灾害和按其他方式划分灾害的最低层次殊途同归，是一致的。通过对灾害的科学分类，并将多角度分类与深层次分类结合起来，就奠定了全面认识和把握中国的灾害及其相互关系的基础，为开展有效的防灾减灾活动进而促进社会经济的正常发展提供了条件。

根据各种灾害的起因，笔者对众多灾害进行了分类，如"灾害分类表"所示。

三、灾害成因

（一）灾害的成因与系统论

灾害的成因（简称灾因）即形成灾害的基本原因。由于人类赖以生存的地球是一个复杂的开放系统，人类为了自己的生存与发展需要开展各种活动，因此，灾害的形成往往是自然变异与人为影响等多种因素交互作用的结果。这就要求我们对灾害成因的研究必须摒弃孤立的单学科研究方法，代之以多学科综合分析的整体研究观。

纵观中国的灾害史，灾情严重，灾种繁多，形成灾害的具体原因也十分复杂。然而，按照系统论的观点，地球是宇宙的一部分，中国是地球的一部分，中国作为一个拥有11亿多人口的大国，又是国际社会的重要组成部分。中国的灾害不仅受本国境内的自然因素和社会因素的影响，还必定要受到宇宙天体、整个地球及国际社会的影响。换言之，中国灾害的形成，不外乎来源于"天、地、生、人"四大系统。天，指地球以外的宇宙天体和空间；地，指地球，包括大气圈、水圈、岩石圈及地球内部，地球作为运动中的物体，其活动及变迁是形成各种自然灾害的主要来源；生，指地球上的生物，包括各种动物、植物等；人，指人类社会，人类社会自身的各种生产、生活活动是引起各种事故灾害的主要来源。笔者则将中国灾害的成因归纳为自然原因和社会原因两大类。

（二）灾因中的自然原因

中国灾害成因中的自然原因，主要有：

1. 天体原因

它来自地球外部的宇宙空间，其表现在于：（1）宇宙天体的活动对地球物理场和大气层产生影响，如太阳上的黑子活动会引起气象灾害和地震灾害；耀斑爆发会破坏大气层中的电离层，中断无线电通信等而引发灾害；太阳辐射能的变化对气候产生影响；月亮盈亏对海洋潮汐产生影响。（2）宇宙天体运动中的异常现象造成的冲撞击，如1908年6月30日上午，俄罗斯西伯利亚爆发的森林大火就是有史以来人类"亲眼目睹"的"天火"，其威力相当于数千颗扔在日本广岛的原子弹；中国的新疆、广西、吉林、内蒙古、甘肃、宁夏、江苏、海南等省、区均曾在近100年中遭受过面积、数量不等的陨石降落。由于地球在宇宙中的渺小，我们对来自宇宙天体的灾害还无抗御良策。

2. 地质原因

地质原因即地质运动对有关灾害的影响，它是引起地震、地陷、地火、地热、火山爆发等灾害的直接原因。其特点在于：（1）地质运动是持续的、渐变的，而地质运动引发的灾害却是间断的、突发的；（2）地质运动在直接酿成地质灾害的同时，一般还间接造成其他灾害，如地震可能引起滑坡、水灾、泥石流等，地热或地火可能引起干旱等。中国位于亚欧板块与太平洋板块相接处，不仅受亚欧板块内部运动的影响，而且要受太平洋板块运动以及两大板块相互撞击和摩擦的影响，因此，地质灾害尤其是地震灾害较多。

3. 地理原因

地理原因是指地球表面自然要素包括气、水、土、植物、动物等的分布规律及其对灾害的影响。它与各种气象灾害、地貌灾害、生物灾害和水文灾害等密不可分，因而是中国自然灾害的主要致因。中国疆域辽阔，东临太平洋，西有大山脉，南北分跨热、温、寒三带，境内地形非常复杂，气候差异很大。因此，中国的自然灾害不仅灾种数量多，而且发生频繁，损失巨大。

4. 海洋原因

中国大陆有1.8万公里的海岸线和台湾、海南等众多的海岛，受热带海洋风暴、海潮、海水入侵等的影响较大，东部地区的许多灾害与广阔无垠的海洋有着密切关系，从而决定了海洋亦是研究中国灾害自然原因中不可忽视的部分。

（三）灾因中的社会原因

中国灾害成因中的社会原因，可以概括为以下几方面：

1. 政治原因

它主要指宏观决策的失误，其危害不亚于自然灾害，因而是必须正视的社会灾因。如据1990年4月6日《工人日报》估算，"大跃进"造成的经济损失达1 200亿元，"文化大革命"造成的经济损失达5 000亿元，几乎相当于中国同期自然灾害的损失总数。

2. 生产原因

生产活动是人类生存与发展的基础，但它在创造财富的同时，又是引发某些灾害的起因。因为生产活动使自然环境不是按自然规律而是按人为法则演化和发展，从而导致严重后果。正如恩格斯在《自然辩证法》中指出的那样:"动物也进行生产,可是它们的生产对周围自然界的作用,在自然界面前只等于零。只有人才在自然界上面打下了自己的印记,因为他们不但变更了动植物的位置,而且也改变了他们居住的面貌和气候,他们甚至还为此改变动植物的本身,以至人的活动的结果只能和地球的普遍死亡一起消灭。"中国的人口在近几十年急剧增加,中国的工农业生产在随着市场经济体制的逐步建立与完善而迅速发展,人们在生产活动中所掌握的工具和手段不断更新,生产活动的广度、深度也正在迅速扩展,我们正在品尝着发展生产的甜头。然而,统计资料表明,中国工业"三废"、农药污染土壤近 2 000 万公顷(1 公顷折合为 15 市亩),水污染造成的损失以百亿元计,毁林开荒等造成中国水土流失的面积已达 367 万平方公里。

3. 发展原因

社会要发展,就必须付出代价。如科学技术研究及成果应用中,就经常遇到挫折与失败(事故灾害),每次挫折与失败,均意味着损失的发生;大型建筑工程的建造,必定对周围原有的环境条件造成影响,等等。

4. 过失原因

人的过失会造成各种灾害事故。1987 年东北大兴安岭的森林火灾就是典型的过失灾害。中国每年数以万计的人丧生于车轮下;各种频发的空难、海难、医疗事故、建筑事故、采矿事故等,几乎都与当事人的过失有关联。过失作为一种非理智的行为,虽然不存在蓄意致灾的动机,但一样地会造成严重后果。

5. 道德原因

即人的破坏性行为及官僚主义等引发灾害。如劫机、纵火、投毒、抢劫等均是由于人的道德不良所引起的,均会毁灭社会财富,并造成生命威胁。再如官僚主义也会酿成灾变,1956 年的广西饿死人事件,1975 年的河南驻马店事件,1983 年的陕西安康事件等均因当地领导干部对灾害或其损害采取漠然处之的态度,造成非正常死人增加及损失扩大的后果,留下了沉痛的教训。

6. 国际原因

即国际上的自然环境、社会环境的变化对中国产生影响。如全球性的"温室效应"使海平面上升,中国沿海地区也受其害。再如战争、传染病毒及劣质有害产品的走私、进口等均会引起大大小小的灾变。在这方面,清末列强入侵、8年抗战、中苏、中印、中越边境战争，均是巨大灾难。

需要指出的是，前面所列举的灾害成因是指起主导作用的因素而言的，实际上，太阳与其他天体的影响，地球的整体运动与变化以及各个圈层的活动，人的活动所造成的彼此间的相互影响等，对灾害都会发生一定的作用。

综上所述，灾害的成因是自然界物质运动和人类社会自身的活动，有些灾害则是两者相互作用的结果。对于自然界的物质运动，我们要尽可能地探索其运动规律，采取有效的预防措施和救治措施；对于社会原因引发的各种灾害，则应通过采取不同的对策进行控制和防治。如政治灾害可以通过决策的科学化、民主化加以避免；生产与发展性灾害可以通过综合考虑、科学布局得以控制；过失灾害可以通过提高当事人的责任心、严格规章制度等加以杜绝；道德灾害可以通过严格法纪和采取保安措施得到防范；国际性灾害可以通过国际社会的共同努力得到减轻。由此可见，研究灾害，必须走自然灾害与人为灾害相结合、社会科学与自然科学相结合的道路。对灾害成因的研究，将为有的放矢地开展国家防灾减灾活动并有效地控制各种灾害对社会的危害提供科学的依据。

四、灾害特征

灾害作为一种自然、社会现象，常常是千差万别的，然而也有其共性。综观中国的灾害，其共同特征主要可以概括为6个方面。

（一）总体上表现为普遍性、频繁性

一方面，自然灾害与人为灾害在中国到处可见，只不过是在不同的地区，灾种有别。以农业灾害为例，全国每年的农田受灾面积占总播种面积的1/3左右；每年有2亿多农村人口遭受各种自然灾害和意外事故灾害的袭击；大的水、旱、风灾动辄波及数省乃至大半个中国；火灾等更是遍袭全国城乡。另一方面，灾害在中国又无时不有，只不过是发生的时间不同，其危害程度也有差异。根据统计，新中国成立40多年来，我国平均每年发生严重的水灾、旱灾、风暴等约22次，公路交通事故年均约30万起，城乡火灾年均约5万多起。1988年，我国共发生220次重大灾害，平均一天

多时间就有一次，有时多起重大灾害在全国不同地区同时或同期发生。

由此可见，中国的灾害在总体上不仅具有普遍性，而且具有频繁性。

（二）灾种上表现为广泛性、集中性

灾种的广泛性，是指灾害的种类繁多；灾种的集中性，则是指主要灾种较为集中。从中国的灾害种类来考察，世界上有的灾害中国几乎都有，况且新的风险还在层出不穷，要对灾种进行具体而细致的统计绝非易事。然而，从各种灾害的灾情程度来考察，对中国社会经济和城乡人民危害较大的灾害又主要集中于水灾、旱灾、地震、台风、环境污染、交通事故、火灾等少数灾种，在各种灾害造成的经济损失中，上述灾害约占80%，从而又表现出灾种的集中性。

据有关资料统计，近30年中，全国曾发生大大小小的洪涝1 600多次，平均每年50多次，年均水灾受灾面积达1亿多亩。干旱作为持续型气象灾害，不仅是华北、西北地区的主要灾害，而且已扩展到华南，近10年全国受旱面积年均达3.6亿多亩。台风灾害每年有7个以上在中国沿海登陆，有时还窜入内地，近三年间台风造成的直接经济损失达180多亿元。在地震灾害方面，1949年至1992每年间共发生过110多次破坏性较大的地震，1976年的唐山地震更是造成24.2万人丧生，经济损失达100多亿元。环境污染导致的赤潮、酸雨等各种灾变正在全国城乡急剧膨胀。交通事故作为人为灾害，每年导致死伤人口数以万计，经济损失数以10亿元计。以1988年为例，全国因公路交通事故死亡54 814人，平均每天死亡150人，每10分钟死亡1人，明显地高于美、英、法、日各国，近几年还在呈上升之势；火灾则是人为灾害中的又一主要灾种。

由此可见，在灾种广泛的同时，中国的灾害同时又具有灾种相对集中性的特点。

（三）成因上表现为相关性

灾害的发生，其后果均是造成财富损失或人身伤亡，但它作为一种客观的自然社会现象，又大多是有关联的多个因素综合作用的结果，从而表现出成因上的相关性。灾害成因的相关性可以概括为地域上相关和时间上

相关。

灾害成因的地域相关性，是指同一地域的多项因素共同促成了一种或多种灾害的发生。如发生在山区的滑坡、泥石流、崩塌等山地灾害，往往与发生区的自然环境、物质组成、岩性与地形特征、暴雨、流水等地质、地理因素有密切关系，即如果这一地区不同时具备上述因素，上述灾害就不会出现。再如交通事故的发生不仅与驾驶员有关，一般还与道路、车辆质量、维修保养、骑自行车者、行人等有关。

灾害成因的时间相关性，是指灾害与灾害之间有关联，它们或者源于同一或多种因素的影响而先后发生，或者互为因果关系。如干旱与地震灾害，据耿庆国等许多地震工作者的研究，这两者之间有密切的关系。中国历史上 6 级以上地震事件 378 次，震前出现严重旱情的达 373 次，其在时间上的相关性显而易见；再如旱灾过后常常会带来虫灾，地震灾害也往往带来诸如水灾、火灾、疫病等许多次生灾害，等等。

（四）空间分布上表现为地域性或区域性

中国灾害的地域性或区域性特征，是指各种灾害的种类、数量、频率及危害程度、危害对象在全国各地具有不平衡性。这种不平衡性表现在于：（1）灾害种类在地区分布上不平衡，甲地有的灾害乙地不一定有，乙地有的灾害甲地也不一定有；（2）灾害组合在地区分布上不平衡，北方有北方的主要灾害，南方有南方的主要灾害，沿海、内陆、边远地区的主要灾害均有地域组合性；（3）灾害的危害后果在地区上不平衡。

例如，寒潮、干旱、冷害就主要发生在北方，其中又以华北、西北和东北西部地区及江淮一带为重；水害主要发生在南方，华北、东北也时有发生，其中又尤以大江大河的中下游地区为重；台风、风暴潮灾害，是沿海省、市的最大威胁；干热风主要发生在中部，其中以黄淮平原、关中盆地、河西走廊等地区受害最重；地震则集中于环太平洋区域和喜马拉雅山区域，台湾、辽宁、河北、云南、四川等都是地震、火山活动地区；交通事故各地都有，但城市尤多；火灾则以城市火灾和森林火灾危害最大，等等。

中国灾害的地域性特征，为各地区根据自己的具体灾情做好主要灾害的防灾减灾工作提供了可靠的依据。

(五) 时间上表现为突发性、周期性

在中国的各种灾害中，除旱灾等极少数灾种在发生时间上表现为持续型灾害外，其他灾害无论是自然灾害还是人为灾害，其爆发的前兆往往带有突发性。如长江流域在历史上几乎没有发生过秋涝，但1988年9月洞庭湖区却大面积连降暴雨，形成罕见的秋涝。湖区周围地区毫无准备，有250多人因灾死亡，23万多间房屋倒塌，1 700多万人和1 700多万亩农作物受灾，损失惨重。1976年的唐山地震，瞬间使一座百万人口的大城市变成一片废墟。龙卷风、台风、冰雹、滑坡、泥石流、雪崩等各种自然灾害的发生均带有突发性。在人为事故灾害方面，火灾、爆炸、公路交通事故、空难、海难、建筑事故、工伤事故等，均是瞬间即可发生。灾害的突发性，使人类社会防不胜防，并造成了人们对各种灾害的恐怖感。

灾害在发生时间上的另一特征，就是由于生成的有利条件和其形成的时间过程，在一定区域范围内带有周期性或季节性。如湖南平江境内汉长公路上有一段山坡弯路，每隔一段时间就会有翻车事故，通车至今已发生车祸100多起。灾害的周期性或季节性在自然灾害方面表现得尤为突出，自然界物质动静交替，短则几个月、一年或几年，长则十几年、几十年再重复出现的灾害事例不乏罕见。如长江中下游的汛期年年在7月来临，8月结束，等等。

中国灾害表现出来的周期性、突发性特征，为我们研究其发生规律并进行有效防控提供了可能。

(六) 客观上表现为不可避免性和可防御性

灾害的不可避免性，是指其不以人的主观意志为转移而客观存在。如自然灾害就是自然界物质运动的结果，人类社会不可能改变其运动，从而也就无法避免自然灾害的发生。即使是各种人为事故灾害，我们可以避免某起风险事故的发生，进而使其不断减少，但无论哪种人为事故灾害都不可能绝对杜绝。因此，从客观上讲，各种灾害尤其是自然灾害具有不可避免性。

然而，灾害的不可避免性并不意味着我们只能消极地对待灾害的发生，历史经验告诉我们，各种灾害是可以防御的。我们对不同的灾害采取不同

的防灾、减灾之策会减少灾害的发生和减轻灾害的危害。如在地震活动区域内搞工程建筑应考虑其防震功能，并加强人们的防震演习，这样，即使地震爆发，其损害后果也会大大减轻。在大江大河的上游搞好水土保持，就能够减轻水土流失及中下游地区的水患。对气象灾害通过加强监测预报工作，使人们做到事先防备，也会得到有效的防御。在人为灾害中，更是可以通过避免个体灾害来达到减少灾害数量及其危害的目标。

中国灾害的上述特征，既是全面认识中国灾情的钥匙，也是制定国家宏观的、具体的社会防灾减灾方针、措施的科学依据。国家和各地区所采取的宏观的、具体的防灾减灾对策只有以各种灾害的分布及发生规律为基础，才会取得明显的效果。

五、灾情趋势

新中国成立以来，尤其是近10余年的灾害史表明，中国的灾害在灾种上虽然发展程度不一，但总体上呈上升趋势，即多灾的中国正面临着更为严重的各种灾害，中国的自然灾害与人为灾害危机正在走向深刻化。

（一）自然灾害的危害面积蔓延扩大

自然灾害危害面积的蔓延扩大，是中国灾情的重要发展趋势。由于受全球环境、气候变化的影响，中国北方的干旱近10年来在南方接连大面积出现，即使是水资源丰富的两湖地区也多次遭受旱灾的严重袭击。作为主要灾种的水灾，危害面积上升更快。北方的冷害不时侵袭南方，多次引起南方冬季的冻雨和秋季寒露节气前后的低温，对农作物造成极大的危害。台风在沿海登陆后，余势大多窜入内地，不仅给江、浙地区造成重大损失，有时甚至给河南、陕西带来灾难。

以农作物为例，在1970—1978年间，中国年均遭受水、旱灾面积为4.08亿亩，1979—1987年间年均遭受水、旱灾面积上升到4.93亿亩，增长21%；而1988—1992年间年均遭受水、旱灾的农作物高达6.37亿亩，又较1979—1987年间增长29%。由此可见，中国自然灾害危害面积的上升趋势强劲，尤其是水、旱灾害在大范围蔓延和扩大。

（二）自然灾害的发生周期越来越短

新中国成立几十年来，尤其是"大跃进""文化大革命"时期，毁林开荒，围湖造田及无约束的"三废"排泄等，对中国生态环境的破坏十分严重，使大自然失去了自行调节的机能，各种自然灾害正在呈现出次数越来越多、间隔越来越短的趋势。在旱灾方面，中国历史上是三年一旱，20世纪60年代是三年两旱，现在变成了无年不旱、一年多旱（春旱、夏旱、秋旱）；在水灾方面，历史上年均1~2次，现在年均达50多次，每年洪涝面积就达几十万平方公里；在台风方面，过去是年均3~4次，近几年每年都有7次以上的台风登陆，有时超过10次；南方罕见的冷害、病虫害近几年也常有发生。各种自然灾害发生周期的缩短，正迫使我们为自身不当的活动付出高昂的代价。

（三）自然灾害的危害程度日益严重

在农业灾害（水、旱、雹、冻等）方面，20世纪50年代年均成灾面积为2.2亿亩，80年代年均达到了3亿多亩，上升约50%；如果将1979—1987年与1970—1978年相比，水旱灾害的成灾率上升了68%。可见，中国的水、旱灾害不仅危害面积在蔓延扩大，更重要的是危害程度日趋严重。如1991年仅江淮大水灾就造成了皖、苏两省780亿元的经济损失。

在地震灾害方面，自1976年唐山地震以来，近几年四川、云南、甘肃等地接连发生地震，损失很大。其中1988年云南澜沧地震所致直接经济损失就达20.5亿元；1992年为地震轻灾年，也造成了数亿元的经济损失，专家预测，中国正面临着又一个地震多发期。

在台风灾害方面，近几年所造成的危害更为新中国成立以来所罕见。仅1988—1990年全国因台风灾害导致死亡的人数就达1 600多人，倒塌房屋2 500多万平方米，直接经济损失180多亿元，年均达60亿元；其中1988年的7号台风就使浙江一省损失10多亿元。

滑坡、泥石流、冰雹、霜冻、龙卷风、风沙等各种自然灾害在近几年不断地造成了严重的损害后果，其损失难以计数。

中国自然灾害的严重化，虽然是自然环境恶化所致，但也与全国的抗灾能力薄弱，尤其是近10余年来广大农村对水利工程建设及维护的废弛有关。

(四) 人为型自然灾害剧增

人口的剧增，生产的发展，必然导致对大自然的过度索取和损害，尤其是新中国成立以来我国一直推崇着"人定胜天"的理论，不讲科学和盲目开发的事例不胜枚举，其直接后果就是各种人为型自然灾害的急剧增加。

以环境灾害为例，工业粉尘和废气排放所致的大气污染已使中国正在成为世界第三大酸雨区，在秦岭、淮河一线以南的广大地区造成日益严重的危害。沿海工业城市的污染，不仅导致了赤潮的泛滥成灾，更重要的还在于毁灭了大量鱼类资源，"黄金海岸"已变得再也见不到渔汛。城市化、工业化的发展对江河湖库及地下水资源的污染更为触目惊心，据有关部门调查报告，中国有80%的河流已遭污染，80%的城市居民喝不上合格的生活用水。疾病在增加、河流在发臭、耕地在退化，水污染造成的损失每年数以百亿元计，只不过因这些灾害损失不像地震、洪水灾害那样明显而未出现在官方公布的灾情统计中罢了。此外，由于环境的破坏，病虫草鼠害也在不断加剧，许多野生动物濒临灭顶之灾，我们正在为发展经济和某些不负责任的行为付出沉重的代价。

以中国的水土流失为例，虽然屡经治理，至今仍扩大到367万平方公里，比新中国成立初期增长一倍以上，占全国国土总面积的38.2%。其中：长江流域的水土流失面积由20世纪70年代的36万平方公里上升到80年代的75万平方公里；福建省的水土流失面积从50年代的4 500平方公里上升到80年代的1.4万平方公里；黄土高原的水土流失面积已占其总面积的90%。

水污染的蔓延带来了流行病的增加，环境污染的严重使酸雨危害面积进一步扩大，人为的水灾更是触目惊心。如湖南衡南县一处钨矿每年弃土石3万吨，使2 700多亩植被被毁，11条渠道和27处塘坝淤塞，800多亩农田被水冲沙盖；山西、陕西、内蒙古交界处的10余县（旗、市）因乱挖煤炭而致大量的弃土废渣堆放或倾入河道，影响了河道的行洪能力。1989年7月的一场暴雨，使猛涨的黄河水因无法宣泄而回流20多公里，淹没了两岸16万多亩良田。

触目惊心的事例表明，在中国自然灾害不断恶化的过程中，我们没有资格将责任完全推给自然界。

(五) 交通事故与火灾持续上升

从总体上讲，我国的各种人为灾害均在上升，但交通事故与火灾作为中国主要的人为灾害种类，危害后果更趋严重。公路交通事故，随着车辆的增加，新中国成立以来一直呈上升趋势。20 世纪 50 年代全国每年死于交通事故者约 4 000 人左右，70 年代为 1~2 万人，80 年代在 5 万人以上，90 年代初期已接近 6 万人。公安部统计的因公路交通事故造成的直接经济损失（仅包括交通工具、运输物资等）每年数以 10 亿元计。以中国人民保险公司的统计为例，1988 年赔偿交通事故损失达 13.66 亿元（1985 年不到 6 亿元），而其承保的车辆为 436 万辆，仅占全国总数的 65% 左右。在民航方面，50~70 年代全国发生空难约 30 起，年均约 1 起，而进入 80 年代以来，民航恶性空难事故接连不断，1992 年坠毁飞机达 5 架，空难丧生者近 400 人。此外，铁路撞车事故不断传来，铁路部长频繁换人；每年发生在沿海、内陆江河湖库中的沉船事故更是数以万计。

在火灾方面，据公安消防部门的统计资料，1951—1955 年每年平均火灾损失 3 349 万元，每次平均损失 1 530 元；上述指标到 1981—1985 年分别上升到 21 398 万元和 5 424 元，两相比较，分别增加 5.4 倍和 2.6 倍。1989 年，上述两项指标又分别上升到 49 284 万元和 20 388 元，比 1985 年分别增加 2.3 倍和 4 倍。此外，大火灾在近几年更是明显增加，如 1985 年的黑龙江伊春大火，1987 年新疆伊犁大火和东北大兴安岭火灾，1989 年黄岛油库大火，1990 年汉阳造纸厂火灾，1993 年深圳—危险品仓库爆炸引起的火灾，等等，每案直接经济损失均以数千万元或亿元计。

(六) 与生产有关的灾害不断增加

生产满足了人们的需要，带来了社会、经济的发展，但也带来了多种灾害。在我国的灾害中，与生产活动有关的灾害是相当严重的。如工业粉尘的剧增，导致了职业病患者大量出现，1989 年全国尘肺病患者累计已达 35 万人，1993 年则上升到近 50 万人，每年国家的损失至少达 70 多亿元。环境污染和生态危机因工程建设和工业生产的发展而加剧，某些生物的物种濒临灭绝的境况。地质部门的大量勘察研究资料表明，中国 50% 以上的崩塌、滑坡、泥石流等地质灾害是由于不合理的施工、建设和开采所致，等等。

综上可见，中国灾害的严重危机，不仅久远和深刻，而且还在不断恶化，如果我们今天还不能正视这一点，各种灾害的严重化将毁灭我们已经取得的发展成果，并带来难以预料和控制的后果。因此，国家重视并采取有效的减灾措施已势所必然，且刻不容缓。

六、灾害影响

古今中外的历史昭示我们：各种灾害都是危及社会安定和统治秩序的重要因素。中国历史上的农民起义，无论其范围大小或时间久暂，实际上无一不以灾荒为背景，这已成为中国历史的公例。在新中国，社会主义制度的优越和政府对救灾工作的重视，使灾害不致酿成大的社会动乱，但各种灾害却也使我们付出了沉重的代价，它对整个社会经济的发展产生了不可低估的影响。

（一）灾害造成人口死亡和流移

人口死亡和流移，历来就是各种灾害造成的最直接的社会后果。中国历史上因灾直接死亡和因灾导致饥饿、疫病而死亡者及因灾流离失所者不计其数。例如，据邓云特《中国救荒史》记载，中国在1910—1936年间因自然灾害而造成的人口死亡计达1 835万人，其中1910年因灾致死55万人，1925年因灾致死58万人，1928—1931年大灾时期死亡1 370万人，1935年因灾致死300万人。在人口流移方面，1928—1930年西北大灾，据陕西37县调查，当地妇女于灾荒中离村者达100余万人，其中被贩卖者达30余万人，迁逃者70万人。北方各省因灾迁入东北者在1922年是39万人，1926年增至59万人，1927年以后年均达100万以上。

新中国成立以后，因各种灾害致死的人口数以百万计。如在20世纪60年代初期，严重的自然灾害直接或间接造成（饥饿、疫病等）死亡者就数以10万计；1976年唐山地震死亡24万多人；现在每年死于火灾、交通事故、空难、海难等人为事故的人数在10万以上；一般年份死于各种自然灾害的人数也数以万计等。同时，虽然新中国对户籍实行严格管理与控制手段，但人口因灾流移仍有发生。如1960年自然灾害期间，山东灾民向东北迁移就达到历史最高期，当时政府为了控制人口外流，实行无证件者不售车票的办法，但灾民依然沿火车线徒步向北迁徙。据山东威海市地震办蔡克明估计，该时期山东移往东北的灾民不少于100万人。1991年的江淮大水灾后，虽未见有灾民大规模外迁的报道，但灾民在外流浪，被公安、民政部门收容、遣送的人数却较往年成倍增加。

各种灾害造成的非正常死亡和人口流移，均对社会经济的正常发展产生了严重的消极影响。

（二）灾害吞噬着巨额财富

笔者通过对中国各种灾害的统计分析，认为：一般年份，中国每年因各种灾害直接毁去的财富达1 000多亿元，约相当于国民生产总值的5%和国民收入的6%。重灾年份各种灾害吞噬的社会财富损失更巨，如1991年仅民政部公布的自然灾害造成的直接经济损失就达1 200多亿元，分别相当于当年国民生产总值（19 854.6亿元）、国民收入（16 117亿元）、财政收入（3 610.88亿元）的6.3%、7.8%和34.6%；如果再加上各种人为灾害及人为型自然灾害，1991年中国的各种灾害损失将高达2 000多亿元，上述比率将再提高将近一倍。再如1992年，民政部门公布的自然灾害造成的直接经济损失达800多亿元，人为灾害造成的损失至少在400亿元以上。由此可见，各种灾害毁掉的社会财富是何等之巨。

不仅如此，大量的社会财富被毁，需要重新或扩大生产、创造相等的财产物资才能弥补。如房屋倒塌需更多的砖瓦、水泥、木材和钢材，必然冲击建材工业生产和供应，进而波及其原材料市场；农作物的歉收需要动用国家粮食储备并扩大进口，又必然波及外汇资金和某些战略物资的储备。因此，巨额社会财富的毁灭并导致社会经济非正常运转，是灾害发生所引起的连锁反应和最直接的后果。

（三）灾害直接制约着国民经济的发展

在60年代初期，三年严重的自然灾害，曾迫使中国从1963年起进入国民经济调整时期，第三个五年计划被迫推迟到1966年才开始。1976年的唐山地震，不仅造成了100多亿元损失，而且迫使国家中断许多建设项目，在财政困难的情况下拿出100多亿元用于救灾及善后工作。可见，灾害对国民经济发展的影响是巨大的。一方面，中国每年因各种自然灾害的侵袭而减收粮食 200 多亿公斤，损失数以千万计的牲畜和数目惊人的水产。灾害还直接破坏着土质，影响农作物的生长，如水淹耕地会使大量碱性化合物分解并丧失氮磷钾等养分，连续干旱易使土地沙化，时间越长，受害越深，加之耕畜的减少和农具的散失，农业再生产必受制约，且很难在短期内恢复。另一方面，农业不稳又使工业尤其是轻工业生产受到影响，加之各种工矿灾害、火灾事故等，必然制约着工业生产的发展。

灾害的另一负效应，就是减收增支，造成财政收支失衡，削弱生产发展后劲。虽然经过 80 年代以来的财政体制改革和企业自主权的逐步落实，灾害的损失一般不再由财政核销，但受灾地区或企业的利税却会大幅度减少。以 1991 年为例，国家就对受灾的行洪蓄洪区、内涝区免征农业税，受灾的乡镇企业减免产品税、增值税和所得税，等等；在财政减收的同时，政府还须拿出更多的财力来救济灾民，1991 年国家就在救灾款预算 10 亿元的基础上直接增拨 12 亿元救灾款，更不用说各种救灾物资的发放及由此耗费的人力、物力了。

由此可见，灾害直接制约着国民经济的发展，尤其是工农业生产的发展，是国家财政收支平衡的不能忽视的制约因素。

（四）灾害制造贫困，危害社会安定

在中国历史上，往往有灾必有饥荒，灾害与贫困是长期困扰中华民族的一对"孪生兄弟"。翻开史籍，每逢灾害，饥饿而亡者不可胜计，人相食的惨剧屡有记载。人们越是贫穷，抗御各种灾害的能力就越弱；抗御各种灾害的能力越弱，灾荒加深贫困化的程度就越严重，灾荒与贫困的恶性循环一直未有止境，并每每酿成民变，危及统治秩序。

新中国成立后，全国每年仅农村就有 2 亿多人口受灾，其中有 4 000 多万人生活困难，仅靠政府的低水平救济显然难以真正解决问题。近几年农村一些脱贫户因灾害严重又陷入贫困，一些条件较好的城乡居民往往也因突发性灾变而一蹶不振，给社会安定造成了压力。灾民上访、安置、流动人口的增加及债务纠纷都是容易危害社会安定的因素，一旦处理不及时或失当，就会在一定范围内导致社会矛盾的激化，并进而波及各个方面。例如，1991 年江淮大水灾，虽然有政府救济、全国各地的捐赠和保险公司的赔偿，但因数 10 亿元的经济补偿相对于逾千亿元的损失而言，相差太远，

部分灾民的生存条件仍无法维持。同期人口外流、乞讨的现象急剧地增加。所有这些都表明了灾害导致贫困，贫困危及社会安定是灾害负影响的重要方面。

（五）灾害影响国民的生活水平和质量

一方面，各种灾害造成劳动力死亡，必然导致城乡居民家庭收入的锐减，各种自然灾害与火灾等人为灾害造成的直接财富损毁，往往使城乡居民家庭财产毁于一旦，直接降低着国民的生活水平与质量；另一方面，在农村，遭灾农民不仅再无剩余农副产品提供给市场，其自身也只能依靠政府低水平的救济和借粮、借钱度灾或恢复简单再生产，生活水平会急剧下降，且短期内难以恢复。在城市，农业的歉收会造成农副产品的短缺，不是要市民付出更大的经济代价，就是降低生活质量。因此，从各种灾害的发生到国民生活水平和生活质量的降低，实质上是一个由自然现象到社会现象的必然过程。

（六）灾害造成社会恐慌

灾害造成的社会恐慌一般可以分为三个阶段：一是社会上少数知情者形成的局部躁动不安；二是随灾情信息的迅速扩散形成整个社区或社会的恐慌；三是在灾害发生时社会秩序混乱无序，失去控制。

各种灾害尤其是特大型的地震、洪水、台风等往往在几秒钟或几十秒钟内摧毁城市或村庄及大面积的庄稼，发生之迅速，损失之惨重，往往使民众精神和心理上无法承受。数千年来，烧香敬神作为中国人传统的祈求消灾的方式，一直延续至今，在某些地方还在肆无忌惮地发展，不能不说是人们对灾害的畏惧心理和追求精神寄托的一种表现。所以，每逢大灾过后，往往谣言四起，迷信活动猖獗，人心惶惶，有的甚至失去生活信心。

例如，唐山地震后，许多地方地震谣传四起，不少人在恐惧心理的驱使下，杀猪宰羊大吃大喝，等待"末日"来临，甚至有人听到别的声响也以为是地震发生而跳楼。据不完全统计，全国恐慌跳楼而亡者在当时数以千计。在农村一些地方，由于乡民抵御灾害的能力薄弱，政府救济又十分有限，加之村、组力量削弱，农民承包经营，灾害已促使宗族势力抬头，部分灾民因生活条件恶化而迫使子女中途辍学，导致了新一代文盲的出现和增加，等等。所有这些，都直接或间接地反映了灾害给人的精神和心理带来的沉重创伤和压力，它导致人心不安，阻滞社会文明的发展。

灾害的后果与政府的社会、经济目标背道而驰，其影响是多方面的，也是深刻的。因此，我们在强调灾情是国情的有机组成部分的同时，还要注重对各种灾害的防范，并应注重研究灾后补偿或保障措施，尤其是重视建立新型救灾机制，发挥保险业的作用。在1991年的江淮大水灾面前，灾区投保率并不高，但保险公司却支付了10余亿元的赔款，相当于中国救灾拨款总额（含增拨部分）的1/2左右、国内外捐款总额的3/5多，这一事实充分证明了保险业在中国大有可为，国家应重视其发展并将保险机制引入到社会保障领域，建立以各种保险服务为核心的灾后保障体系，以有效地控制和减轻灾害对社会经济发展的消极影响。

第一篇

自然灾害分论

　　自然灾害，是人类社会有史以来就面临的凶恶敌人。虽然社会的进步给我们带来了现代工业文明，科学技术的发展将人类活动的领域引向了太空，但近百年尤其是近半个世纪以来的无数灾难表明，自然灾害不仅未退出历史舞台，而且随着生产的发展和生态环境的人为破坏，在人类解放自己并获得自由的同时，变本加厉地反馈给人类社会。人类的活动正在壮大和发展着自己的敌人——各种自然灾害。

　　中国的自然灾害是十分严重的。它作为造成旧中国长期贫穷落后的重要原因之一，每年吞噬着我们数百亿元乃至逾千亿元的物质财富和成千上万人的生命，成为中国社会进步和国家发展所必须正视的客观制约因素。

　　中国自然灾害的种类繁多。水灾、旱灾、台风、龙卷风、干热风、风沙、冰雹、雷暴、酸雨、冷害、冻害、雪灾、雾灾、地震、滑坡、泥石流、崩塌、水土流失、风暴潮、病虫草害、鼠害等，每年都要在全国或局部地区发生，造成大范围的损害或局部地区的毁灭性打击。

　　中国的自然灾害正在走向严重化和深刻化。生态破坏、环境污染致使许许多多的自然灾害打上了人为的烙印。洪水泛滥，旱魃逞凶、台风肆虐、瘟神重回、飞蝗又起，无不表明中国自然灾害的进一步恶化。

　　本篇的研究内容将充分证明，上述言论绝不是危言耸听，我们必须采取有效的减灾对策。

　　需要指出的是，笔者曾经设想在本篇中全面研讨中国的各种自然灾害，但实际做起来却非常困难。时间、精力、调查、资料的有限，迫使笔者只能将注意力集中在危害中国的主要自然灾害身上。因此，本篇作为中国灾害中的自然灾害分论，难免有许多遗漏，不过，已经成书的文字亦足以展示中国的自然灾害了。

一、水灾

（一）水灾是中国的众灾之首

水灾是中国自然灾害中最主要的灾种之一，它属于气象灾害，是自然界水分异常偏多并造成财物损毁、人畜伤亡等损害后果的自然现象。自古以来，水灾、旱灾、虫灾并称为中国三大灾种，其中水灾尤甚。据历史资料的不完全统计，从公元前206年到公元1949年的2155年间，中国发生的大水灾为1 092次，平均每两年就有一次大水灾。"治国必先治水"是祖先留下来的古训，"大禹治水"更是千古流传的佳话，表明了人民治服水灾的美好愿望。

新中国成立以后，中国政府加强了对大江大河的治理工作，然而，由于社会经济的发展和大江大河中下游地区人口的剧增及财富的积聚，加之生态环境的破坏等，中国的水患并未减轻。据统计，近30年间全国发生大大小小的水灾1 600多次，年均达50余次。在高新中国成立提供的统计资料中，1988年全国共发生220次重大灾害（包括自然灾害和其他灾害），水灾就有62次，占当年全国重大灾害总数的28%；在灾害造成的损失中，水灾损失为254亿元，占当年全国灾害损失的40%多。1981年7月，四川腹地发生洪水，损失20多亿元；1983年汉江上游陕西安康城被淹，直接损失10多亿元；1991年仅5～8月的江淮大水灾，就使5 113人死亡，3.6亿亩农作物受灾（其中成灾2.1亿多亩），498万间房屋倒塌，直接经济损失达779亿元。中国有40%的人口，35%的耕地和60%的工农业总产值以及100多座大中城市分布在遭受水灾威胁的地区。所有这些，均表明了水灾无论是在危害面积还是在危害后果等方面，均是中国的"众灾之首"。

不仅如此，作为"众灾之首"的水灾还在发展。仅以农作物水灾为例，1970—1978年间，中国农作物年均遭受水灾的面积为7 800万亩，到1979年—1987年间上升到1.46亿亩，增长31%；同期水灾成灾率由42%上升到53%，增长11%；到1988—1992年间，全国水灾受灾面积又上升到年均2.1亿亩，较1979—1987年间增长43.8%，同期水灾成灾率达54.5%，又上升1.5个百分点。由此可见，水灾在中国灾情研究中必须摆在首位。

（二）水灾严重的原因分析

造成中国水灾日趋严重的原因，笔者认为，主要有以下几方面：

1. 受自然地理位置和季风气候的影响。中国的雨量不仅在地区间有较大差异，在年际年内的变化也很大。如1990年，鄂、皖、赣等省雨季提前至4月，大范围降雨成灾造成480多人死亡，经济损失达100多亿元。1991年的江淮大水灾，也是因川、鄂、湘、皖等省雨季提前所致，造成财产损失惨重，为新中国成立以来所仅见。

2. 地形复杂，西部与东部落差大以及众多河流均要汇入少数特大河流入海，是中国江河洪水和内涝灾害的有利生成条件。如长江、黄河的落差就大大超过世界上著名的亚马逊河、密西西比河、尼罗河等大河流的落差。在这种地形条件下，大江大河的中、上游一进入梅雨季节或暴雨季节，其中、下游就往往不堪承载，形成人力难以抗御的水灾和涝灾。

3. 植被遭到破坏，水土流失扩大，是中国水灾日趋严重的重要致因。虽然新中国成立后初步治理水土流失面积50多万平方公里，但由于过去毁林开荒和乱砍滥伐，加之近20年来造林绿化没有跟上，一些地区只顾向大自然索取，造成了新增水土流失面积增长更快的局面。据1991年资料，中国水土流失面积已大大超过1952年的150万平方公里，仅长江流域就达50多万平方公里，黄土高原达40多万平方公里；1993年底，中国水土流失面积高达367万平方公里。如此大的水土流失区域，必然使地表蓄水能力大大减弱，降雨量一偏多，就会酿成水灾。因此，中国水灾的严重化，实质上还与人的因素密不可分，是自然变异和人为影响交互作用的结果。

4. 湖泊萎缩，调蓄洪水功能减弱。湖泊，是最好的天然水库，具有巨大的蓄洪防灾功能。然而，近40年来，由于围湖造田、泥沙淤积等原因，中国的湖泊面积急剧减少，仅湘、鄂、赣、皖、苏五省便因围湖垦田而失去湖泊面积1.2万平方公里，其面积比现在的4个洞庭湖还大。有"千湖之省"美称的湖北，湖泊面积损失70%。湖南的洞庭湖围垦农田1 500平方公里，仅剩湖面2 840平方公里，不及清代面积的一半。太湖流域自

1954年以来，围湖垦殖面积也达530多平方公里，其中太湖占160平方公里，滆湖和洮湖分别为107.4平方公里。上述三湖面积的锐减使蓄水能力减少10多亿立方米，是形成1991年洪灾巨大损失的一个重要原因。这种局面如果不尽快扭转，我们在获得短暂的收获喜悦时，将会付出永久的毁灭性的代价。

5. 中国防洪抗灾能力薄弱。因财力所限，中国的防洪工程大多标准偏低，人为的行洪障碍和河道淤积严重，很难抵御特大水灾。据水利部资料，该部管理的291座大型水库中，工程质量差或防洪标准低的就有89座，占30%左右，垮坝事件屡有发生。万里长江，险在荆江，江汉平原及其他沿江平原现有42个县市，3 000万亩肥沃耕地和2 500多万人口，是湖北省精华之所在，但因地面高度普遍低于当地洪水位，全赖江汉堤保护。而现存堤防大多只能抗御5～10年一遇的洪水，其中荆江大堤无论高度和宽度都是最大的，也只能抗御5～20年一遇的洪水，每年汛期人心惶惶，一旦出事，后果不堪设想。

6. 中国的大江大河中下游、平原及湖泊周围多是人口密集和经济较发达的地区，水灾造成的后果必然严重。如1991年的大水灾，从财产损失来看是新中国成立以来最惨重的一次，其中的重灾区就是长江流域最富饶的长江三角洲地区，包括太湖平原和苏北的里下河地区。太湖平原的农业产值占全国的12.8%，年产粮1 200万吨；人口密度相当于全国平均数的9倍；如此富饶和人口稠密地区遭受特大水灾，损失自然惨重。

自然地理原因，人文地理原因，人为原因及抗灾能力薄弱等，共同导致了中国水灾的严重化。

（三）水灾的特征

综观中国的水灾，在总体上表现出下列特征：

1. 水灾的形式多样

根据水灾的成因和性质，中国水灾的形式可以划分为5种类型：（1）江河洪水灾害。它由上、中游流域的暴雨引发，淹没两岸农田、房屋，造成巨大的财产损失和人身伤亡，是淹没面积大、危害后果最严重的水灾，也是社会各界最为关注的灾害。（2）山洪灾害，即山地、丘陵地区因集中暴雨而造成的中小河流洪水灾害或水土流失灾害。这种水灾因地形显要，洪水向下汇集，往往冲毁农田、村舍、集镇，还会波及平原及湖区等。（3）内涝灾害，指沿江平原及滨湖地区，因地势低洼，一遇暴雨或山洪汇流，积水不能及时向外排出而致成灾，造成田地、房屋被淹。（4）渍水灾害，即因地下水位高或存在浅层滞水造成农作物损失的一种水灾。（5）其他水灾，如北方河流的凌汛，江河湖库穿堤垮坝等均会造成严重的损害后果。在各种水灾中，由暴雨引起的江河洪水应当成为国家减灾的重点，但对其他形式的水灾也不容忽视。如1975年河南坂桥、石漫滩两座大型水库因洪水漫坝失事，淹死2.6万多人，冲毁京广铁路100公里，淹没良田1500多万亩。1993年8月，青海省海南藏族自治州共和县发生水库垮坝事件，也死亡328人，受伤300多人，失踪数10人，直接经济损失达1.53亿元。

2. 水灾具有广泛性

大面积、大范围是水灾生成的自然特征。中国的水灾动辄波及数省乃至半个中国，危害面积数十、上百万平方公里，受灾对象为数以千万亩计的农作物和数以百万、千万乃至上亿计的人口。水灾的这一特征，使其成为波及面广、影响巨大、危害最深的巨型灾害。

3. 水灾的危害区域具有相对集中性

中国的水灾主要集中在长江、黄河、海河、淮河、辽河、松花江和珠江7大江河的中、下游地区，尤以长江、黄河、淮海、海河最为严重。以长江为例，自汉朝至今共发生大水灾200余次。1931年的大水灾淹死14.5万人，经济损失13.5亿银元；1935年的洪水淹死14.2万人；1954年的大水淹死3.3万多人，减产粮食125亿公斤，减产棉花414万担；1981年长江上游的水灾，致使四川西北部损失25亿多元，100多万人无家可归。黄河在被称为"中华民族摇篮"的同时又被称为"中国的悲伤"。它在历史上曾决口泛滥1600次，大的改道26次，平均3年一次决口，每100年有一次大改道。如1117年的决口淹死100多万人，1642年水淹开封死34万人，1887年决口淹死150多万人，1938年决口淹死豫、皖、苏三省89万人，经济损失10.9亿银元。现在的黄河已成"天上河"，时刻威胁着两岸人民。淮河从1194—1694年间发生大水灾350余次，每三年两次，1931年的淮河大水淹死7.5万多人，1950、1954、1975、1990、1991年均发生了严重的水灾。海河从1368—1948年间共发生大水灾387次，新中国成立后的1949、1954、1956、1963年4次大水灾均使5000多万亩以上的农田受灾，

1963年的大水灾更是淹死5 600多人，直接经济损失达60多亿元。珠江、赣江、乌江、湘江等省内河流也常造成所在省、区的局部性水灾。

4. 水灾的季节性特征明显

水灾往往因暴雨形成，其年际年内的变化，显然与大气圈系中的年降雨量尤其是汛期降水甚至短时暴雨的分布规律相一致，即水灾的时间分布均集中在各地区的汛期，而汛期又是根据每年雨季自南向北逐渐移动而形成的，从而带有规律性。从全国来看，水灾的时间一般集中在每年的4~9月，其中华南在4~6月，华东及华中在6~8月，北方则集中于8~9月。在这期间，虽然水灾的大小还与当时、当地的社会、政治、经济及防范措施密切相关，但雨多水大，水大易灾却是水灾时空分布的客观规律。

（四）水灾的减灾对策

中国水灾的严重性已为世所公认，而潜在的水患更为严重。如黄河的河床在相应部位高出郑州、济南市3~5米，高出开封市12米，高出新乡市25~30米，一旦出险，损失将成百上千亿元计，不仅整个国民经济建设部署将被打乱，而且短期内不可能恢复。因此，防御并减轻水患的危害已是中国十分紧迫的重大问题。从宏观角度出发，笔者认为对中国水灾宜采取下列减灾对策：

1. 以大江大河和大湖泊为防治水灾的主要目标

国家应集中全国的财力、物力和人力搞好7大河流和5大湖泊的治理。一方面，要加快大江大河上游的植树造林等以固沙培土，防止水土流失加重水患；另一方面，在巩固大江大河及湖泊的堤防的同时，加快蓄洪、分洪工程建设，搞好退田还湖，做到有备无患。中国政府几十年来对防御水灾的工程措施（如修堤筑坝、建水库等）是很重视的，1949年后全国仅水库就修建了8.6万多座，修建加固堤防20多万公里。在1991年的特大水灾面前，全国死亡人数仅5 000多人，在很大程度上得益于已有的防洪工程，但惨重的经济损失又表明工程措施还须加强。

2. 重视非工程措施，实行综合治理

要想减轻水灾的危害，除取决于防洪工程措施，还取决于非工程措施，如保留洪泛区、加强防灾法制建设和防洪抗灾工程的管理，建立健全的洪水防治组织机构和科学的灾后补偿体系，等等。只有综合治理并保证工程措施与非工程措施双管齐下，才能取得较好的减灾效果。

3. 以加强灾害性天气监测、预报和信息传递为减轻水患的突破口

预报的准确与否及信息传递的快慢，都直接影响到水灾的危害程度。如1983年7月陕西大水使安康城遭受毁灭性打击，但因预报准确，10万市民撤到了安全地点，避免了重大的人员伤亡惨剧。1991年6月14日，由于国家气象局中心气象台的准确预报，使原定的苏、皖行洪计划推迟7个小时实施，为分洪区人员和财产的转移赢得了宝贵的时间，有效地减少了损失。反之，因缺乏预报或预报失误或信息传递的滞后而致小灾大损的事例也不乏罕见。因此，气象工作应继续得到加强，其他部门也要充分利用气象资料。

4. 以强制保险为灾后救助的主要手段

新中国成立40多年来，大的抗洪斗争的胜利无一不是以牺牲局部保住全局为代价换来的，这是历史的经验。但过去对作出贡献的受灾区和被保护的受益区没有建立风险同担的经济损失补偿机制，而是由国家对受灾区实行救济，被保护区不承担灾区的经济损失，实质上是由国家实行"无偿保险"。这不仅因救济水平低而导致损失补偿的严重不足，而且很不合理，极易造成对国民经济正常运转的冲击。因此，笔者建议用立法手段和经济杠杆将受灾区和受益区有机地联系起来，最佳的联系方式就是对巨型洪水灾害实行强制性保险，即制定洪水保险条例、开办专项政策性保险、建立专项洪水基金。当然，政府救助及各种商业保险仍应得到发展，并作为抗御水灾的必要措施，与洪水强制保险相结合，共同构筑起我国的水灾补偿体系。三者的有机结合必然对解决水灾造成的系列问题起重大作用。

中国的社会主义制度为抗拒严重而频繁的水灾提供了有力的制度保证，中国政府已在增加防御水灾的投入，三峡水利枢纽工程的上马，国家对淮河等河流的综合治理，以及各地掀起的农田水利基本建设热潮，均使我们有理由相信，日益严重的水患是可以得到控制并减轻到较低水平的。

二、旱灾

在中国众多的自然灾害中，旱灾既是危害范围最广的灾种，也是唯一以显现的持续、渐变表现形式出现的灾害。在旱灾出现的初期，人们并不能感到它的到来，但时间愈长，受旱面积愈大，严重程度便与日俱增。

（一）旱灾的严重性

在历史上，处于农业社会的中国主要"靠天吃饭"，频繁的旱灾对社会经济的危害程度并不亚于水灾。据不完全统计，从公元前 206 年到公元 1949 年，中国发生大旱灾 1 056 次，导致数以千万计的饥民死亡。近代史上有名的"丁戊奇荒"（1877—1879 年大旱）就持续三年，波及长江以北 9 省，灾民达 1.6 亿～2 亿人，由于饥荒和感染斑疹伤寒的原因而丧生者达 1 300 多万人。1920 年晋冀鲁豫陕 5 省大旱，赤地千里，死 505 万人。1942—1943 年的大旱，仅河南省就饿死数百万人。

新中国成立后，虽然农业产值在国民生产中所占比例逐年下降，但农业生产作为基础部门仍然深受旱灾的危害，并波及工业部门及城市；其直接危害后果虽较旧中国大为减轻，但旱灾的严重性仍不可低估。笔者通过对新中国成立后历年旱情资料的统计分析，发现从 1950—1992 年间因旱受灾农田面积超过 4 亿亩的就有 14 年，1959、1960、1961、1971、1972、1978、1981、1986、1988、1989、1992 年不仅均出现了波及数省乃至半个中国的干旱，而且成灾面积均在 2 亿亩以上。以 1972 年为例，全国出现干旱的地方波及华北、长江中上游和华南广大地区，华北地区受旱农田占全部农田的 90%，绝收面积达 5% 以上。

值得指出的是，中国的旱情还在恶化。如 1979—1987 年与 1970—1978 年相比较，全国年均受旱农作物面积虽由 3.9 亿亩下降到 3.47 亿亩，但平均成灾面积却由 1.09 亿亩上升到 1.61 亿亩；到 1988—1992 年间，全国年均受旱面积与成灾面积分别上升到 4.14 亿亩和 1.88 亿亩。不仅如此，干旱还使人畜饮水困难，影响城市工业生产，给国民经济的发展和人畜安全带来威胁。

上述资料均表明了这样一个客观事实：虽然中国正在迅速向工业社会迈进，但与农业文明密切相联系的旱灾作为自古以来的主要灾害，在今天仍然占据着主要灾种的地位。

（二）旱灾的成因

由于研究的目的和对象不同，人们对旱灾的定义、具体指标和成因的分析也是不同的。笔者的研究目的，主要是旱灾作为灾情之一是国情的组成部分，因而从其一般的定义，即旱灾是指因长期无雨或降雨偏少致使空气干燥、土壤缺水甚至干涸而造成损害后果的大范围灾害。旱灾的程度，与前期降水量、干旱持续日数、地下水位以及农作物种类、品种及其生长发育时期等有密切关系，故旱灾的具体指标又因时因地因受害对象而异。

一般人认为，旱灾是太阳辐射、地球表面热量的过度增大和地球大气层中气候方式的改变导致降水偏少所引起的。笔者则认为，旱灾还是气象、地理、土壤、植被和人类盲目毁林开荒恶化生态环境等多种因素综合影响的结果。其一，中国的旱情与显著的季风性气候有关，在很大程度上取决于西太平洋副热带高压的位置和强度，以及西风环流形势的稳定发展，形成大范围的旱灾的条件主要是由大气环流和海温的异常发展而引起的。其二，中国的水资源地区分布极不平衡，东部多，西部少；南方多，北方少；这是导致北方旱情自古以来就十分严重的重要地理原因，虽然我们可以搞南水北调、东水西调及修筑水库等来缓解北方及西部的旱情，但要从根本上改变北方及西部旱情严重的局面却是很困难的。其三，旱情的发生与中国农业生产本身的特点有关，干旱发生的季节往往与当地作物的生长发育季节相吻合，农作物品种的抗旱性能还有待增强。其四，各地旱情的发展还取决于当地社会经济条件如水土保护、抗旱措施等。因此，中国旱灾的形成既有自然方面的原因，又有社会方面的原因，虽然自然原因是旱灾的决定因素，但社会原因的反作用力不容低估。

（三）旱灾的时空分布

旱灾的成灾时间，不像其他灾害（如地震、洪水、台风、交通事故、火灾等）在短时间内可以形成，而是往往需要数月乃至数年，从而是以显现的、持续的、渐进的面孔出现的灾变。

从中国旱灾的时间分布来看，有春旱、夏旱、秋旱、冬旱以及冬春连旱。春旱主要危害北方，被称为"卡脖子旱"，导致冬小麦、玉米等减产，多发生在3～5月份，北方素有"春雨贵如油"的说法。夏旱主要危害长江流域的湖北、湖南、江西、江苏、安徽等省，多发生在7～8月份盛夏季节，造成对农作物的严重危害，在南方故有"春旱不算旱，夏旱减一半"的农谚。秋旱出现在8～9月份，危害着华北、华中等广大地区。冬旱则主要出现在华南地区。最严重的是冬春连旱,大旱灾年一般都属冬春连旱类型。

在区域分布方面,中国的旱灾可以以昆仑山脉、秦岭、淮河一线为分界线。北方旱灾有频繁性、周期性的特点,"三年两头旱,五年一大旱"即是传统说法,但东北地区由于降水比较稳定,干旱出现较少,黄淮海地区的降雨变化大,干旱频率全年各季均较高。南方旱灾则主要表现出地区性和季节性特点。

中国旱灾分布的另一特点就是持续性。在浩瀚的历史文献中,干旱连年出现的记载不乏罕见。如北京地区从1470—1949年间发生干旱170次,其中有115次是连年发生的,1637—1643年和1939—1945年干旱竟有连续7年之久。新中国成立后,连年干旱的现象也屡有发生,如长江中下游地区1958—1961年连续4年干旱,造成了国民经济的灾难性恶果;1966—1968年连续三年干旱,1988—1989年连续两年干旱,均造成了旱情加剧、损失严重的后果。

(四)旱灾的影响

旱灾的影响是多方面的,几乎可波及社会经济活动及国民生活的各个方面。

1. 旱灾主要危害农作物生产,是中国近40年来粮食减产的最主要的致因

由于水分是农作物生产的必要条件,加之农作物又是野外生长,旱灾的发生,轻则使农业减产,重则使农作物绝收,造成大范围的饥荒。如1959—1961年的持续干旱,造成全国年均减产粮食400亿公斤以上,使整个国民经济陷入了严重困境。

2. 旱灾导致农业成本上升

如作为华北粮仓的河北省,1986年的水浇地面积因旱灾所致比1980年减少800万亩,粮食产量此后不仅连年徘徊不前,而且全省每年还须投资2亿多元以上用于抗旱。南方农业生产中,抗旱投入的人力、物力也在明显增加,旱灾已经成为广大农区农业生产成本上升的一个重要因素。

3. 危及人畜生存

历史上因旱致荒,导致"人相食"的惨剧史不绝笔。如1638—1641年

(明崇祯年间），严重的持续干旱造成河流干涸、井泉枯竭、蝗灾遍地。据当时文献记载，陕西人口"十亡八九"，河北"尸骸遍地"，河南"民饿死者十亡五六，流亡者十亡三四"。新中国成立后，大旱之年造成饿死人事件仍有发生，饮水困难者更是以千万计，局部地区旱灾也往往使数百万人饮水困难，全国每年平均因旱而死亡的牲畜数以百万计。

4. 制约着工业生产和城市建设的发展

如果说历史上的旱灾是农业的灾害、农民的灾害，那么，现在的旱灾则可以称为工农业及城乡人民的共同灾害。持续的干旱少雨，必然导致许多河流干涸，地下水蕴藏量锐减，对中国工业、城市用水的影响日益增大。据统计，全国有200多个缺水城市，每日缺水达1 200多万吨，其中工业缺水量每日达800万吨左右，每年影响全国工业产值达200多亿元。如1981年天津因干旱缺水，全市每天供水量由正常的110万吨压到60万吨的最低水准，造成天津港内河港区五个5 000吨级泊位停用，数百家工厂停产或半停产，直接经济损失达97亿元。再如1989年对全国94个城市的调查资料表明，因干旱导致的缺水影响工业产值127亿元，其中西安市城区曾一度断水面积达27平方公里，市政府不得不组织车队给居民送水。

5. 导致社会动乱，留下难以治愈的后遗症

由于旱灾的大范围性，旱灾→蝗灾→饥荒→农民起义是旧中国的历史公例，每逢大旱，无法生存的农民便会揭竿而起，起义浪潮遍及全国。新中国成立以来，人民政府对蝗灾进行了治理，使作为旧中国并称的"水、旱、蝗"三大灾之一的蝗灾得到了控制，加之政府救灾、抗灾工作的卓有成效，未至因旱酿成大的动乱，但局部地区的不安定仍有发生。如1956年广西因1955年的旱灾而发生严重春荒，由于当地政府领导的官僚主义，导致了饿死及因灾致病死者2 200多人，外流乞讨为生者1.5万人，引起全国震动。全国人大代表大会于1957年4月17日第66次会议专题讨论这一事件，会议决定将广西省委第一书记陈漫远、省委书记兼副省长肖一舟等一批责任者撤职查办。《人民日报》在同年6月18日的社论指出"这是一个极为沉重的教训"。此后，因旱灾导致的局部社会问题仍时有发生。

此外，旱灾过后，往往出现疫病流行、虫灾滋生、土地沙化、河流干涸、地下水位下降、沿海地区海水倒灌等，均非短期内可以治理。尤其值得注意的是，新中国成立后得到控制的蝗灾近几年在一些地区干旱过后又有出现，必须引起政府有关部门的高度重视。

（五）旱灾的防御

旱灾的防御重点应该放在开源节流上。一方面，各地区应努力种草植树和搞好农田水利基本建设，以积蓄、涵养水源；同时做好全国的水利布局工作，如进行南水北调、东水西调，以工程建设来调整全国水资源分布极不平衡的布局。另一方面，又要在城市提高工业用水的利用率，征收水资源税，提高农村节水灌溉，避免水资源的浪费和过量开采地下水。此外，根据干旱发生的一般规律，调节农作物的种植制度，在易旱区选种耐旱作物并推广人工降雨等技术，加强抗旱作物品种的研究和应用，都会取得良好的减灾效果。旱灾的减轻又将有助于减轻水灾、虫灾，取得一系列的间接经济效益和直接社会效益。

通过人的努力，旱灾是可以得到减轻的，但又不可能避免，因此，还必须将灾后补救措施列为减轻旱灾工作的必要内容。由于旱灾的持续性、大范围性及危害农业生产等特点，走旱灾保险化的道路是行不通的，因为商业保险的性质及原则均只能承保突发性灾变和有限风险责任；而旱灾分布的不平衡及政府救灾能力的有限，也决定了走强制性政策性保险的道路不通。因此，笔者主张旱灾的灾后补救宜采用祖先留下的仓储后备、以工代赈的措施，即建立国家和地方两级粮食专项储备，并将有关水利建设等资金与救济灾民的赈款相结合，实行以工代赈。实物救灾能安抚民心，以工代赈能促进抗旱工程建设，历史证明是一条成功的经验。

总之，水是人类社会生存与发展的基础，我们不应忘记历史上干旱给中国人民带来过的惨重灾难，更不能忽略近几十年来旱情的恶化。保护环境，防御旱灾应当引起国家与各级政府及全社会的重视。

三、地震灾害

（一）地震与地震灾害

与风雨、雷电一样，地震也是一种极为普遍的自然现象。然而，地震若是超过了一定的临界点就会造成地震灾害，即强烈的地面震动及形成的地裂山崩和变形会在瞬间引起建筑物倒塌，造成人畜伤亡及大量社会物质财富的损失。在各种自然灾害中，人们最恐惧的莫过于地震了。

地震的大小用震级表示，它与地震释放的能量多少有关，一个地震只有一个震级。一般而言，5级以上的地震会造成破坏，7级以上的地震会造成重大损害后果。但从有记载的文字来看，世界上还没有大于8.9级地震的纪录，中国还没有大于8.6级地震的记录。地震时地面受到的影响和破坏程度则用烈度表示，它不仅与震级有关，而且与其他多种因素如人口密度、财产分布、城乡地域等有关。如唐山地震为7.8级，但损害后果超过了国际上许多8级以上的大地震，在中国有记载的地震史上仅次于陕西华县8级地震而超过其他16次8级以上的地震。地震烈度共分12度，在其他条件相等的情况下，距震中越远，损害越小，烈度也就越低。

地震灾害作为一种不分国界的全球性自然灾害，往往会在一瞬间给人类社会造成灾难。地球上每年约发生1 500万次地震，其中1 000次左右有破坏性，10次左右7级以上的地震会造成较严重的灾害。据统计，从1900—1985年的85年间，全世界共发生死亡1 000人以上的地震100次，总计死亡130余万人，其中14次地震造成万人以上死亡；从20世纪50年代以来，全球大地震造成的经济损失达2 000多亿美元。

（二）中国的地震灾情

中国地处环太平洋地震带和欧亚地震带之间，是世界上多地震灾害的国家。据中国地震资料年表，有记载的地震达8 200多次，其中1 000多次为破坏性地震；在1900—1988年间，全球发生7级以上的地震1 285次，中国为104次，约占全球总数的8.1%；1900—1980年全国共发生死亡千人以上的地震31次，死亡人数达60多万，约占全球死亡人数的50%多；中国的大陆地震更是占全球大陆地震总数的29.5%。

在中国历史上，史书记述的巨型地震灾事有：1556年2月2日，陕西华县大地震，造成83万人死亡；1668年，山东郯城的8.5级大地震和1679年三河平谷大地震，均造成10多万人死亡；1920年12月16日，宁夏海原的8.6级大地震造成23万人死亡。

新中国成立后，地震灾害十分频繁。1989年，中国发生6级以上地震7次；1990年，发生6级以上地震4次；1991年，共发生5级以上地震27

次；1992年被称为地震平静年，全国也发生3.5级以上的地震31次，其中6级以上地震5次。据1993年1月上旬全国地震趋势会商结果，1993年大陆震情呈增强的趋势，不久即接连在西藏、云南、青海等省、区发生6级以上的地震。

在近30年间，中国发生的大地震灾事有：

1966年3月，河北省邢台地区发生6.8级和7.2级两次强烈地震，震灾波及邢台、石家庄、衡水、邯郸、保定、沧州等6个地区80余县、市，17 633个村庄遭到不同程度的损失，共死亡8 064人，受伤38 451人（其中重伤致残9 492人，轻伤28 959人），倒塌房屋262万间、损坏246万间，死亡牲畜1 696头，烧毁山林1 200余亩，110多家厂矿企业、5条铁路线、近100座桥梁以及众多的农田、水利设施遭到破坏，经济损失惨重。

1970年1月5日，云南通海发生7.8级地震，震中烈度达10度，造成15 621人死亡、26 783人受伤，地震波及地区的房屋倒塌率达56%，死亡牲畜达16 638头。

1975年2月4日，辽宁海城、营口一带发生7.3级地震，虽经震前预报并提前采取预防措施而避免了更大的灾难，但仍造成1 328人死亡、4 292人重伤致残、12 688人轻伤，城镇与农村共损坏房屋2 240万平方米，破坏城镇公共设施165万平方米，破坏城乡交通、水利设施2 937个，直接经济损失8.1亿元，国家、省级及灾区自筹重建费用达22.4亿元。

1976年，云南与河北先后发生大地震，其中：5月29日，云南龙陵县发生两次7级以上的地震，震灾波及9县，造成172人死亡、686人重伤致残、1 956人轻伤，倒塌房屋42万间，直接经济损失1.4亿多元。7月28日，河北唐山大地震造成了中国历史上近400余年间最大的地震劫难。该次地震为7.8级，震中烈度达11度，破坏范围达3万平方公里，百万人口的唐山市成为一片瓦砾，共计造成24.2万人死亡、16.4万余人受重伤，震毁公产房屋1.479万平方米、民房530余万间，直接经济损失在100亿元以上，国家投入的紧急救灾费用6亿多元，恢复重建费用25亿多元。

1979年7月9日，江苏溧阳发生6级地震，震中烈度为8度。死亡41人，重伤2 959人，倒塌房屋6.7万间，死亡牲畜3 284头，直接经济损失达2亿多元。

1983年11月7日，山东菏泽地区发生5.9级地震，震中烈度为7度强。这次地震虽不强，但仍直接导致死亡 45 人，重伤 874 人，倒塌房屋 6 万间，死亡牲畜 638 头，直接经济损失 3 亿多元。

1988 年 11 月 6 日，云南澜沧、耿马、沧源地区发生 7.6 级大地震，波及 9 万平方公里的 5 个地州、20 余县市。死亡 748 人，重伤致残 3 759 人，轻伤 3 992 人，倒塌房屋 73.35 万间，损坏房屋 70 万间，有 37 条公路计 1 403 公里和 10 座中型水库、190 座小型水库、5 454 条水渠、115 个电站、3 464 对公里通信线路、4 011 所中小学校等一大批设施遭到破坏，受灾农田 72 万亩，损失粮食 3 亿多斤，1 000 多个大小企业均遭不同程度破坏，共计各种直接经济损失达 20.5 亿多元。国家拨出紧急救灾款 6 000 万元，恢复重建款达 4.5 亿余元。云南"11.6"地震是新中国成立以来继唐山地震之后的又一次后果惨重的大地震。

1990 年 4 月 26 日，青海共和、兴海发生 6.9 级地震，造成 119 人死亡、1 900 多人重伤，倒塌房屋 6 万多间，直接经济损失 2.7 亿余元。

1991 年 5 月 29 日，河北唐山市开平区和东矿区先后发生 5.2 级和 5.5 级地震各一次，倒塌房屋 11 万间、损坏房屋 39 万余间，各种直接经济损失约 2 亿元。

短短 30 年间，中国发生如此之多的损害后果严重的地震灾害，共计造成近 30 万人死亡、近 80 万人伤残，倒塌房屋逾千万间，经济损失达数百亿元，地震灾情的严重程度由此可见。

（三）地震灾害的主要特点

中国地震灾情严重的特点已在前述文字中加以概括了。中国地震灾情的其他特征则主要表现在以下几方面：

1. 地震分布具有广泛性

尽管沿海及西南地区地震威胁大，但在全国范围内却有 21 个省、市、自治区在本世纪内发生过 6 级以上的地震。根据国家地震局制定的全国地震烈度表，全国处在 7 度以上地区的面积达 312 万平方公里，占国土面积的 32.5%。在全国大中城市中，有 136 个位于 7 度以上的地震区，约占全国城市总数的 45%。其中百万人口以上的城市 20 个，占 70%；50 万人口以上的城市 30 多个，占 50% 以上。据统计，自各省有地震记载至 1955 年，均有不同强度的破坏性地震发生。由此可见，中国的地震灾害并非是极少数地区所特有的灾害，而是一种全国性灾害，其分布广泛的特征表明，全国各地尤其是位于7度以上震区的城市应高度重视建筑物的抗震性能，做到有备无患。

2. 主震瞬时突发性

虽然地质运动是渐进的、潜在的，但地震灾害却以瞬时突变的形式造成严重损害后果。其突发性特征不仅造成伤亡人员多和财产损失大，而且加剧了人们的恐惧心理，给地震的监测、预报工作带来巨大的压力。如1976年四川松潘地震预报后，虽减轻了伤亡，但也出现了政治动乱、社会失控、谣言流传及人的行为失去自制的现象。1976年10月西安市发布了地震短期预报，市民露宿街头，停工停产，结果地震没发生，经济损失却达几亿元，还造成了100多人由于防震棚火灾而半夜跳楼死亡。面对着由自然界地质运动瞬间导演的"屠宰"惨剧和巨额的财富损失，人们畏震、恐震并视地震为第一可惧怕的灾害。

3. 余震持续性

地震灾害虽然瞬间爆发，但往往主震之后还有余震，且余震持续时间较长。如1976年唐山地震三个月后又发生了6.9级余震。1988年11月6日21时03分，云南澜沧7.6级地震爆发后12分钟，又在不远的耿马、沧源两县之间发生7.2级地震，截至该年12月12日，共发生余震4 160余次，其中1~5级4 140次，5~6级12次，6~6.9级6次，仅11月30日发生在澜沧县竹塘乡的6.7级余震就波及10县，造成3人死亡，25人重伤，损毁房屋15万间，直接经济损失1.63亿元的严重后果。余震的持续性无疑是雪上加霜，防不胜防，更增加了灾区人民的恐惧心理。

4. 灾因牵连性

地震灾害本身是自然灾害，却又充当着灾因，带来许多次生灾害。即地震灾害除直接摧毁各种建筑物、导致人畜伤亡等外，还可引起火灾、水灾、滑坡、泥石流、危险品的泄漏、海啸等多种次生灾害以及瘟疫等衍生灾害，有的次生或衍生灾害甚至比地震本身的危害更大，因而对经济社会的影响很大。例如，1933年8月25日，四川叠溪地震引起山崩，堵塞了岷江，余震引发的水灾淹死2 500多人。1966年邢台地震中发生火灾115起。1975年2月5日海城地震中，鞍钢因停电而铁水冻结致使高炉停产，营口市因水电设备遭到严重破坏而使城市陷入瘫痪。1976年的唐山大地震致使开滦煤矿矿井被淹。天津碱厂白灰埝滑坡使30多人丧生，化工厂阀门破坏造成溢气，死亡5人。在旧中国，地震之后瘟疫流行；新中国成立后，由于国家在每次震后均能及时采取预防措施，有效地控制了瘟疫这一地震衍生灾害，但恐震灾害作为地震衍生灾害的一个变种仍然存在。1981年陕西汉中地区和广东海丰地区均出现地震谣传；1983年甘肃古浪地区，1984年2～3月河北张家口地区，1992年6～7月山东烟台地区，1993年2～3月浙江宁波地区等均出现地震谣传，人们谈震色变，均造成了损失。

（四）地震灾害的空间与时间分布

中国地处世界上最强烈的太平洋地震带和地中海—喜马拉雅山地震带的包围和影响下，其地震灾害分布广泛，周期短，强度大。

在空间分布方面，中国地震灾害分布十分广泛。据国家地震部门统计，全国有312万平方公里的国土面积、136个大中城市，70%百万人口以上的城市处于7度以上的高烈度区；2/3的省、市、自治区在20世纪以来均遭受过6级以上地震的袭击；所有的省、市、自治区均在新中国成立后遭受过5级以上的地震袭击。在空间分布广泛的同时，中国西部地区尤其是云南、四川、甘肃、青海、天山地区等又是地震多发区。这一地区因处于世界上三大地震带之一的地中海—喜马拉雅地震区，而成为世界上大陆地震最活跃、最强烈和最集中的地区。其中云南更是多震区和强震区，该省90%的国土均发生过5级以上的破坏性地震，震灾死亡人数仅次于河北唐山地震而居第二位。除西部地区外，东部沿海地区亦是中国的地震多发区，河北的唐山、邢台，辽宁海城，台湾等均爆发过大地震。从地震危害的区域来看，城镇尤其是大城市的灾情是山区、农村不能比拟的。中国地震灾害在分布广泛的基础上的危害区域相对集中性，为国家监测、防范震害提供了方向。

在时间分布方面，由于各个地区地质构造活动性的差异，中国地震灾害活动周期长短是不同的。从总体上讲，东部地区（除台湾外）地震活动周期普遍比西部长。东部地区一个周期大约300年，西部为100～200年，台湾为几十年。在一个地震周期中还可进一步划分出时间更短的周期。如果以全国每年的地震次数来衡量，近几十年的记录就表明，中国的地震灾害十分频繁是毋庸置疑的。

（五）地震灾害的防御

地震作为地质运动的必然结果之一，既是有规律的又是无规律的，人类社会无论发展到什么阶段，都不可能避免地震灾害的发生。要减轻地震灾害及其危害后果，就要讲究防御之策。笔者认为，中国震害的防御应包括抗震、预报、救灾、保险等。

1. 抗震之策

根据国家地震局1976年颁布的《中国地震烈度区划图》，全国基本烈度大于7度的地区为312万平方公里，占中国总面积的32.5%。这些地区的建设必须考虑防震，即建筑物应建在低烈度区，打好牢固的地基，讲求建筑物的结构合理并使用有助于抗震的建筑材料，对于旧建筑物也要进行抗震加固。福建泉州东塔和西塔均建于1238年，但经1604年的8级地震浩劫依然无损；山西应县木塔建于1056年，历经7次大地震的考验至今仍完好无损；而江苏溧阳县因房屋抗震性差，1979年7月9日发生6级地震，倒房达11万多间，死亡42人，伤残682人，直接经济损失达1.9亿余元；1976年唐山市刚建好的预制板楼房因抗震性能差，在唐山地震中纷纷倒塌，变成了"棺材板"。以上不同结果的原因就在于古塔塔基严实，结构科学，抗震性强。虽然工程抗震需要我们付出一定的经济代价，但房屋建筑物抗震能力的提高，将大大减轻地震伤亡和损害，因此，在经济发展和市政建设、工程建设中，从安全防震、防灾和经济效益方面考虑，确定合理的设防标准是至关重要的工作。

2. 监测、预报之策

地震是地质运动的结果，虽有前兆，实难预测，但随着现代科学技术的发展，在一定程度上预报震灾不仅可能，而且在我国有过成功的记录。如1975年辽宁海城7.3级地震发生在人口稠密、经济发达地区，因震前预报并采取了有力措施，人员伤亡大为减少，仅造成2 041人死亡（其中713人死于次生灾害），占受灾总人口的0.02%，经济损失为8亿元。如果没有预报，按邢台、通海、龙陵和松潘这4个地震的平均死亡率估算，海城地震死亡人数将达12万人，经济损失将达到数十亿元。唐山大地震未能做到震前预报，损失惨重，就是深刻的教训。因此，做好群测群防，布设测震、前兆观测网络及信息传输系统，加强地震科研和预报工作，提高预报水平，是减少地震伤亡和损失的关键对策。

3. 救灾之策

一是加强地震科普宣传工作，驱除人们的恐震心理，传授地震发生时的避险方法和灾民互救、自救技巧，减轻人员伤亡。如据唐山地震后的统计资料，全市在震后有60多万人被埋压在废墟中，60％以上的人是由灾区军民自救、互救脱险的，其中半小时内扒出的人员救活率为95％，第一天为81％，第二天为53％，到第五天仅为7.4％，此后几乎很少有活人了。1991年7月28日在唐山地震15周年纪念日，新疆乌鲁木齐市进行了地震减灾模拟演习，群众掌握了自救知识，具备了应变能力，为增强震害意识和临震应急反应能力打下了基础。二是采取有力措施，防止灾情扩大。如炸堵堤、疏积水以避免地震造成大水灾发生；及时派出医疗队到震区防疫治病，防止流行病及瘟疫的发生；及时发放救灾物资，防止灾民挨饿受冻；迅速抢修电力、交通、通信等设施，保证救灾工作顺利进行。三是设置地震常设救灾指挥机构（如防震指挥部）。目前地震局仅负责预报，民政局尽管发放救济物资和救灾款，地震的救灾工作还缺乏有力的经常性的组织制度保证，往往是临时拼凑的指挥班子，易造成混乱和损失，故应加强。四是及时发放救灾物资，派出救险人员和医疗人员，稳定灾民的生活与情绪。

4. 保险之策

保险可以起到社会分担灾损和平时储备财力以供灾时使用的作用，但把地震作为一项普通风险列入一般保险项目中则是十分危险的，因为地震作为巨灾对正常保险业务冲击极大，国际上各保险公司均不承保地震这种巨灾风险。根据有关专家对震害概率结合重点抗震城市的生产状况估算，中国目前遭受一次强震灾害的最大可能损失为 250 ± 10 亿元，遭受二次强震灾害的最大可能损失为 330 ± 20 亿元；到2000年遭受一次强震灾害的最大可能损失 670 ± 30 亿元，遭受二次强震灾害的最大可能损失约 870 ± 50 亿元。这么巨大的损失靠商业保险从一般保险业务收入中逐年一点一滴积聚基金来弥补是不现实的。因此，对地震灾害，国家和政府应承担起主要的救灾责任和义务。比较适宜的方式是实施地震灾害专项政策保险，一方面，依靠保险公司从平常保险业务收取且专户分解存储；另一方面，各级政府财政列支或向企业征收防震救灾附加费。这样，就有可能有足够的财力来恢复重建震区，不致冲击国家财政和正常的经济建设。地震专项保险基金作为国家的一项特殊的后备基金在震灾发生时用于补偿灾区的损失，在平时可用于投资运用，使之增值。

5. 其他

一方面，大型水坝、桥梁、核电站、石油化工企业、卫星发射基地及军工设施等工程建筑项目应充分考虑其抗震问题。如果抗震性不强，一旦受到大地震袭击，不仅造成这些工程的巨额投资化为乌有，更重要的是，会带来十分严重的次生灾害和损害后果。另一方面，大型工程项目又能诱发地震，必须引起政府和社会的高度重视。例如，据不完全统计，全世界报道过的大型水库诱发地震的震例达100多个，在中国的地震灾害中，有15个大型水库诱发地震灾害的震例，均造成过极大的损失。因此，加强大型工程项目的防震抗震工作，加固大型水利工程项目的堤坝，将有效地减轻地震灾害的危害。

综上所述，人类社会不可能摆脱地震灾害的威胁，但地震灾害的可防御性及预报成功的实例，又表明了人类可以在一定程度上减轻地震灾害的危害性。从恐惧中走出来，采取有力的措施来防御震灾，并努力发挥人的主观能动性，自觉地吸收防震抗震及自救知识，应当成为全社会对抗地震灾害的努力方向。

四、台风灾害

（一）台风灾害的国际化

台风，是风灾的元凶，它形成于热带海洋面上强大而深厚的热带气旋，风速高，风力大，不仅会造成众多的海难事件，而且一旦登陆，往往造成人畜伤亡、摧毁建筑物、扫倒农作物及树木、淹没农田等严重后果，对人类生命财产的威胁极大。台风的大小是以风力或风速为依据来划分的，我国过去将凡热带洋面上最大风力8级或最高风速每秒17.2米以上的热带气旋称为台风，风力超过12级或风速超过每秒32.6米者称为强台风；现在则分别称为强热带风暴和台风（本文仍从旧例，统一称为台风）。

在地球上，海洋面积占70%。据多年的统计资料，在热带海洋面，全世界每年平均发生台风约为80个。若按洋面划分，西太平洋北部占38%，东太平洋北部占17％，北大西洋、印度洋及其他洋面占45％；若按南北半球划分，北半球约占70％，南半球约占30％。有50多个国家约5亿多人口直接受台风的威胁，每年平均有2万多人死于登陆台风，物质损失年均在80亿美元以上。历史上记载的死亡5 000人以上的台风20多次（本世纪就有5次），死亡10万人以上的6次（1970年11月12日的孟加拉国台风因挟带风暴潮，死难者达30万人，创世界纪录）。不仅如此，台风还造成众多的海难。如1944年12月，美国第三舰队在太平洋遇台风袭击，有90名舰员死亡，146架舰载飞机被吹进海里，3艘驱逐舰沉没，26艘其他舰只遭受重创，其损失丝毫不亚于一场大海战；舰艇尚且如此，商船、渔船及海上作业船等因台风遇难者更是触目惊心。

由此可见，台风产生于赤道附近的海洋洋面，危害着六大洲的众多国家，有时一个台风能横扫数国，从而具有国际性，是全人类共同面临的主要灾害之一。

（二）中国的台风及其危害

中国位于世界台风多发区的太平洋西部，首当世界闻名的菲律宾洋面及南海海面的台风的冲击，是世界上受台风灾害影响最严重的国家之一。从1951—1992年间，每年平均在中国登陆的台风为7个，多时可达12个。经济较发达的广东、海南、福建、浙江、江苏、山东等省市及其1亿多人口受台风的直接威胁。据不完全统计，平均每个登陆台风造成的经济损失约为10亿元，死亡人数为百余人。

为了说明台风的危害性。我们不妨简要地介绍一些年度的有关台风灾害。

1896年（光绪年间）6月，上海所属的宝山、嘉定、崇明、吴淞及川沙等地遭台风袭击，台风挟带着海潮涌入陆地，水面高出城垣丈许，淹死者达10万人。

1922年8月2日一次强台风在广东汕头登陆，风势迅猛、潮水暴涨，洪水横溢、房屋倾塌，造成7万多人死亡，有的地方成了无人区，10多万人无家可归。1969年7月28日，台风又袭击汕头，死亡1 000人，伤9 200多人。

1956年8月在浙江象山登陆的12号台风，余势窜入陕西，造成全国性灾害，仅浙江省就有4 629多人丧生，伤15 617人，600多万亩农田被淹没。经济损失数10亿元。

1973年9月14日，台风袭击海南，琼海灾情最重，该县因台风死亡708人，重伤1 531人，毁屋20.7万间，经济损失以亿元计。

1987年，属台风偏少年份，只有5个台风登陆，但全国仍因台风死279人，伤数百人，经济损失达30多亿元。其中7号台风横扫浙江43县市，430万人和425万亩农作物受灾，倒房1万多间，死亡95人，浙江一省经济损失5亿多元；同年9月，12号台风在福建登陆，造成78人死亡，直接损失3.5亿多元，进入浙江后又造成64人死亡，经济损失5亿多元。

1988年，登陆台风6个。其中8月在浙江象山登陆的7号台风造成443人丧生，6万多间房屋倒塌，美丽的杭州城一夜之间面目全非，数以万计的树木被刮倒，有的水泥电杆被拦腰折断，电信和输电线路中断，造成全市停电、停水，铁路、公路和市内交通一度中断，工厂停产，农田被淹，经济损失达10多亿元，成为当年震动全国的巨灾。

1989年，登陆台风10个，海南、广东、浙江三省是重灾区。全年台风灾害损失为57.6亿元。其中海南在10月份连遭25、26、28号台风袭击，死65人，伤712人，经济损失20亿元。

1990年，登陆台风10个，全国有500多万亩农作物受灾，240万亩歉收，倒房45万间，损坏房屋143万间，受灾人口为5 000多万，死亡862人，直接损失达101亿元。

1991年，登陆台风6个，其中发生在广东的5个。广东当年因台风造成660多万亩农作物受灾，成灾330万亩，其中7号台风就刮倒房屋6.7万间，损坏房屋50多万间，死亡300多人，水产养殖、通信、交通等损失严重，直接经济损失超过126亿元；其中16号台风波及9省，造成损失70亿元。

由此可见，台风虽然发生在东南沿海，却也是一种全国性灾害，其损害后果的严重性决定了它是与水灾、旱灾、地震并列的主要灾种。尤其需要指出的是，上述资料记录的损失还是在事先进行了预防情况下发生的，否则，台风的危害将更大。

(三) 台风的分布

从全球范围看，台风生成的源地主要有8个海区。北半球有：北太平洋西部，北太平洋东部，北大西洋西部，孟加拉湾和阿拉伯海；南半球有：南太平洋西部，印度洋东部和西部；其中北太平洋西部是最主要的台风生成海区，约占全球台风的38%。影响中国的台风的生成区有两个，即菲律宾东部和琉球群岛附近海面及南海海面，中国的台风均来自这两个洋面。

台风在中国登陆的路径，根据多年的资料分析，大致有三条：一是西移路径，从菲律宾的东洋面发源，一直向偏西方向移动，往往在广东、海南一带登陆；二是西北路径，从菲律宾以东洋面一直向西北方向移动，大多在台湾、福建、浙江沿海一带登陆；三是转向路径，即台风从源地生成后向西北方向移动，当到达中国东部沿海或海面后转向东北方向，在江苏、山东等地登陆。

台风生成于东南海洋面，又是在东南沿海登陆，其危害的区域是广泛的，有的强台风常常深入内地影响数省，如1956年8月1日在浙江象山县登陆的12号台风，窜入内地直至陕西才逐渐消失，浙江、上海的台风达12级，华东大部分地区及河北、河南、湖北三省的东部曾出现8级以上大风，近半个中国均出现了大暴雨。因此，除新疆、青海、甘肃、宁夏等少数省（区）外，其他省、市、自治区均受到过台风的影响，只是影响程度有所不同。当然，首当其冲并深受其害的还是东南沿海诸省、市。根据《中国地理会解》中的资料，在1949—1969年间，在中国登陆的台风共178个，其中在广东（含海南）登陆的79个，占44%；在台湾登陆的44个，占25%；在福建登陆的36个，占19%；在广西、浙江、山东登陆的16个，占9%；在江苏、上海、辽宁登陆的5个，占3%。

从近10年来的台风灾害来看，广东、海南、台湾、福建、浙江是中国的台风重灾区，广西、江苏、上海、山东、辽宁次之，其他省、市、自治区受影响较少。

从台风的频率分布来看，新中国成立以来，在中国登陆的台风灾害年均7个，1951年最少为3个，1971年最多为12个。50年代台风灾害最少，60年代较多，70年代与80年代平稳，进入90年代后，有增多之势。如1990年登陆台风达10个，1991年为6个，1992年为8个。

中国台风灾害的发生时间，一般分布在每年的5～12月，但据40年来的统计，又主要集中在7～9月，这一期间发生的台风约占全年总数的78%，其余月份仅占全年总数的22%。按月平均，则9月台风灾害最多。

不仅如此，台风的时间分布与地区分布有着内在联系，据北京气象中心的资料分析结果：5～6月，中国杭州湾以南沿海均有受台风影响的可能，以北沿海则不受其影响；7～8月，南海北部、台湾海峡、台湾及其以东沿海省市、浙江、上海、江苏、山东等均为台风高频区；9～10月主要影响长江口以南地区；11～12月台风只在汕头以南或台湾省登陆。

综上所述，虽然每个台风从生成到消失以及行动路径难以预测，但中国台风灾害的大体时空分布仍是有一定规律的，正是这种规律性，才为防御台风、减轻台风灾害提供了可能条件。

（四）台风灾害的特征

台风的危害是多方面的，它直接造成人员伤亡，摧毁建筑物、森林、农作物、船舶等，空气中的盐分使沿海农田盐渍化，海水没堤造成水产养殖的巨大损失，等等。台风在海洋上也造成过许许多多的灾难。如1983年广东莺歌海海域因台风的袭击，造成价值上亿美元的"爪哇海"号钻井船的沉没，来自8个国家的83名技术人员全都遇难。1985年3月27日在广东登陆的台风除毁灭了大量陆上财产外，还将顺德县一侧的江门航运公司的"红星—283号"客轮掀翻，造成船毁人亡，死难者达77人。1988年8月7日的7号台风刮沉了沿海船民的30余艘机帆船和钱塘江上的58艘船舶。类似例子不胜枚举。轻灾之年损失数10亿元，重灾之年损失100多亿元，是台风灾害在中国大陆及沿海肆虐的综合写照。

台风灾害的生命短暂。台风的生命史通常分为四个阶段，即初生阶段、发展阶段、成熟阶段和消失阶段，其中前面三个阶段处于洋面，后一阶段则是登陆消失或进入高纬度转变为热低压。台风的生命史一般为3～8天，最长的可达20天以上，最短的仅1～2天，其夏秋两季的台风生命史长，冬春季短。因此，我们所言的台风灾害实质上是指台风在消失阶段中所造成的灾害。对于受灾地区而言，台风是一种短命的气象灾害。

台风的行动路径特殊。虽然从总体上讲，在中国登陆的台风有三条路径，但具体到每个台风而言，其行动路径又是不规则的，有的循从惯例，有的则摇摆不定，有的半途转向，往往使路途和速度的准确预报较为困难。

台风灾害的连锁效应显著，暴雨更是其"孪生兄弟"。在1931—1977年间，中国发生的26场强暴雨均是台风暴雨。1963年10月16日，出现在台湾百新的台风暴雨曾达24小时1 248毫米；1967年10月17日，台湾新寮台风暴雨达到了24小时降水量1 672毫米，创下了中国历史最高纪录；1975年8月7日，出现在河南中部驻马店地区的24小时降水量1 050毫米（该地区年平均降雨总量为800毫米）亦是台风残余引起的。暴雨往往酿成水灾，风灾过后是水灾，成为台风灾害的又一主要特征。

台风灾害通常还引起风暴潮，使海水潮位异常升高，海水倒灌，对沿海地区人民的生命财产造成巨大威胁。例如，1969年7月18日在广东惠来登陆的台风就引起海水倒灌，潮位比正常的最高水位高2.8米，导致汕头、澄海等地一片汪洋；再如1962年8月1日，7号台风引起的海潮涌入长江和黄浦江，上海市内许多地区积水齐腰，仓库货物被淹，加上其他财物损失，经济损失惨重。此外，台风引起的巨浪、泥石流等灾害亦不胜枚举。

（五）台风的减灾对策

台风灾害是中国的主要灾种，更是沿海省、市、自治区及海上运输、作业面临的主要灾害。对台风的防御，在宏观上应采取下列对策：

1. 在沿海地区营造防风林

营造沿海防风林不仅可以减弱台风风速，防止海水侵袭，而且可以减少台风带入的空气中的盐份，防止土壤盐碱化，因而对减轻损失、保护农田、绿化环境有很大功效。

2. 加强对台风的监测，提高预报准确率和信息传递速度

这将为保证受灾区在台风袭击前做好防风和防暴风雨积水成灾的准备，近海作业者和航运船舶争取时间靠岸避风以及台风过后的救灾工作提供有利条件。准确而及时的台风预报将极大地减轻台风灾害的危害程度。

3. 加固沿海地区的海防堤坡

在台风季节尤其要重视对堤基进行巡视、加围、提高，防止台风带来的巨浪和海潮的冲击及海水倒灌。

4. 改进种植制度和合理布局沿海地区的农作物

使农业生产关键时期避过台风盛期也是有效的减灾之策。如华南沿海早稻一般在7月中旬以前就收割，受台风危害的机会就大大减少。

5. 重视风险分散，充分发挥保险的积极作用

在保险公司开办的房屋保险、船舶保险、海上货物运输保险等多种业务中，台风一般被列入保险责任范围，即遭受台风袭击并造成了损害后果的被保险人可以从保险公司获得经济补偿。保险公司通过平时收取的保险费建立保险基金，有力地将台风灾害的损害风险在全国范围内进行了分散。因此，沿海地区的企业、家庭、个人以及海上作业者、水上运输者、农业种植者、水产养殖者均有必要参加有关保险，依靠保险的力量来重建家园、恢复正常的生产与生活秩序。以1988年的8号台风灾害为例，虽投保率不高，但仅杭州一地受灾企业和家庭就获取了中国人民保险公司1.3亿多元的保险赔款，占灾害损失的12%左右，相当于政府救灾款的10多倍，保险作为灾后补偿体系中的日趋重要的组成部分，其功劳不可谓不大。

尽管与其他灾害相比，台风也能起到缓解旱情的作用，但这并不能改变台风作为灾害的本质；中国的台风灾害虽然主要危害东南沿海地区，但影响面不小，因而是值得高度重视的全国性大灾害，我们不应对此掉以轻心。

五、龙卷风灾

1950年一个晴朗的夏日，美国俄克拉荷马州的一对夫妇躺在床上休息，一声刺耳的巨响之后，他们发现自己连床一起被弄到了荒无人烟的旷野；1979年4月17日，湖南常德县双桥坪公社一名12岁的小学生姚明舫被风卷进空中，飞过两座小山和一口大水塘，在三华里外被摔落在一棵大树枝叉上，侥幸逃生。这类有文字记载的奇闻作为龙卷风导演的"恶作剧"，竟然在许多国家和地区均发生过。如果人们因此而认定龙卷风灾给人类社会带来的只是有惊无险的故事，那么，本文的第三部分文字将会告诉你，是大错特错了。

（一）龙卷风灾的形成与标准

龙卷风灾（简称龙卷）作为小范围灾害，是一种与强雷暴云相伴出现的具有近于垂直轴的强烈空气涡旋，其外形像一个漏斗状的旋转云柱，当它发生在水面上，常吸水上升如柱，犹龙吸水，称水龙卷；出现在陆地上时，则称为陆龙卷。

从气象学理论上讲，龙卷风的形成与雷暴有关，它的发生往往是在雷暴中的一个旋转空气区或气涡向下伸展到地面的结果；但在沿海地区，龙卷风的形成，又与台风有关，往往出现在台风的前缘。根据上海气象台的统计，1926—1971年间共产生过23个热带风暴龙卷，该市50年代以来的三次强龙卷风灾（编号为560924，620907，860711）就都是台风带来的产物。因此，雷暴与台风是酿成中国龙卷风灾的基本成因，而受灾区域的人文地理环境（如人口密度、物质财富疏密等）则是灾情轻重的外在决定因素。

衡量龙卷风灾的强度标准，一般包括风速高低、移动路径和龙卷风直径的大小三个因素，强度越大，损害后果就越严重。国家气象部门一直以摧毁建筑物的数量来判断龙卷风强度，分强、中、弱三级。美国作为"龙卷王国"，对龙卷风灾则根据其综合破坏力划分为0～5六级，其中：0级相当风级12级，风速每秒小于35米，每小时小于117公里，损害为轻度；一级龙卷相当风级12～15级，风速每秒33～55米，每小时117～180公里，损害为中等；二级龙卷风的风级大于15级，风速每秒为51～70米，每小时181～253公里，损害为重大；三级龙卷的风速每秒为71～93米，每小时254～332公里，损害为强烈；四级龙卷的风速每秒为94～117米，每小时333～419公里，损害为毁灭性；五级龙卷的风速每秒为118～143米，每小时420公里以上，损害后果无可估算。世界性的统计资料表明，50%以上的龙卷只造成一级（即中等）以下的损害。据统计，按照上述标准，在中国上海地区的龙卷风灾中，0级占34%，一级为38%，二级占18%，三级占8%，四级占2%，五级龙卷风没有出现过。由龙卷风灾的风速可见，尽管其危害范围较小，破坏力必定是惊人的。

（二）龙卷风灾的特征

如果将中国的大量龙卷风灾资料作综合分析，其显然具有如下特点：

1. 范围小，速度快，破坏力大

龙卷风的危害范围可以说是自然灾害中最小者之一，但其风速特快，风力惊人，大多超过12级风，在15级风以上，且释放出巨大的破坏性能量。掀翻钢筋水泥建筑，切断水泥电杆，摧毁铁路、桥梁等等灾例均表明了龙卷风灾的惊人破坏力。

2. 生命短，运动无常规

龙卷风灾的生命一般只有几分钟，最长也不超过几小时，突然发生、迅速消失就是其生成特征；同时，作为一种漏旋式气象灾害，运行根本无常规可行。因此，给预报、预防工作带来了极大困难，人们在龙卷风灾面前往往措手不及。上海气象台的一份分析报告指出：50年代以来，台风造成上海的灾害程度因抗御台风的综合能力不断增强而呈下降趋势，而龙卷风灾造成的灾害程度却呈上升趋势。

3. 发生时间有规律可循

龙卷风灾在季节上多发生于春末至夏末之间，尤以7～9月为主，3～4月次之，沿海地区的龙卷风灾季节基本与台风季节相对应。在具体发生时间上，龙卷风灾多发生在中午12时至傍晚之间。世界性龙卷风灾统计资料表明，58%的龙卷风灾发生在下午，中国的龙卷风灾则大多发生在傍晚之前，上海有77.6%的龙卷风灾发生在12～18时之间，这是因为一天中最高温度出现之后产生不稳定空气易形成雷暴而触发龙卷风。

4. 受生成条件的限制

中国龙卷风灾主要发生在华东、华南沿海地区，内陆地区及南海诸岛也时有龙卷风灾发生，个别地方还有一定的长期固定的危害区域。如上海地区，龙卷风就大多集中在从金山与浙江交界处，经松江南部、南汇和川沙结合部至崇明岛的东部这一直径只有30公里的地带。

（三）龙卷风灾的分布及危害

从全球范围来考察，龙卷风主要发生在20～50度的中纬度地带，全世界每年有记录的龙卷风灾在1 000次以上，其中美国平均每年可达800次，被称为"龙卷王国"。

过去，国际科学界曾认为中国极少发生龙卷风灾，其实并非如此，中国也是龙卷风灾十分活跃的国家，全国大部分省、市、自治区都有龙卷风灾的踪迹，平均发生龙卷风灾达数10次，且多集中在东部地区，以华东的江苏、上海、安徽、浙江及山东、湖北、广东等省相对较多。80年代，仅笔者搜集到的已经报道的龙卷风灾就表明，中国东起台湾，西至陕甘，南迄两广，北达漠河以及湘黔丘陵等广大地区均时有龙卷风灾发生，只不过同样强度的龙卷风灾造成的损害后果因受灾地区人口与财富的密度不同而有轻重差异，长江三角洲就因自然地理与人文条件适宜而成为中国龙卷风灾的多灾和重灾区。据上海气象台统计，1926—1971年间，上海地区就发生过74次龙卷风灾，年均2次。

龙卷风灾的危害后果不仅仅是空中飞物（人）的"恶作剧"，而且大多包容着物毁人亡的惨剧。笔者掌握的部分龙卷风灾害个案可能有助于人们充分认识这种小范围灾害的危害性。

1956年9月24日，上海发生龙卷风，把黄埔江边一只110吨重的油桶（桶内还有5个人在工作）吹到空中16～17米高，掷出100多米远，一座钢筋水泥结构的房屋也被掀倒，死伤500多人。

1966年3月3日，苏北盐城、射阳、大丰县出现特大龙卷风，影响范围约1～2公里，长30余公里，各地影响的时间虽然只有2～3分钟，但风力极猛，摧毁力极大，造成87人死亡，倒塌房屋1万多间，毁坏房屋3万间；盐城磷肥厂有一个直径2.7米、长9米、重6.5吨的大容器从新泽河北岸被吹到了南岸。

1967年3月26日，上海地区发生的强陆龙卷风破坏了22座高压输电线铁塔，倒塌房屋1万多间，造成了巨大的破坏性后果。

1970年5月27日，发生在湖南澧县境内的龙卷风路经澧水时，在江心卷起一个30米高、80平方米大的大水柱，使该段河水被吸干，露出了河床，还造成了周围农作物及农房的损失，成为陆地上最大的水龙卷风灾。

1978年4月14日3时15分，陕西乾县周城公社从天而降的龙卷风席卷了以公社所在地周城村为中心的7个村庄，短短15分钟，死亡84人，重伤173人，轻伤161人，毁房945间，拔树6 000多棵，卷走粮食2万公斤，农作物被毁4.3万多亩。

1983年4月27日下午4时5分，湖南湘阴发生龙卷风灾，以"之"字形摇摆向前，穿过三个县境，消失于平江海拔200米的天山口，沿途刮掉5万多公斤谷物和化肥，高17米的11层永安古塔被削去8层。据不完全统计，死亡或重伤有名者400余人，伤700余人，财产损失惨重。

1985年7月8日下午，广西桂林发生龙卷风灾，刮沉漓江上的游船一艘，造成死难32人，受伤22人的惨剧。

1986年7月11日，上海南汇区发生龙卷风灾，在45分钟内就造成死25人、伤549人、毁房4 800多间，物质财富损失在2 600万元以上，平均每分钟损失约60万元。

1987年，中国有16个省、市、自治区的112个县（市）发生了龙卷风灾害，经济损失在2亿元以上。其中，黑龙江省发生龙卷风灾14次，死亡17人，受灾农作物190万亩，倒塌房屋2530间，损坏房屋1万多间，直接经济损失5510多万元；山东省长清等县70多个乡镇于8月26~27日间先后出现龙卷风灾，死亡53人，摧毁农房1.5万间，直接经济损失2500多万元。

1989年4月21日，广东佛冈县遭龙卷风灾，死1人，重伤2人，损毁房屋500多间，通信和输电线路中断。同年4月27日，湖南汨罗市遭龙卷风袭击，死亡15人，伤401人，倒房300栋，毁坏房屋2500多间。

1990年7月29日，湖南南县的龙卷风10分钟横扫五个村庄，所有农作物被吹倒，高压电杆被拦腰折断，有的屋顶被掀到20多米外的地方。

1992年4月28日晚23时，武汉市东西湖区发生龙卷风灾，6人死亡，50余人重伤，倒塌农舍、校园、农业仓库等728间，高25米的高压线塔架被扭成"麻花"。

上述资料足以说明，中国的龙卷风灾虽小，危害范围及损害后果却不小。

（四）龙卷风灾的应对之策

由于龙卷风灾生成的特殊性、小范围性、不规则性及短暂性，我们不可能像要求气象部门预报其他气象灾害一样能够准确预报龙卷风灾，但它也并非如某些人所言，是人类社会面临的最无可奈何的自然灾害。人作为地球上最智慧的生物和主宰，在龙卷风面前仍应该是有所作为的。

要对付龙卷风灾，笔者主张采用避险与临灾应变之策。一方面，尽管龙卷风灾无规可循，但仍可根据历史的记载探索出龙卷风的多灾区、重灾区，重要的工业设施、危险工业（如易爆、剧毒及核工业）设施，能源中心，电子信息库、居民区等应尽可能远离龙卷风的惯常通道地带；在城市高层建筑和立交桥等的建设中要考虑龙卷风灾，避免造成狭管效应而致使龙卷风灾害生成条件和损害后果的增强。另一方面，人们要学会临灾应变之策，如在野外遇龙卷风时，应立即平伏于低地面并远离大树、电杆、房屋等；在家时务必远离门、窗和外围墙壁，最好到最底一层地下室，并保护好自己的头部。

此外，气象部门应加强对龙卷风灾的研究，逐步做到对龙卷风灾作出较可靠的预报,并在易遭龙卷风灾袭击的城市重点区域开展龙卷风预警和预报服务,训练人们的应变能力。

六、冰雹灾害

对于冰雹,人们大概并不陌生,因为它作为一种强对流天气现象,每年都要在中国出现1 000多县次(最少时600多县次,最多时达2 150多县次),全国90%以上的县、市都多次遭受过不同程度的冰雹袭击。

(一) 冰雹的危害

冰雹灾害,是指从发展强盛的高大积雨云中降落到地面的固体降水所造成的灾害。换言之,是超过一定强度的冰雹造成的灾害。从全球范围看,冰雹常发生在中纬度地区的山区,平原少见,热带与寒带绝无仅有,中亚地区、美国中部、法国、德国、英国等国是冰雹多发地区。1980年7月德国的一场雹灾,曾使私人保险公司付出9.8亿美元的赔款。中国由于大部分国土地处中纬,也是冰雹灾害多发国家。冰雹发生时常伴随有暴风,故又通常被称为风雹灾害。一般而言,冰雹的直径在5~50毫米之间,重量在0.1~100克之间,但大的冰雹直径也可超过100~170毫米,重1~5公斤,中国就有过降雹块70多公斤的最高纪录。凡直径在60毫米以上、重量超过100克以上、落速每秒30米以上的冰雹,均会形成雹灾,轻则造成农作物减产,重则使农作物颗粒无收,还可砸坏建筑物和农机具,危及人畜生命安全。

在中国,每年约有数千万亩农田遭受雹灾,死亡数百人,直接经济损失在10~20亿元。笔者搜集到的新中国成立以来尤其是80年代以来的雹灾个案及灾情将有助于人们认识中国的雹灾。例如:

1968年5月21日,河北省保定地区一次降雹持续46分钟,地面积了一层厚厚的冰雹,造成了农作物、农房及牲畜的巨大损失。

1971年6月19日~25日,山东惠民等40多县遭受风雹灾害,最大风力达8~9级,滕县界河乡出现重达5公斤的雹块,地面积雹超过15厘米,大片农田受灾绝收。

1972年4月15~21日,我国北起山东,南至两广,西自四川,东达浙闽沿海，先后出现冰雹大风天气，冰雹遍袭了半个中国，范围之广，灾情之重，为历史上罕见。

1979年4月2日，福建龙溪地区（今漳州市）和厦门市郊区共5个县（市）遭受冰雹袭击，23个乡镇受灾，最大的一颗冰雹竟重达10多公斤。降雹之处，无数屋顶瓦片被击碎，摧毁小麦9万亩、秧苗1万多亩，经济作物7 000亩，其中龙海县损失最重。

1980年7月6日的冰雹，扫过山东40余县的200多个乡，损坏房屋4万多间，毁坏农作物510多万亩。

1986年5月20日，重庆市遭受风雹袭击，荣昌等6个县区先后出现8级以上大风，雹块像鸡蛋大，还普遍出现了暴雨，这次风雹灾害历时5个半小时，在灾害中有90人死亡，6万多间房屋倒塌，成灾农田46万亩，粮食损失620万斤，直接经济损失达2亿元。

1987年，据民政部统计公报，全国因冰雹灾害死亡300多人，受灾农作物5 000多万亩，损坏房屋超过180万间，直接经济损失为11亿多元。

1988年，全国有90多个县先后受灾，受灾农作物7 500多万亩，成灾2 900多万亩，绝收418万亩。3月中旬，长江中下游的鄂、湘等省有近百县遭受风雹袭击，死29人，伤1 100多人，死亡大牲畜5.8万头，倒房13万多间，受灾农作物达6 000多万亩。9月7日下午，山东济阳县发生冰雹，受灾农作物60万亩，各种直接损失1亿元。

1989年，全国有970县（市）降雹，受灾农作物6 500多万亩，成灾3 400万亩，绝收500多万亩。川、闽、鲁、贵、浙、晋、苏灾情严重，其中四川有13个地市的82个县（市）遭受冰雹袭击。4月19～20日，特大冰雹袭击中国四川南部泸州、自贡、宜宾、内江等6个地（市）的15个县。据不完全统计，共有240万人受灾，砸死94人，近万人受伤，共倒房129万间，死亡大牲畜3 400多头，各项直接经济损失在15亿元以上。其中，泸州市损失最严重，死82人，伤7 500多人，毁房10万间，40多万亩春小麦绝收，直接经济损失达1.5亿元。5月8日，雹灾袭击中国山东半岛和黄河口的东营、潍坊、青岛等6地市的20余县，平均降雹5～15分钟，阵风8级以上，摧毁农作物370多万亩，破坏房屋1.7万间，砸伤119人；在东营市，特大冰雹直径22厘米，致使胜利油田24条高压输油线路和440口油井停产，全市70多万亩农作物一片狼藉。5月9日，江西遭风雹灾害，死亡 34 人，伤 187 人，死亡牲畜 11 万头，120 多万亩农作物受灾，倒损房屋 9.6 万间。

1991 年 3 月上旬，湖南 11 个地区（市）的 43 县遭风雹袭击，死 73 人，伤 1 902 人，倒房 2.4 万间，损坏房屋 57 万间，直接经济损失 2.4 亿元。

1992 年，冰雹袭击了四川、湖南、江苏、贵州、河北、甘肃等省，全国有 6 000 多万亩农作物受灾，其中成灾 3 000 多万亩，绝收 600 多万亩。而 8 月 27 日晚发生在宁夏及银川地区的冰雹灾害，竟然还将在银川机场过夜的中国通用航空公司太原分公司一架飞机击穿 73 处洞，最大的达 17 厘米×10 毫米。

1993 年 3 月 25 日下午，风雹袭击江西贵溪、弋阳等县，使 29 人死亡，1 071 人受伤，直接经济损失达 1.7 亿元；5 月 1～7 日湖南又有 41 县（市）遭风雹袭击，死 35 人，伤 713 人，其中重伤 190 人，倒房 1 284 间，直接经济损失 2 亿多元。

上述资料的罗列，已足以告诉我们，冰雹虽然是局部灾害，却危害着全国广大城乡。一次大的冰雹灾害能造成数以亿计甚至 10 多亿元的损失；为此，难道我们还能说中国的冰雹灾害不重吗！

（二）冰雹灾害的特征

冰雹灾害是强对流的产物，作为中国的主要气象灾害之一，它表现出以下特点：

1. 突发性强，持续时间短

冰雹从其生成到降落往往只需要 2～3 小时，由于受雷暴大风的影响，冰雹在形成中移动速度快，往往云到风雹到，顷刻之间，狂风大作，冰雹倾砸，有时还大雨滂沱，来势凶猛，使人难以防御；同时，冰雹从降落到结束，持续时间在 10 分钟左右，很少超过半小时，只有个别情况例外。因此，对受影响地区的危害时间短，其造成的损害后果往往是直接的、一次性的。

2. 呈带状分布，局地性强

一次冰雹灾害的危害范围不是很大，一般风雹灾区的范围是长条状的，长度从几百米到几公里，宽 1～2 公里，最长的可达上百公里，呈带状分布。它虽然受范围广的天气系统的影响而带有多处并发性，使受灾范围扩大（即在同一天气系统背景下，可以使不少地区在同一天或 2～3 天内出现冰雹天气），但降雹地点的分布却不连续，各降雹地点彼此独立成灾。如据华北地区统计，出现大范围冰雹天气平均降雹面积增达 19.6 万平方公里，同一天内有三个省市以上出现冰雹，但各地的雹灾现场并无大范围相接的例外。

3. 不孤立出现

冰雹灾害的发生，暴风是必然的伴随物，许多时候还与暴雨合在一起，雹、风、雨的结合，往往使灾情加剧，后果严重。中国救灾部门常将冰雹灾害统计为风雹灾害，原因即在于此。

4. 要有地形与时间条件

冰雹灾害的发生与局地条件有关，一般是热对流旺盛的山地与高地易降雹；大部分地区降雹出现的时间也在热对流旺盛的午后到傍晚，晚上至上午较少出现，只有湘西山区较为特殊，约有 50％以上的冰雹出现在夜间至清晨一段时间内。

5. 灾情重

冰雹灾害往往伴随有暴风甚至暴雨，摧房毁屋，倒折树木电杆，毁坏农作物，砸伤人畜等，虽然每次灾害范围小，但频次高，出现范围与危害对象广，故中国的冰雹灾害在总体上而言仍是严重的。

（三）冰雹灾害的分布

从地理分布上看，中国的冰雹灾害主要分布在高原和大山脉地区，并按高原和大山脉走向呈带状分布；平原、盆地和沙漠地区则是少雹区。从发生频率来看，内陆多于沿海，北方多于南方。根据新中国成立以来的统计资料，中国的多雹区主要有：（1）青藏高原多雹区。这是中国雹日最多、范围最大的地区，也是世界上最大的一片多雹区，但危害后果不大。（2）北方多雹区。即自青藏高原东北部，斜向东北，经祁连山、六盘山，越过黄土高原和阴山山地，到达内蒙古高原东部大兴安岭，并扫过河北北部直抵东北全境。这是中国最宽、最长的多雹地带。农牧业受害最深的是黄土高原北部、内蒙古高原南部和一些山脉的东南侧山前地区。甘肃省每年都有几十万亩乃至 200 万亩的农田深受冰雹灾害的危害。（3）南方多雹区，它位于青藏高原以东,自横断山脉经云贵高原延伸至湘西、鄂西山地,其中四川西部尤重,云贵高原及湘西地区少些。此外,新疆地区及一些山脉的雹灾也较多,如天山地区、秦岭、大巴山、长白山、沂蒙山、武夷山等山区,均不乏罕见。

中国冰雹灾害较少发生的地区主要是大平原、大沙漠、大盆地。其中东部平原(除山区外)年均降雹日数大多在0.5天以下,最多的只有1~3天,如东南沿海、江淮平原、中原地区等;最少的是华南沿海、四川盆地中部等。值得指出的是,中国东部地区虽然降雹次数少,但这里是中国农业主要产区和人口密集区,而冰雹一旦出现在农作物生长季节,且由于水汽条件较好,冰雹块较大,一旦降雹,危害比西部还大得多。如湘东、赣北、皖北等山区也曾降雹,危害农作物较大。

从冰雹的降雹季节来看,初雹期(极端最早出现的降雹日期)一般自南至北移。其中1~2月初雹发生于贵州、湖南、云南、广西、江西、湖北等省区大部分地区及安徽、广东、四川、河南等省的部分地区;2~3月发生在南方沿海地区、四川大部分地区;4月发生在西北、华北和东北大部分地区;5月发生在青藏高原西部和大兴安岭北部。终雹日期(极端最晚出现冰雹的日期)则是北方早、南方迟,盆地与平原地区结束也较早。其中四川盆地及黑龙江省、内蒙古与宁夏北部、淮河流域大部分地区降雹结束得最早,8~9月后即不再出现;东北平原大部、华北大部、西北东部及青藏高原大部地区的终雹日在10月;西南地区、华南地区、长江中下游地区及山东、辽宁两省大部分地区的降雹结束最晚,11~12月份还有冰雹发生。从全国总体上看,冰雹灾害危害严重的季节主要是春夏两季及早秋时期。

冰雹灾害在空间与时间分布上的上述规律,为做好防、减冰雹灾害提供了有利条件。

(四)冰雹灾害的防御

要防雹,必先识雹。由于冰雹灾害出现的范围小,时间短,地方性强等特点,一般难以作出准确的预报。目前,气象部门主要根据天气图、卫星云图分析和气象雷达跟踪监测作出短时预报,但准确率仍然不够理想,误报、漏报现象颇多。而广大劳动人民根据长期的看天实践,往往积累有比较丰富的预测冰雹的经验。如果将群众的经验与遭灾的时空分布规律及气象部门的分析相结合，补充、订正气象部门的预报，将会为防御冰雹灾害提供很好的依据。

有人将劳动人民识别冰雹的经验概括为以下几条：(1) 感冷热。如果下雹季节早晨凉、湿度大、中午太阳辐射强烈，造成空气对流旺盛，则易发雹灾。(2) 观云态。如果在降雹季节中，云块颜色呈黑中带暗红及黄边状或两块云合并后，云层上下前后翻滚，对流旺盛，发展迅猛，则极易发生雹灾。(3) 听雷声。雷声沉闷，连绵不断，且云中多横闪者，易发雹灾，农谚"响雷没有事，闷雷下蛋子""竖闪冒得来，横闪防雹灾"等即是。(4) 辨风向。下雹前常常出现大风而且风向变化剧烈，有"风拧云转，雹子一片"的说法。(5) 看物象。如贵州有"鸿雁飞得低，冰雹来得急"和"柳叶翻，下雹天"的农谚；山西有"牛羊中午不卧梁，下午冰雹要提防"和"草心出白珠，下午降雹稳"等说法，各地均有看物象测冰雹的经验。当然，要真正识别、预报冰雹灾害，还须综合分析运用上述经验，不能只据某一条就下断语。

冰雹灾害是不可避免的，但科学技术发展到今天，又为我们减轻冰雹灾害的危害提供了可能，只要我们注重对冰雹灾害的预防和减灾，就会取得较好的减灾效果。具体而言，对冰雹灾害应采取下列对策：

1. 避灾之策

冰雹灾害危害的主要对象是农作物，但又不是所有的农作物都惧怕冰雹危害。如在同一雹灾情况下，高秆大叶（如玉米、棉花等）作物较矮秆小叶（如水稻、小麦等）作物受害要重；而地下结实（如花生、甘薯等）作物比地上结实（如水稻、小麦、棉花等）作物受害要轻，等等。在多雹区选择种植抗雹能力强的农作物或适当调整播种时期，尽量使抽穗开花至灌浆成熟期避开冰雹时节，将取得直接的减灾效果。因此，加快研究抗灾能力强的农作物品种及其推广应用的步伐十分必要。

2. 防灾之策

一要注意天气预报，做到有备无患；二要及时抢收已经成熟或将近成熟的农作物；三要对秧田、育苗池或面积虽小但较珍贵的作物分别做好灌深水、覆盖等措施；四是造林植树，改善气候环境，因为茂密的森林能减弱空气升温和对流，不易造成冰雹。

3. 消灾之策

即在冰雹灾害即将来临之时消除灾害。过去，中国农民有土炮消雹的经验；现在，科学技术的发展及应用已使在较大范围内开展人工消雹成为可能。人工消雹的方法有催化剂方法和爆炸方法两种。前者是在冰雹之内撒布大量的催化剂，它通过发射火箭、炮弹或飞机投射或地面燃烧而使碘化银或碘化铅等升入空中；后者则是直接用高炮轰击冰雹云，二者均能起到消除雹灾的作用。中国开展人工消雹工作已有20多年的历史，不少地区取得了减灾50%的效果。经验告诉我们，雹灾是可以战胜的。

七、雷电灾害

（一）雷电与雷电灾害

1992年6月22日傍晚8点多，在首都北京的上空，紧随一场十分平常的雷阵雨而来的一个落地雷，给人们来了一次小小的"幽默"，不偏不倚地击到了成天漫无边际地算计着它的中华人民共和国国家气象中心大楼的楼顶上。国家气象中心计算机室在雷电打击下，大型机与小型机网络突然中断，6条北京同步线路和1条国际同步线路被击断，另有一些计算机终端、微机等设备严重受损，中断工作46小时，直接经济损失达数10万元。

气象学理论告诉我们，雷电是伴随积雨云而来的云层中的正、负电荷分离而出现的放电现象。在放电路径上，空气强烈增温，水滴迅速汽化，体积骤然膨胀而爆炸，于是产生震耳欲聋的雷声。从灾害学角度出发，凡雷电现象引起的灾害即是雷电灾害。

全世界平均每天发生约800万次闪电，每秒钟约有百次雷电奔驰入地。有人估计，危害最大的落地雷电，其电压可高达几千万伏特，峰值电流达1万安培，有时可达10万安培。雷电灾害的后果往往是击毙人畜、摧毁建筑物、破坏发电及通信设备、引起自然火灾、造成空难等，是一种危害对象广泛的灾害。

统计资料表明，世界上雷暴最多的地方是印度尼西亚的爪哇岛和非洲维多利亚湖的湖东地区；雷击死人最多的地区是非洲的津巴布韦和肯尼亚；全世界每年有3 000多人被雷击毙，受伤者难计其数；全世界森林火灾中的

20%，是雷电引起的自然火灾；全世界每年因雷电灾害造成的物质财产损失在10亿美元以上；其中美国每年雷电引起火灾达1万次左右，雷击死亡400多人，击伤人数以千计，财产损失达1亿美元以上。

1987年3月25日，美国发射海军舰队通信卫星的"宇宙神人马座"火箭在上升期间遭受雷击，起飞后48～53秒，一台计算机发生故障，向主发动机发出错误指令，引起火箭飞行器翻滚，被迫引爆，使这次耗资1.6亿美元的发射完全失败。同年6月9日晚7时许，美国宇航局的5枚处于发射状态的小型实验火箭，因雷电击中发射架，有3枚火箭自动点火升空并坠毁。火箭、导弹、航天器及其发射场遭雷击出事的灾害不仅多次发生在美国，在意大利、法国等也多次发生过。威力无比的、最先进的高科技产物也惧怕雷电灾害。

（二）雷电灾害在中国

雷电虽然是常见的普遍的气象现象，但奔地雷对中国国家气象中心的袭击以及其在世界范围内造成的许多灾难后果均告诫我们：对雷电不能见怪不惊，对雷电灾害不能掉以轻心。细觅各种灾事记录，中国的雷电灾害及其危害后果是惊人的。

据统计，全国每年因雷电灾害造成的人员死亡100人左右，伤者数以千计，每年因雷电导致的建筑物、机器设备、输电及通信设施、家用电器、火灾及生产损失达数以亿元计。国家有关部门在山东临沂地区调查时发现，该地区仅1950—1972年的22年间因雷电伤亡者就达900多人。笔者收集到的70年代以来的部分较典型的雷电灾害有：

1970年7月27日午后1时，北京天安门广场上电闪雷鸣，一个炸雷落地，当即将10名游客击倒，其中2人因电流直接通过身体而死亡。

1976—1988年，黄岛、南京、茂名、锦西、秦皇岛油库及武汉石化厂等均上演过雷电引爆原油罐的惨剧，其中4次造成重大损失。

1983—1985年间，全国因雷击造成重大损失的企业火灾就达11起，直接损失达1 382万元（这还不包括损失在10万元以内的雷击火灾），平均每次雷击火灾损失120余万元；其中1983年9月10日3时15分，上海嘉定桃浦二库的雷击火灾，仅保险公司赔款就达750万元。

1986年7月8日，河北省张北县油篓乡八一毛皮厂成品仓库因感应雷击起火，直接经济损失达 97.9 万元。

1987 年 5 月 31 日 17 时 30 分许，湖北武当山金顶遭到雷击，6 名道人被雷电灼伤，其中 3 名道人重伤，1 500 多米电话线被烧焦，金顶上的金殿和周围的一些建筑物也遭受到不同程度的雷击，一棵生长五百年的古松被击伤 11 处，这是一起典型的直接雷击事故。

1988 年 7 月 24 日晚，雷电袭击了江苏省淮阳市金湖百货大楼顶楼，酿成火灾，造成巨大损失，仅中国人民保险公司淮阴市分公司就付出赔款 30 万元。

1989 年 8 月 12 日 9 时 55 分，位于青岛市胶州湾南岸的黄岛油库在经历 1976 年雷击事故后，又爆发了因雷击引火并造成巨大损失的灾害，引起了上至中央总书记、国务院总理，下至全国人民的极大震惊和关注。虽经出动 2 200 名干警、消防车 147 辆、各种船只 10 艘及水上飞机、直升机等全力施救，但这场灾难还是夺去了 19 位消防干警和油库职工的生命，伤 74 人，烧掉原油 3.5 万吨，烧毁油罐 5 座，消防车 10 多辆，整个老罐区已无法恢复，还造成了 630 吨原油流入海中，使 70% 的胶州湾水域被油膜覆盖，污染海岸线长达 80 公里，各种直接经济损失达 3 450 多万元，间接损失数以亿元计。

1992 年 7 月 19 日下午 3 时 40 分，安徽省黄山市徽州区临河村 6 位农民在西瓜棚下避雨被雷击死，另 3 人中一人被击断胳膊，二人被击瞎双眼，成为残废人，现场惨景目不忍睹。同年 8 月 2 日中午 1 时许，北京大栅栏石头胡同 113 号院遭雷击，多户居民家庭的彩电、冰箱、录像机等被击毁。

此外，还有雷电造成空难、海难、建筑物倒塌等多种损害后果的记录。值得指出的是，还有一种奇异的黑色闪电，人们很难看到和发现它。一位前苏联教授的大量观察和长期研究发现，黑色闪电是由于太阳、宇宙光、云的电场、条状闪电等因素长时间作用于空气产生的。它常呈固态停留在树上、房顶上、金属表面上、桅杆上，呈瘤体状或泥团状。当人们摘除或用物体敲打它时，它便爆炸或燃烧。黑色闪电导致的电击事故在许多国家有过记载，由于其"本来面目"很难被揭穿，故又被科学界视为最危险的闪电。

（三）雷电灾害的特点

1. 迅捷性

如果说地震是瞬间致灾，那么，雷电灾害完全可以称得上是各种灾害中瞬间致灾的冠军,它从发生到致灾几乎是同时进行。只不过落地雷往往是天空中连串闪电雷鸣中的个别现象,人们总是先看到闪电,后听到响声,殊不知光速比声速更快,给人们造成难以分清的错觉。

2. 季节性

虽然雷电是一种经常性气象现象,但雷电灾害一般发生在强对流天气中。中国夏季多雷雨,故雷电灾害大都发生在夏季,尤其以7～8月最多。这主要是因为夏季地面气温高,湿度大,蒸发强,容易形成强对流天气;但在南方,由于纬度低,也有春季、冬季雷电灾害的出现。具体而言,雷电灾害又一般发生在下午。

3. 地域性

雷电灾害均是雷暴天气所致,而中国各地区雷暴天气分布的不平衡又使雷电灾害带有一定的地域性。总的来讲,中国的雷电灾害是东部多、西部少,南方多、北方少,山区多、平原少。最多的地区是云南南部和两广地区及海南省,雷暴天气一年均可达90～100天;而长江以北地区每年雷暴天气约有30～40天;西北地区则少于20天。因此,华北、华东、中南、西南地区是中国雷电灾害的多灾区;同时,由于城市的人口密度大,物质财富集中,雷电致灾的后果往往较农村严重。

4. 范围小

雷击往往击其一点,受灾范围小至以平方厘米计,大至以平方米计,其直接损害范围之小是各种灾害中罕见的,但因其威力大,加之导致次生火灾等事故,损害后果仍很严重。从已往的雷电灾害记录来看,地面高耸突出的物体、水、潮湿的地方、电杆、金属电器及线路是良好的导电体,最易遭雷击。

(四) 防避雷灾之策

到目前为止,人类社会对付雷电还尚无良策,只能通过平时预防和灾前躲避等途径来避免或减轻雷电灾害的危害。

1. 凡高大建筑物、烟囱、电杆、旗杆、铁塔等均要装设避雷装置,在正常情况下可以防止雷击。从发明避雷针至今已有240多年历史,世界各国应用避雷装置并在近几十年中加进当代高科学技术,取得过良好的避雷效果;但1992年雷击国家气象中心的事例仍表明,避雷针的保护范围又是十分有限的，并需要经常检修，消除隐患，且不可能保证万无一失。近年来，已有很多国家和地区采用避雷线、避雷带、法拉第网、高脉冲针、多短针消散阵列等新式避雷器具来取代过去的避雷针，中国的"半导体消雷器"也已有所应用，但因费用昂贵而使人难以问津。因此，加快研制新的避雷装置、降低其生产成本并尽快推广应用，已成为防避雷电灾害的当务之急。

2. 在雷雨到来前或雷雨来时，要关好门窗，不要接触墙壁、门窗以及一切沿墙敷设的金属器件，远离电线、电话线、水管及电灯灯头，关闭电视机，切断电源，拔下室外天线；最好不要开收音机、打电话和开电灯。

3. 在室外时不要站在高大建筑物、电杆、大树下及空旷地带躲雨，应尽量找低洼地方采取双脚并拢蹲下的姿势；不要在水面停留；不要在雷雨天骑牲畜行走等。

实践已经证明，在雷电灾害面前不讲科学、不采取有效的防避措施是要吃大亏的。前述雷电灾害事例及黄岛油库的巨大损失应该成为警示人们的教训。

八、风沙灾害

（一）何谓风沙灾害

过去，中国气象学界、农业科技界只探讨大风及风沙对生态环境、农业生产的影响；然而，许多灾事表明，风沙灾害也是危及面十分广泛的一种灾害；而干热风作为一种高温、低湿、旱风等构成的综合气象现象，也主要是风在起作用。因此，从灾情学的角度来看，仍不妨将它们合并称为风沙灾害。顾名思义，风沙灾害就是大风及其挟带着的沙尘造成的灾害。

（二）风沙灾情

风沙灾害对农业的危害是众所周知的。它破坏农业生产设施，影响农事活动，造成农作物的机械损伤，使林木枯萎，土壤风蚀沙化，还制造着无数的人员伤害事故、沉船及交通事故，其危害范围甚广；而干热风作为一种旱风，则是中国北方小麦产区的主要农业气象灾害。

以大风为例，其危害范围遍及全国，不仅使农村受灾，而且已波及城市。1992年10月21日上午8时45分，一阵5级左右的阵风袭击，竟使安装在成都市东西大干道——蜀都大道上的省工商银行7层宿舍楼顶的广告牌坠落，该广告牌40多米长，10米高，重达数吨，从20米高空坠落在人行道上，当场砸死2人，重伤1人，轻伤多人，虽然广告牌本身未检修等有不可推卸之责，但风却是其坠落的直接致因。无独有偶，1993年4月9日11时30分，一场罕见的风灾发生在首都北京，不仅造成该市供电线路故障170余起，致使市区大面积停电，而且刮倒了北京站北侧的一排约50米长、近10米高的广告牌，当场砸死2人，伤14人；还有在其他地方受大风意外伤害者多人，仅中国康复研究中心急诊室当晚就救治16人。这一天，正好是首届"中国气象科技成果展示交流会"在京闭幕的第二天。

沙暴，被称为黑风、黄风，它以卷起沙尘为特征，在中国北方几乎无日不有，华北与西北内陆地区尤甚。如内蒙古乌兰察布盟后山地区开垦的农田已有43%被风蚀沙漠化；近20年来，海拉尔周围开垦的土地，黑土层平均被风吹蚀20~25厘米；如果有人认为上述灾害看似无形，不够典型，那么，下述几起沙暴灾害则是令人触目惊心的有形灾变了。

1983年4月27日，内蒙古西中部出现强沙暴，呼和浩特市天空一片橙黄，百米之外视物不清，风过之处，吹断电杆，通信中断，火车停驰，尤其是鄂托克前旗，更是飞沙走石，对面不见人，造成11人死亡，多人受伤，3万多头（只）牲畜被风沙掩埋，跑散丢失牲畜10万多头（只），沙埋或吹坏水井5 000多眼。

1993年5月5日下午3时至5时，来自西伯利亚的特强沙尘暴袭击了中国西北包括新疆、甘肃、内蒙古、宁夏4省、自治区在内的广大区域，据统计，这次强沙暴造成85人死亡、31人失踪、264人伤残，各种直接经济损失达5亿多元，其破坏力不亚于一场地震或洪水灾害。其中，甘肃灾情最重，仅被称为中国镍都的金昌市就被黑风淹没数小时，死亡40人，失踪7人，2.4万多只羊和1 500多头大牲畜不知去向，损失在5 000万元以上。内蒙古损失农作物、经济作物35万多亩、牲畜30万头。宁夏有28人死亡，10多人失踪。此外，还造成4列铁路客车、20列货车晚点，并有7列火车停运。5月9日晚17时，兰新铁路100多公里路段又遭特大沙暴袭击，持续30多小时，7处铁路线被埋，14列客车和34列货车受阻，车上万名旅客被困，7部机车车头受损，6对通信线路中断。而在此前的1977年4月22日，甘肃张掖市也发生过类似沙暴，有过死亡12人和伤多人的记录。沙暴的肆虐，无疑地给我们敲响了保护环境、绿化西北的警钟。

干热风的危害一般限于农业生产，它是造成中国农业减产的重要致因之一。新中国成立以来，北方小麦产区年年有干热风灾害，其中1959、1962、1964、1971、1972、1975、1981、1982年为中国干热风重灾年。据1982年统计，该年度中国有2.17亿亩作物遭受了干热风灾害，减少粮食达30多亿公斤，其中北方省、区受干热风害的冬、春麦占北方播种面积的71%、占全国的52%；河南、山东、河北、陕西、新疆均为重灾区，干热风还波及了安徽、江苏等地。因此，干热风仍是不容忽视的一种风灾。

（三）风沙灾害的分布

据统计，中国风沙灾害危害地域广阔，主要在秦岭以北广大地区，其中可以称为风沙灾害重灾区的面积为151.66方平方公里，占国土面积的15.8%，每年全国因遭风沙灾害的损失在15亿元以上。

从大风发生的规律来看，它主要在下列天气情况下出现：一是热带风暴和台风带来；二是冬春季伴随寒潮或强冷空气南下；三是夏秋与雷雨相伴。达到6级以上尤其是达到8级以上的大风破坏性强。从地域分布来看，其冬季主要发生在沿海岛屿和藏北、阿里和日喀则以西地区，其他地区较少出现；春季主要发生在北方和青藏高原；夏季全国各地大风日数明显减少；秋季大风在沿海岛屿增多，其他地区继续减少。因此，总体上讲是北方多于南方，沿海多于内陆，高原多于盆地和山区。

对沙暴灾害，研究表明，当风速达到每秒4.8米即可起沙，达到每秒6~7米时则明显起沙，如至7~8级风时即会造成沙暴灾害。由于沙暴的形成必须具备充足的沙源和具有一定的风速，且经过地区植被稀疏、土质干燥松软，因此，中国的沙暴的分布总与土岗、戈壁、沙漠等分布密切相关，西北地区的阿拉善高原、河西走廊、黄土高原北部、塔里木盆地、柴达木盆地等是沙暴灾害频发的地区。沙暴的季节分布往往集中在春末夏初。

干热风灾害的发生时期一般是从5月上旬由南向北、由东南向西北逐渐推进，至7月中下旬终止，它主要危害中国的黄淮海平原、河西走廊和新疆3个地区，是北方小麦的死敌。干热风出现时，受害轻的农作物（北方主要是冬小麦，南方则为水稻）减产5％～10％，中等灾害减产10％～20％，重灾减产20％～30％，甚者达40％以上。

由风沙灾害的分布特征可知，其危害的主要地区是中国的北部，尤其是西北部，风沙灾害应当成为北方减灾的重点目标之一。

（四）风沙灾害的防治

风沙灾害既是一种突发性灾害，又是一种渐变性灾害。人类社会要抗御它，不仅要注意研究临灾预报、防范之策，更重要的还在于治理并保护好生态环境。

首先，在西北地区要大力植树造林，改善生态环境条件是减轻风沙灾害的治本之策。选择具有抗风性能强，根系强大的树种种植成行、成网、成带、成片的防护林，将起到抗风、护田、固沙、增加空气湿度、调节水源、改善环境和维持生态平衡的综合效应。中国在1978年开始建造的"三北"（西北、华北、东北）地区防护林体系第一期工程已有效地减轻了一些地区的风沙灾害，从而为采用生态工程措施防治风沙灾害提供了成功的经验。针对西北地区风沙灾害严重的事实，不仅应该将植树造林、改善生态环境作为主要的减灾之策，而且要由国家增加资金收入，并将其纳入到各级政府的社会经济发展计划中付诸实施，作为衡量领导干部的重要政绩指标。

其次，针对风沙灾害尤其是干热风灾害主要危害农业生产的特点，可以运用综合农业技术措施来减轻风沙的危害。培育抗灾品种，浇麦灌水，调整作物播种季节，加强牧区棚圈建设和保护草场均会取得良好的减灾效果。

再次，准确的预报仍是临灾应变的前提。气象部门要做好短、中期预报工作，以便人们在风沙灾害到来前采取各种防灾措施，如将船只驶进港口避风，抢收已成熟的农作物，赶回放牧的牲畜，停止外出活动等，均可以有效地避免或减轻风沙灾害带来的损失。

九、雪灾

（一）雪与雪灾

在一定的条件下，雪能缓解旱情，减少病虫害，保护农作物生长，故在广大农区有着"瑞雪兆丰年"的传统说法；在城市，尤其是长江以南的城市，市民把雪看成了美而洁净的化身；许多诗篇文章更是对雪推崇备至；等等。这一切均表明，雪确实有功于社会、有益于人类。然而，本书作为研究中国灾害问题的专门著述，不得不实事求是地反映一下雪的另一面，即雪也能致灾。它包括雪压（埋）、雪崩、凌汛、白灾、黑灾等，均会造成人畜伤亡和财富损失，成为人类社会面临的又一种自然灾害。以1989年2月为例，安徽、湖北、江苏、四川、河南普降大雪，造成火车晚点、汽车停运、邮电中断、房屋倒塌、牲畜死亡、农作物与树木毁坏严重。其中仅湖北一省就有726万亩农作物受灾，成灾293万亩，绝收40万亩，压断经济林木2 780万株，死亡5人，重伤126人，死亡耕牛5 500多头，倒塌房屋2.1万间。在1993年11月18～19日，河南郏县地区突降大雪，310国道遇堵，堵车6 000多辆，时间三天三夜，直接损失达300多万元。雪灾的危害性由此可窥。在中国北方，雪灾有"五年一大灾，三年一小灾"之说，每年因雪灾损失的牲畜在100万头以上，重灾年超过500万头。其中，新疆、内蒙古、甘肃、青海、宁夏等省、自治区是雪灾的重灾区。

雪灾的危害方式有多种，如冰雪融化可能引起雪崩和凌汛；降雪偏少会造成牧区的黑灾，并加重其他农区的虫灾；降雪偏多会造成牧区的白灾，并会造成林业及农作物的损害。而异常的下雪也能致灾，例如，1987年8月18日下午，上海降雪成灾。翻阅历史气象资料，1470～1992年间，华东地区共出现盛夏降雪45次，平均11.6年降一次夏雪，造成大面积的农作物冻害。

（二）雪崩灾害

雪崩作为雪灾的一种，主要发生在山形险峻、降水充沛的高山积雪区，是大量积雪突然崩落的现象，它由积雪本身的重量、大风、新旧积雪面摩擦力减少，积雪底部融解，气温骤升等原因引起，地震、火山、风力、动物奔走、人群走动等也可触发雪崩，一般有顺坡下滑、大块塌落和巨团滚下等形式。雪崩的威力无穷，每立方米有 50 吨的冲击力。小型雪崩一般有 10 万立方米，大型雪崩以百万、千万立方米计，且多夹带石块，折断树木、堵塞河流、阻塞交通，压埋人畜和房屋，造成严重后果。在世界上，阿尔卑斯山脉、喜马拉雅山脉、安第斯山脉等是雪崩高发区。本世纪最大的雪崩发生在 1970 年 5 月 31 日，它使秘鲁容加依城灭顶，死难者 2.3 万人；而 1916 年 12 月 13 日发生在阿尔卑斯山脉杜鲁米达山的炮火导致的大型雪崩，使对峙的意大利与奥地利两国军队被活埋 1.8 万多人，创造了雪崩"参战"的奇例。

中国的雪崩，主要发生在青藏高原积雪区，并分为干雪崩（冷雪崩）和湿雪崩（暖雪崩）两类，前者发生在冬季，后者常发生在春季。它作为一种局部灾变，在西藏地区常有发生，如果雪崩时还有疾风，距雪崩很远的地方也会遭到破坏。

1950 年 8 月 15 日，西藏墨脱地区发生地震，引发了念青唐古拉山脉东部的波密县古乡沟雪崩。冰雪挟带着岩石，从海拔 6 000 米的高山崩落下来，滑过一条冰川，掉到山间盆地，堵塞了波斗藏布江（雅鲁藏布江支流），江水回流将上游两岸森林一扫而光，交通断绝，并留下了这条雪崩故道年年爆发泥石流灾害的后遗症。

1991 年 1 月 3 日，在海拔 6740 米的滇西北与西藏交界的梅里雪山，中、日、美等国登山队在 5 次登顶均告失败后再次由中日联手登顶，当晚一场雪崩，使 17 名队员全部遇难，事后搜寻，营房不见任何痕迹。该次事故成为世界登山史上的大惨案。

尽管青藏高原上的雪崩难以防御，但雪崩是有预兆且是可以监测和预报的。在铁路、公路和居民点附近的雪崩区，可以修建挡雪的墙和堤；在山坡开挖起缓冲作用的水平梯田；造防护林，形成天然屏障；采用化学剂固雪、盐类消雪及机械清雪等方法；均可消除和减少一般雪崩。

（三）凌汛灾害

凌汛一般出现在 3~4 月份地处中高纬度的江河。凡江河湖泊的上游先解冻、下游未解冻时，就会出现凌汛。中国的黑龙江下游、黄河下游、松花江下游等年年都有凌汛,在历史上即是危害两岸人民的主要灾害;经过近几十年采用的防、蓄、分、排等多种措施,凌汛灾情有所减轻,但危害仍大。青藏高原也时有类似灾害发生,只不过多发生在7月前后。各种文献资料表明,凌汛给人民生命财产造成了极大的损失,是一种不容忽视的雪灾。

如在北京地区,公元1288年4月、1327年3月、1433年3月及1730年3月4年里,由于春季冰雪融化形成春汛,引起卢沟河(古时称为浑河)河水泛滥横流,造成大量良田被淹没,给两岸人民带来了无穷的苦难。

1970年1月下旬,黄河的河南省河段开始解冻,在济南附近形成一个巨大的冰坝(济南以下仍结着厚厚的冰层),河水陡涨了3~4米,如果不是1万多名凌汛队员上堤加固大堤,部队工兵实施爆破,凿出10多公里长的通道将凌汛引向下游,100多万人口的济南市必定毁灭。统计资料表明,自1883年到1938年花园口决口为止,黄河下游发生凌汛决口21次,平均每两年多一次,每次都要造成惨重损失。

被列为中国第二条盛发凌汛的河流的松花江,在依兰县以下几乎年年出现冰坝,历史最高水位的30%~50%出现在凌汛期。1981年4月10日,松花江下游佳木斯河段尚未解冻,上游却已回暖,冰雪融化,终于导致14日的佳木斯凌汛灾害,冰排和洪水泛滥两岸低地,15万多亩耕地受淹冲毁,400多人被洪水围困,许多物资财产被水淹没,后在部队发炮轰击冰坝打开通道,并将水引泄而下时,才化险为夷。

在青藏高原地区,也常发生冰雪融化或日暖加速冰川运动而致灾的现象。如1940年7月10日,海拔4 560米,面积0.2平方公里的努比下玛湖,容纳不了大量消融的雪水,突然溃决,将亚东县城冲毁,数百人流离失所。1954年7月16日,藏南地区的康马县各条冰川因气候反常闷热而致雪水横流,海拔5 200米、面积8平方公里的冰湖桑旺湖容量超过极限,自然坝崩溃,一路扫荡两岸村镇和田地;先是淹没了江孜县城,继而淹没了西藏第二大城市——日喀则,造成很大损失。

对于凌汛灾害,有备才能无患,及时固堤,及时用炮火等手段导泄,是可以极大地减轻甚至避免其致灾的。新中国成立后,北方江河凌汛未酿成大祸并能化险为夷的事例已经证实了这一点。

（四）雪暴灾害

一提起雷暴灾害（亦可称为暴风雪灾害），现在30～40岁左右的人都会记起与雪暴作斗争、保护集体羊群的"草原英雄小姐妹"。一般而言，雪暴灾害常常是在强烈降雪中伴有风暴，风雪交加，气温骤降，能见度低，造成牲畜死亡、交通阻塞，妨碍城乡人民正常生活秩序，是牧区严重的自然灾害。雪暴灾害的发生时间，春季多于秋季，冬、夏两季较少发生；发生地区则主要在中国北部与西部地区。

据统计，我国北部、西部地区畜群遇雪暴灾害时轻者损失10%～20%，重者死亡过半甚至全军覆没。例如：1966年春，新疆出现几次暴风雪后，死亡各种家畜411万头（只）；1968年1月12日，内蒙古出现雪暴灾害，使锡盟损失家畜3万多头（只）；1979年4月，甘肃省肃北县一次暴风雪造成母畜流产1.2万头（只）；1987年10月中旬，西藏骤降特大暴雪，死亡牲畜1.3万头，失踪1700多头。

其他地区发生的雪暴灾害，也会造成灾难性的后果。据文献记载，1900年5月6日（立夏）北京地区出现暴风雪天气，使一年一度到妙峰山（今门头沟）进香的人饥寒交迫，竟有62人被冻死；此外，大批庄稼被冻坏，许多贫苦百姓冻饿死亡。

雪暴灾害的防御措施，主要有：(1) 转场或放牧前注意收看收听灾害性天气预报，并及时传递至牧民；(2) 设立棚圈，做好防寒保温；(3) 利用有利的地形环境，如固定的沙丘牧场由于日间气温较高和沙丘所形成的屏障，可以减轻其危害；(4) 对合群较强的马，在暴风雪来临之前及时套牢公马，避免惊群跑散。

（五）黑灾

黑灾，是指牧区冬半年积雪过少或无积雪带来的畜牧气象灾害。我国西北牧区气候干燥、水源缺乏，冬半年人、畜饮水主要依靠积雪。降雪过晚，畜群不能按时进入冬季牧场，在河湖封冻以后，牧畜20天吃不上雪就会缺水；40天吃不上雪，就会普遍掉膘。因此，黑灾实质上是我国牧区无水草场和缺水草场在冬季和初春发生的一种旱灾，冬季如无积雪日期在两个月以上，就极易引起疫病流行，造成牲畜大量死亡。

黑灾的类型有两种，一是断续型，发生时间分为 11～12 月和 3～4 月两个阶段；二是连续型，在黑灾可能发生期内各月都有出现。内蒙古就把冬春日平均气温在零度以下的期间作为黑灾的可能发生期。黑灾的轻重取决于连续无积雪日数的多少，一般是：连续无积雪日数为 20～40 天者为轻黑灾；连续无积雪日数超过 60 天者为重黑灾。例如，甘肃省的肃南草原，1983 年 10 月至 1984 年 1 月中旬未降过一场雨雪，属历年少见，长期干旱致使 5 个行政区的 330 多个畜群遭受黑灾的直接威胁，已转入冬牧场的 3 万多头（只）家畜处于严重的缺水环境，损失很大。

对黑灾的防御应采取下列措施：（1）根据本地区当年积雪分布状况，选择适量而稳定的无水草场作为冬、春牧场，一旦遇有黑灾，视其轻重程度，及时转场，以减少对畜群的危害；（2）调整畜群结构，扩大抗灾能力强的牲畜比重；（3）加强牧区水利建设，合理利用水资源，如打井、掏泉、疏渠蓄水、建立饮水点等，这是抗御黑灾的根本途径。

（六）白灾

白灾，是指冬半年牧场积雪过深，掩埋牧草而造成家畜死亡的雪灾。它受降雪量、积雪深度、密度、降雪时间以及补食条件等因素的影响。白灾对牧区家畜的主要危害是造成放牧采食困难并引起疾病。例如，1977 年 10 月 26～30 日，内蒙古锡盟和乌盟降了一场罕见大雪，此后又连下几场小雪，形成严重白灾，牲畜饥寒交迫，仅锡盟损失的各类家畜就达 300 多万头（只），人员亦有冻死、冻伤。1986 年 11 月下旬至 1987 年 4 月上旬，内蒙古锡盟大部分地区出现白灾，最大积雪深度为 25 厘米，积雪日数达 140 天，造成牛羊采食困难，大量死亡，该地区同期牲畜总增率（出生等）为 25.3%，而死亡率却高达 44% 以上。再以 1989 年为例，从 2 月份开始，青海就开始降雪，直到 5 月，造成黄南、海南、海西、果洛和海北 5 个自治州的 19 个县的 2 亿多亩草场被雪覆盖，全省牲畜死亡 170 多万头（只），仅此一项就造成损失 1.7 亿多元。同年 9 月开始，西藏北部的那曲地区连降 8 个月大雪，平地积雪半米多厚，24.7 万平方公里的大草原上，8 个县、113 个乡被厚雪覆盖，22 万牧民被围困，死亡牲畜 100 多万头，在各级政府组织施救下，才未酿成饿死人的惨剧。总之，白灾是中国牧区的主要气象灾害。

根据中国牧区白灾的实际发生资料，其实际发生期一般出现在10月份至第2年5月份，其中出现在11月份的次数约占年总次数的50%以上，出现在3~4月份的次数占年总次数的40%左右。中国牧区的白灾常发区主要分布在内蒙古大兴安岭以西和阴山以北的广大牧区、祁连山牧区、新疆北部、四川西部以及藏北高原至青南高原一带的高寒牧区，发生频率为25%~40%。中国牧区的白灾偶发区主要分布在阴山以南及内蒙古巴盟一带、宁夏六盘山区、甘肃省陇中西北部、新疆南部等，发生频率为20%~50%。其他牧区由于冬季降雪量较少或降雪多但气温较高，一般不会形成白灾。

由于白灾的实质是因积雪造成的家畜"饿灾"，因此，减轻白灾的根本对策是贮草备荒；其次，注意调整畜群结构，根据各种家畜的破雪采食能力大小，混合编群，先放马，再放羊，后放牛；再次，应加强牧区之间的协作，灾年调剂使用草场。总之，我们不可能避免白灾的发生，却可以控制由白灾造成的危害。

十、冷冻灾害

（一）冷冻灾害概述

众所周知，农业是自然再生产与经济再生产相结合的产物，各种动植物在生长发育的各个时期均需要有适宜其生长发育的环境温度范围；如果环境温度范围低于适宜温度下限，就会构成对农业生产的危害，这种危害在气象学上称为低温灾害。在灾害学中，笔者则将其概括为冷冻灾害，即强寒潮引起的环境温度低于动、植物生长的适宜温度下限而产生减产、减收损失的气象灾害。它作为农业生产的限制因子，不仅影响其生产和产量，而且还会影响作物的分布界限和熟制，甚者还危及人、畜的安全，直接造成生命财产的损失。

从冷冻灾害的致灾形式来看，它实质上包括了冷害和冻害两类灾害，其中冷害分为南方的倒春寒和寒露风，北方夏季的低温灾害；冻害则可分为南方的霜冻害和北方的越冬冻害。从冷冻灾害对农业生产的危害范围、影响区域、损害程度出发，它是中国农业生产中仅次于水、旱灾害的又一类主要灾害。东北、华北、西北等广大地区几乎每年均有冷冻灾害发生，长江流域及其以南地区的双季晚稻、越冬小麦、油菜等多种农作物也深受其害；此外，经济林生长、动物生长等也不时遭到冷冻灾害的袭击。

据有关部门统计，近40年来，中国平均每年约有5次寒潮影响，但年际变化大，多的年均达10次（1968～1969年底），少的年均仅1次（1974～1975年度）。以1992年为例，全国因冷冻灾害有5 000万亩农作物受灾，其中成灾3 000多万亩，绝收70多万亩，经济损失数亿元。因此，冷冻灾害也是一种全国性灾害。

（二）冷害及其危害

冷害，是中国农业生产中的主要气象灾害之一，它在春、夏、秋均可发生。在东北地区，属夏季低温冷害，自1949年以来就出现过8个夏季低温冷害年，1954、1957、1969、1972、1976年等的冷害均造成过大面积减产。其中：1969年东北各省减产粮食70亿公斤，1972年减产粮食、大豆63亿公斤，1976年减产48亿公斤，辽阔的松嫩平原、三江平原等主要产粮区几乎全部受灾。

在南方，冷害一般发生在春、秋两季，其中南方春季里的低温冷害被称为倒春寒；秋季低温冷害称为寒露风。倒春寒发生在每年2～4月份，在这一时期，从华南到长江以南地区正先后进入早稻播种育秧季节，故而是造成早稻烂种烂秧的主要原因。近40年中，以1951、1955、1967、1969、1970、1976年的倒春寒最为严重，南方烂秧率达30%，有的达50%，造成粮食大幅度减产。如1970年，广西地区烂种就达5 000万公斤以上；1976年，仅湖南、江西、湖北三省，由于倒春寒引起烂秧所损失的谷种达40亿公斤。此外，对已播棉花、花生等喜温作物也常常造成烂秧死苗，并影响油菜的开花授粉及小麦孕穗，造成大面积减产。寒露风则是秋季北方冷空气南侵带来的又一气象灾害，危害范围遍及长江流域及其以南各省，由于其危害期主要发生在双季晚稻抽穗开花期，往往造成大幅度减产。据云南昆明地区统计，一般的寒露风可使粮食减收20%～30%，重的寒露风减收达40%～70%，有的颗粒无收。如1965年9月，湖南出现了3～8天寒露风，这一年晚稻空壳率经测算为30%～40%；1971年9月中下旬，江西连续7天出现寒露风，许多地区的水稻空壳率达50%，甚者在70%以上，成为当年该省粮食减产的主要致因。

冷害的类型，可分为四种：(1) 延迟型冷害，是指农作物生长期在较长时间内遭遇的低温危害，使农作物生育期延迟，不能在初霜到来前正常成熟而导致产量降低，东北地区称之为"哑巴灾"；(2) 障碍型冷害，是指农作物生长期内（分枝、开花期）遭受短时间异常低温，造成发育不良、空壳等而减产、绝产，这即是中国南方地区的"寒露风"；(3) 混合型冷害，是上述两种冷害在作物同一生长季节中相继出现或同时发生给农作物生育和产量带来的危害；(4) 稻瘟病型冷害，是指在水稻生长期内因低温阴雨而发生稻瘟病的灾害。

冷害危害的农作物，主要有：水稻，是喜温作物，故不论南方、北方，低温寡照均是空壳率高的重要原因；高粱，在华南是杂交高粱小花败育，在华北则是高粱灌浆期受害难以成熟；玉米，华北为营养生长期延迟型冷害，东北为开花授粉期障碍型冷害；棉花，在北方棉花吐絮期发生危害，导致产量，品种下降。

(三) 冻害及其危害

提起冻害，老一辈的人总会想到旧中国冻死、饿死的老百姓。史书记载，历史上冻死人的现象是不乏罕见的。如1879年5月，新疆喀什大寒就冻死10万余人。社会发展到今天，冻害冻死人的新闻十分罕见了，但冻死农作物和牲畜的事例却时有所闻，如1991年政府公布的灾情中，就有受冻农作物2 572万亩、成灾937万亩的统计数据。

本文所论的冻害主要包括霜冻害和越冬冻害，前者一般发生在初秋至春末期间，后者则主要发生在严冬季节，两者都是地面气温骤降所致的灾害。

1. 霜冻害

它是一种常见的气象灾害，其危害以大面积为特征。据统计，1951～1980年30年间，中国除雷州半岛、海南岛及云南省的元江、澜沧江等河谷地区基本无霜冻外，全国其余地区均有霜冻发生，每年受霜冻害的面积占全国总面积的8%强。例如，1953年，仅安徽省就冻死小麦3 000多万亩，成为该省当年的主要农业灾害；1954年，山西省有54个县的冬小麦遭受霜冻，危害面积达1 040万亩，形成严重减产；1987年6月5～6日，山西、河北两省发生冻灾，农作物冻死、毁种达70万亩，冻死羊1.7万多只、大牲畜150头，死亡2人；类似例子不胜枚举。

从中国霜冻害发展的情况来看，影响其发生及强度的条件，主要包括：（1）天气条件。在晴朗、无风、低温的条件下易发生。（2）地形条件。地形越闭塞，霜冻的危害程度就越大，如盆地地形闭塞，冷空气无出路，霜冻最为严重。（3）土壤条件。干燥而疏松的土壤上霜冻发生较频繁，潮湿而紧实的土地则相反；同时，对不同质地的土壤危害也不一样，在土壤水分相近的情况下，一般是砂土地上的农作物受冻害严重，黏土地上的农作物受害较轻。（4）农田位置条件。如果附近有大面积水域（湖、沼泽、水库等），就可减少霜冻机会，危害也轻。

按照霜冻形成的气象学原因，它可以分为平流霜冻害（系北方冷空气侵入引起）、辐射霜冻害（夜间辐射散热使地面物体冷却形成）、平流辐射霜冻（上述两种并发）三种，其中以平流辐射霜冻最为常见。按照霜冻发生的季节，主要有秋霜冻、春霜冻以及冬季霜冻三种；在秋霜冻中，秋季最早的一次霜冻称为初霜冻，来临越早，危害越大；在春霜冻中，最晚一次霜冻称为晚霜冻，危害最大。

2. 越冬冻害

它主要危害冬小麦与南方的冬季作物及果树等。中国冬小麦越冬冻害严重的地区有五个：（1）新疆北部，常年冬麦冻害的面积占全新疆播种面积的6%～8%，严重冻害时年死苗面积占播种面积的20%以上，其中又以准噶尔盆地为最重。（2）黄土高原，包括甘肃东部、六盘山区、陕北、晋中等地区，以甘肃东部为例，新中国成立40年就发生过较大面积冻害的越冬死苗12次，每三年即有一次大冻害。（3）华北平原，包括京、津、冀、鲁北等地，如1979～1980年的越冬冻害就使河北省夏粮减产25亿多公斤。（4）长城内外，包括晋北、燕山山区与辽宁南部等，曾于1976～1977、1979～1980、1983～1984年连续三次发生过毁灭性灾害。（5）黄淮平原，河南、冀南、苏北、皖北及鲁南等广大地区。此外，河西走廊、长江中下游等地区冬季也有冻害发生，如1969年1月26～31日，寒潮到达长江流域，各地降温14～20℃，南方冬小麦、油菜、蚕豆和果树遭到严重冻害。

3. 冻雨及其他

冻雨也是一种冻害，它出现在冬季和早春时期。中国出现冻雨较多的地区是贵州省，其次是湖南、江西、湖北、河南、安徽、江苏及山东、河北、陕西、甘肃、辽宁南部，山区比平原多。由于冻雨是过冷水滴降落，它在地物上冻结并积累后能压断电线和电话线，严重的冻雨还会压塌房屋、压断树木、竹子、冻死农作物与蔬菜；由于地面冻结，对交通造成很大影响。如 1954 年 12 月 23～29 日的一次强寒潮南下，江苏、安徽、湖北、江西等省就出现了大范围的冻雨，不少地区电线中断，工厂矿山停产，公路不能通车，造成很大损失；1975 年 12 月 1 日，江南的一次冻雨，在江西梅岭山地区一般电线上结了冰，平均每米长电线负重 14 公斤，造成输电线和通信的中断；1984 年 1 月中旬后期，贵州、湖南等地出现冻雨天气，贵州有 10% 的油菜受冻而毁，贵阳客车站停开长途车 803 班次，农村公共汽车停开 418 班次；湖南长沙附近几个县停开班车 339 班次，仅该省临武、资兴两县、市就折断竹、木 500 多万棵。河南商丘地区在 1966 年 3 月因冻雨导致电线积冰，几乎全被压断，造成商丘市严重的停电、电信中断、陇海铁路的火车一度停运。此外，还有冰壳害、冻拔害，均直接伤害农作物，造成经济损失。

（四）冷冻灾害的防御

冷冻灾害是大范围的灾害性天气，一般而言，气象台对寒潮天气的预报是比较准确的。因此，对冷冻灾害的防御，主要是农业生产方面，应着重在以下几方面进行：

1. 掌握冷冻灾害的发生规律，根据预报来做好生产时间安排，选择适宜的播种期等，避开冷冻害。

2. 加强田间管理，改善农田小气候。如倒春寒天气，霜冻天气到来前做好科学排灌，或地膜覆盖等，均是减轻冷冻灾害对农作物危害的重要措施。

3. 培育或引进耐寒的高产品种，提高有关农作物的耐寒能力，这是改变农作物深受冷冻害的治本之策。

十一、滑坡灾害

滑坡灾害，是指因山体、岩石、土块向下移动或崩塌而引起的灾害。由于滑坡需要有较特殊的地形等生成条件，局限性强，对大多数中国人而言，滑坡灾害似乎与己无关。但从滑坡灾害发生的频率及危害后果来看，它在中国的灾害中，仍称得上是一个主要灾种，而且是仅次于地震灾害的地质灾害。

（一）滑坡的危害

在世界上，滑坡（包括崩塌）最多、损失最重的国家就是中国、日本、美国、印度和欧洲阿尔卑斯山地区。日本的滑坡点达5 584处，总面积为1 433平方公里，可能发生崩塌的陡坡地带7 400处，每年滑坡损失达40亿美元；美国仅70年代10年间滑坡造成的经济损失就在100多亿美元以上；瑞士本世纪发生的滑坡灾害，至少造成了5 000多人死亡。滑坡灾害每年给人类社会带来百亿美元以上的经济损失。

中国自古以来就是多滑坡灾害的国家。滑坡造成的危害后果既有直接成灾，又有间接成灾，有时还与地震、洪水相伴成灾或引发泥石流灾害。它不仅会掩埋村镇、堵塞江河、损坏道路、毁坏耕地，而且制造了许许多多的活埋人畜的惨剧。因此，滑坡灾害的成灾形式多样，危害后果相当严重。

据中国科学院成都山地灾害与环境研究所提供的最新资料表明，中国已发现新老滑坡近30万处，其中灾害性滑坡1.5万处，每年因滑坡灾害造成的经济损失10多亿元。从66个大型滑坡灾害出现的周期性规律上看，越接近现代，周期就越短。如公元前780年至公元1500年的2 280年中仅出现大型滑坡灾害12次，周期为100~150年，平均190年出现一次；而历史进入20世纪50年代以后，平均3年就会发生一次，其中80年代仅9年时间就出现7次。

1922年，云南禄劝县发生滑坡，掩埋了两个村庄和200多亩良田。

1933年，四川叠溪地震，造成滑坡，死难者达800多人。

1935年11月24日，金沙江畔鲁车渡渡口山崖崩落江中，上游水位猛涨，致使江北（四川会理县）、江南（云南元谋县）淹死280余人。

1943年2月7日，青海共和县发生滑坡，滑坡总体积达2.7亿立方米，是本世纪以来黄土高原最大的一个滑坡体。瞬间毁灭了两个村庄，活埋了213人，毁耕地1 000多亩。

1961年3月6日，湖南安化县柘溪水库滑坡，死亡达40多人，损失及治理费用达数百万元。

1963年4月30日,陕甘交界处柿树林车站西侧发生滑坡,陇海铁路断道3个月,铁路下方的7户人家、3条黄牛,以及路经此处的行人均被活活埋葬,经西安铁路局广大职工和兰州军区3个团奋斗三月,才恢复通车。

1964年7月20日,甘肃兰州市西固洪水沟发生滑坡,埋没20栋平房,死亡157人,冲淹了陈官营火车站及3.4公里铁路,造成兰新铁路中断36小时,毁坏农田600余亩的恶果。

1965年11月22~30日,云南禄劝县接连发生3次山崩滑坡,4个村庄被击碎覆没,死亡651人,成为新中国成立以来迄今为止伤亡人员最多的滑坡灾害。

1972年6月18日午间,弹丸之地的香港九龙新界观塘秀茂坪发生滑坡,死亡71人;同一天黄昏,香港岛半山区宝珊道又发生滑坡,推倒一幢12层楼房,毁坏38幢楼房,死亡67人。一天之内,香港有138人死于滑坡。

1973年,甘肃庄浪县滑坡造成水库溃坝,冲淹农田3 000多亩,毁房3 000余间,死亡500多人。

1974年9月14日,四川南江县发生高速大型滑坡,造成159人死亡,毁灭耕地1 000多亩。

1980年6月3日,湖北远安县盐池河谷滑坡,摧毁了整个矿山,除3人恰在边缘被压缩空气甩出而幸存外,共有318人遭活埋死亡,经济损失500多万元。同年7月31日,成昆线铁西车站发生大滑坡,毁坏铁路160米,列车运行中断44天,经济损失达1 000多万元,治理费用高达2 448万元。

1981年7月11日,中国尼泊尔边界滑坡,造成200多人死伤;同年8月,陕西汉中地区遭特大暴雨袭击,造成多起滑坡灾害,死难者183人,倒塌房屋1.6万多间,宝成、阳安铁路及4条公路干线路基被毁,经济损失达10亿元。

1982年7月18日,四川云阳县城东发生鸡扒子大型滑坡,毁坏了县冷冻库和农舍1 730间,使1 353人无家可归,毁坏耕地775亩。滑体前部进入长江,严重阻碍航运,直接经济损失600多万元,整治滑坡和疏通航道耗资上亿元。

1983年3月7日,甘肃东乡县发生洒勒山大滑坡,埋没4个村庄和1

个小水库，体积近 5 000 万立方米的滑体覆盖了 3 平方公里的土地，埋在土下的 277 人全部丧生，毁坏耕地 3 000 多亩，压埋牲畜 400 多头，直接经济损失超过 300 万元。

1984 年，仅甘肃礼县就发生滑坡 2 569 处，全县交通中断，水利设施受到严重破坏，同期陇南地区造成灾害的滑坡 570 处，死亡 31 人，伤 182 人，直接经济损失达 5 000 余万元。

1985 年 6 月 12 日凌晨 3 时 45 分，长江西陵峡北岸的湖北秭归县新滩镇发生大滑坡，3 000 多立方滑体顷刻间摧毁了整个新滩镇和一个村庄，其中 200 多万立方滑体涌入长江，堵江 1/3。尽管滑区内的 457 户、1 371 人因事先已转移而未造成人员伤亡，但家园、田园却毁于一旦，摧毁房屋 1 569 间，农田 780 亩，毁坏柑橘 3.45 万株，柑橘苗 50 万株，冲翻长江船只 77 艘，死亡船民 12 人，伤多人，直接经济损失达 900 多万元。新滩又成为长江航道上的险滩。

1987 年 9 月 1 日，四川巫溪县城南发生山体崩滑，砸死 98 人，受伤多人，摧毁了一栋宿舍楼和两座小旅馆，财产损失达 200 多万元。

1988 年 1 月 10 日，四川巫溪县西宁区中阳村又发生一起大型滑坡，滑体堵断了西溪河，造成一个场镇和小水电站被淹，死亡 26 人，直接经济损失 700 万元。

1989 年 7 月 10 日，四川华莹山暴雨引发滑坡，冲毁了溪口镇马鞍坪村和山脚的汽车队、机修厂、红岩煤矿等 6 家企业，这场惨案造成 293 人死亡，直接经济损失达 600 多万元。

1990 年，甘肃仅天水、兰州、武都等地发生的滑坡及泥石流灾害，死亡 30 余人，经济损失上亿元。特别是天水锻压机床厂滑坡，摧毁 6 个车间和 24 座建筑物，死亡 7 人，伤 4 人，经济损失达 2 067 万元，给该厂造成了毁灭性打击。

1991 年 6～9 月，中国接连发生两起大滑坡灾害。其中 6 月 29 日凌晨 4 时 58 分，湖北秭归县郭家坝镇鸡鸣寺发生大型滑坡，埋没农田 105 亩、房屋 78 间及 1.2 万多株果树，虽因前期有预报而无人伤亡，但经济损失仍达 150 多万元；9 月 23 日 18 时刚过，云南昭通市盘河乡头寨沟又发生大型滑坡，长 4 公里、宽 300 多米、厚 20 多米的滑体瞬间覆盖在 106 户人家的村庄上面，当即压死 216 人，伤多人，直接经济损失达 100 多万元。

上述资料表明，制造活埋惨剧的滑坡灾害够触目惊心的了。至于造成数10人伤亡、数10万元财产损失的滑坡灾害（含崩塌），更是不胜枚举。

(二) 滑坡灾害的生成条件

发生滑坡灾害的主要条件，不外乎以下二条：一是地质条件和地貌条件；二是内外营力和人为作用的影响。一方面，中国地域辽阔，地层岩性复杂，构造运动多变，同时，中国属多山之国，山地面积占国土面积的2/3，地势起伏，山体结构脆弱，加之山区多暴雨、久雨天气，形成了滑坡多发的自然原因；另一方面，中国近几十年的大规模建设如兴建铁路、公路、水库，矿山开采，水资源开发，农田水利设施增加，城镇扩建，"三废"排放不当等，形成了滑坡多发的社会原因。因此，部分地区滑坡灾害的有利生成条件，使中国成了多滑坡灾害的国家。

具体而言，滑坡灾害的生成条件包括：

1. 地质条件

岩、土体是产生滑坡的物质基础，滑坡要求岩、土体结构松软，其地层易于滑动。

2. 地形条件

只有处于一定的地貌部位，具备一定坡度的斜坡才可能发生滑坡。一般江、河、湖（水库）、海、沟的岸坡，前缘开阔的山坡，铁路、公路和工程建筑物边坡等，都是易发生滑坡的地貌部位；坡度大于10度、小于45度，下陡中缓上陡，上部成环状的坡形是产生滑坡的有利地形。

3. 自然诱发条件

具有有利的地质、地形条件还不一定会产生滑坡，各种滑坡灾害的记录均表明它的发生还需要有一定的诱发因素才能促成，包括自然诱发条件和人为诱发条件。自然诱发条件包括降水、地下水活动、地震、流水冲刷和淘蚀、融雪等，这些因素突出的作用就是对滑面（带）的软化和降低强度，直接引发滑坡灾害。

4. 人为诱发条件

不合理的人类活动，开挖坡脚、坡体堆载、爆破、采石、水库蓄（泄）水、矿山开采等都可诱发滑坡。例如，在斜坡上修建公路、铁路，依山建房、建厂等工程，常常因使坡体上部失去支撑而发生下滑，中国西北、西南地区的一些铁路、公路因修建时大力爆破、强行开挖，事后陆续发生滑坡，给道路的施工和运营带来了极大的危害。据统计，宝成铁路有滑坡101处，成昆铁路有183处，鹰厦铁路有48处，每年用于整治滑坡的费用均在5 000万元以上。

值得指出的是，滑坡的发生除具备必要的地质、地形条件外，对外部诱发条件并不要求全都具备，而是具备其中的一项（或自然诱发条件中的一项，或人为诱发条件中的一项）就可能造成滑坡，诱发滑坡的外部因素越强，滑坡的活动强度就越大，如强烈地震、特大暴雨所诱发的滑坡多为规模较大的高速滑坡。总之，滑坡灾害的发生及其强度，是若干因素综合作用的结果。

（三）滑坡灾害的时空分布

由于滑坡的发生需要有一定的生成条件，故滑坡灾害的发育和分布又是有规律可循的。

在时间分布上，滑坡表现出常发性。因为诱发因素很多，在一年四季每时每刻均有可能发生；同时，它又带有与诱发因素的作用同时发生或稍晚于诱发因素作用时间的滞后性规律，即均以外界诱发因素为引发条件。具体而言，滑坡一般发生在雨季或春季冰雪融化时，尤其是大雨、暴雨、久雨中发生的滑坡更多，如1981年7月，川西北特大暴雨中就发生滑坡6万多处；1982年川东发生大暴雨，仅据忠县、万县、云阳、奉节4县统计，滑坡就有6.4万起。值得指出的是，滑坡在发生前也常常有前兆现象，如泉水干枯或复活、前缘坡脚土体凸起、动物惊恐异常、四周岩（土）体出现小型坍塌和松弛现象、树木枯萎或歪斜等。

在空间分布上，如果按地势划分，可以大兴安岭—太行山—巫山—雪峰山为界线，此线以东为中国地势的第三阶梯。这一阶梯以平原、丘陵为主，滑坡较少。此线以西为中国地势的第一、二阶梯，以高原、山地为主，滑坡较多。如果按气候带进行划分，则可以大兴安岭—河北张家口—陕西榆林—甘肃兰州—新疆昌都一线为界，此线西北为干旱、半干旱地区，气候干燥少雨，滑坡分布较少，仅在高山冰缘作用带内发育有融冻滑坡；此线东南为湿润气候带，雨量丰富，滑坡分布较多。如果按地质条件划分，则地质构造复杂区内的滑坡多，反之则少，如川滇构造带、秦岭构造带、喜马拉雅山构造带等就是滑坡多发区。如果按地层条件划分，易滑地层分布区滑坡多，反之则少，如青海、川西南、成都平原、黄河中游、北方诸省等就相当密集，而东北、长江中下游等地区则较少。如果按人文地理条件划分，人类活动区域内的滑坡相对要多些，如宝成、成昆等铁路沿线，四川攀西、贵州六盘水等经济开发区的滑坡就较多。

从总体上讲，滑坡灾害主要发生在中国的山区，西北、西南地区为中国滑坡灾害的重灾区。目前，全国有20个省、自治区的300多个县、350万人口、100多万间住房、300多万亩良田、1 000多座大小矿山、1 500多个区乡小镇遭受着滑坡灾害的袭击或直接威胁，其中四川、云南、陕西、甘肃、宁夏、青海、山西、贵州、西藏、湖北8省2区只占全国国土面积的40%，而滑坡灾害却占全国的85%。以甘肃为例，全省82个县（市）中有62个有滑坡灾害，严重的有51个县（市），分布面积达20万平方公里，有滑坡4万余处，近10年来已造成2 000多人死亡。

综上所述，中国的滑坡灾害在时间上具有常发性，在地域上具有广泛性与相对集中性的特点。

（四）减轻滑坡灾害的对策

与其他自然灾害一样，滑坡灾害也是可以被认识和防御的，日本就曾成功地实施过减轻滑坡灾害的计划。在中国，国家对滑坡的防治还是相当重视的。中国科学院于1965年就建立了成都山地灾害与环境研究所，主要以滑坡等灾害的考察、研究和防治为主攻方向。其他一些地质研究部门也十分注重对滑坡灾害的研究。铁路、公路、水利、电力、矿山、城建等国民经济部门在滑坡灾害的治理方面做了许多工作。全国每年用于治理铁路滑坡的投资就达2亿多元，并建有治滑机构和专门的施工队伍，积累了宝贵的经验。所有这些，均表明在中国减轻滑坡灾害具有较好的基础。

在具体对策方面，笔者认为，应从以下几方面入手：

1. 重视滑坡灾害的调查、预测、预报工作

新中国成立以来，中国地质科技工作者对滑坡灾害的研究做了许多工作，但还缺乏全国性的调查研究。虽然中国科学院成都山地灾害与环境研究所于1992年主编了"中国滑坡灾害分布图"，但还较粗放，很难据此对全国的滑坡灾情作出较准确的评估。因此，应当把全国滑坡灾情调查工作作为基础工作来抓,在了解灾情的基础上才有可能有效地减轻灾情;同时,加强对滑坡灾害的预测、预报工作十分必要。实践证明,对滑坡灾害的预测,预报是可能的,中国已经有过成功的先例。例如,1985年6月12日,湖北境内的新滩滑坡由于预报及时,政府下死命令让群众迁移,新滩镇上457户居民1371人无一人伤亡,避免了一场特大灾难的发生。1991年6月29日,湖北秭归鸡鸣寺发生大滑坡,但由于事先的准确预报和有效防治,险区内1126人无一人伤亡,减少经济损失100万元以上。因此,加强预测,及时预报,撤离措施得力,就会将滑坡的危害减少到最低程度。

2. 加强滑坡灾害的工程措施

包括消除或减轻水的危害,设置拦滑(崩)建筑,改变滑坡体外形,改善滑动带土石性质,以及植树造林,保护生态环境,都会有效地减少滑坡灾害。同时,在修建水库、公路、铁路、矿山、工厂等工程项目时,必须考虑当地的地质、地形条件,避免盲目蛮干,消除人为诱发滑坡灾害的隐患。如1961年3月6日,湖南柘溪水库因勘察人员对水库库岸的不良地质环境认识不足,建成后大坝上游发生大滑坡,死亡40多人,给水库造成了巨大损失。1978年9月,甘肃省武都县化马寨子沟一座80千万的水电站就因滑坡损毁。1980年6月,甘肃民乐县瓦房城水库亦因大滑坡而毁坏,水库从此不能正常运营。宝成铁路、成昆铁路因施工时未充分考虑滑坡灾害,留下了经常滑坡的后患。上述事实应当成为今后各类工程建设的深刻教训。

3. 加强滑坡灾害科普宣传,以使人们在遇灾之时能有效地保护自己

因为中国山区面积大,滑坡多发区多,仅靠科技人员来防控是难以达到减灾目标的,故而还必须依靠群策群力,如在滑坡多发区域印发科普读物,教会人们如何识别并防治滑坡灾害,就能达到减灾的目的。

4. 学会临灾应变之策

遇到滑坡时,如果处在滑坡体上且无法跑离时,原地不动或抱住大树等物即是一种有效的自救措施。如1983年3月7日,甘肃洒勒山滑坡中的几位幸存者就是紧抱滑体上的一棵大树而得以幸免的;如果处于非滑体区而发现可疑的滑坡活动时,应立即报告村、乡、县政府或有关单位,政府应立即实施应变措施,组织群众撤离危险区,并努力防止次生灾害的发生。

十二、泥石流灾害

(一) 泥石流灾害的分布

泥石流，常与滑坡灾害并称，是中国山区常见的一种突发性地质灾害。它作为由暴雨或冰雪融化等水源激发形成含沙带面的特殊洪流，瞬间爆发，奔腾咆哮而下，给人类生命财产造成很大危害。

泥石流灾害的分布，不像地震灾害那样成带成片，而是与滑坡灾害相似，往往生成于峡谷山区、断裂构造带、地震火山多发区、暴雨期且具群发性。从全球范围来看，泥石流多集中发生在阿尔卑斯至喜马拉雅山系、环太平洋山系和欧亚大陆内部一些褶断山区，非洲、大洋洲、南北美洲东部等稳定陆地则较为罕见。

统计资料表明，全世界有 50 多个国家有泥石流灾害，其中又以中国、日本、瑞士、意大利、秘鲁、哥伦比亚等国最为突出。如 1921 年 7 月 8 日，前苏联伊黎河一支流发生泥石流，涌进阿拉木图市（今哈萨克斯坦共和国首都），造成这座靠近中国新疆西北部的中亚名城阿拉木图市死亡 500 多人，经济损失 600 多万卢布（当时估价）；1963 年 10 月 9 日，意大利滑坡引起泥石流，死亡 2 125 人，损失达 1 500 万美元；1970 年 5 月 31 日，秘鲁瓦斯卡山泥石流，毁灭了容加依城，直接死亡 1.8 万余人；1985 年 11 月 14 日，南美哥伦比亚路易斯火山爆发诱发的泥石流，致使死亡 2.5 万多人，毁灭了哥伦比亚阿美罗城，经济损失达数亿美元。在美国洛杉矶市，近数 10 年来，泥石流造成的损失就达数 10 亿美元；日本分布泥石流沟达 62 272 条，雨季时常爆发，每年水灾造成的死亡人数中泥石流致死占 1/3 以上。由此可见，泥石流也是一种危害较大的全球性地质灾害。

与滑坡灾害的生成条件一样，泥石流也需要山高沟深，地势陡峻，地质构造复杂和土层松软的地形地貌条件以及水源条件，中国的山区之多，亦为泥石流灾害提供了有利的生成条件。中国作为多泥石流灾害的国家，在辽阔的国土上分布着 10 多万条泥石流沟，虽然广大平原地区和大中城市能免受泥石流灾害的袭击，但全国受泥石流威胁的县城至少有 70 座，一场泥石流或一条沟的一次泥石流灾变，造成数10人到数百人丧生是常有的事。在分布较广泛的同时，中国的泥石流灾害又主要集中在青藏高原与次一级的高原和盆地之间的接触带，以及上述的高原、盆地与东部的低山丘陵或平原的过渡带上，绝大部分集中于四川、西藏、云南、甘肃、辽宁南山地等省、自治区，其中川、滇地区以雨水泥石流为主，青藏高原以冰雪泥石流为主。此外，还有黄土高原上的黄泥流、东北地区的水石流，以及东部丘陵地带的泥石流。据不完全统计，仅1975～1984年10年间，川、滇、甘、鄂、桂等18个省区泥石流灾害就毁房18万多间，毁田65万多亩，致使伤亡3 000多人。在被称为中国第一大省的四川，泥石流流域面积占全省面积的20%以上，50%以上的县年年发生爆发型泥石流，每年汛期造成的损失有60%～70%为泥石流所造成。

在时间分布方面，中国的泥石流具有季节性和周期性特征。一方面，因中国的泥石流的爆发多是连续降雨、降暴雨，尤其是降特大暴雨所激发，其发生的时间规律与各地区集中降雨时间规律相一致。四川、云南等西南地区泥石流与降雨均集中在6～9月，西北地区则集中在6～8月，尤其是7～8月间多暴雨伴随多泥石流灾变。另一方面，泥石流的发生受雨、洪、地震的影响，而雨、地震总是呈周期地出现，故泥石流也具有周期性，如云南东川地区从1966年来进入近几十年的强震期，泥石流灾害也迅速加剧，仅东川铁路在1970～1981年的11年中就发生泥石流灾害250余次。又如成昆铁路、宝成铁路、宝天铁路的泥石流，都是在大周期暴雨的情况下发生的。泥石流灾害的具体发生时间，一般是在一次降雨的高峰期，或是在连续降雨稍后。

（二）泥石流灾害的危害

任何灾害的发生，上演的都是人类社会的悲剧和惨剧，泥石流也不例外。从各种泥石流灾变的资料来看，它摧屋毁田，造成人畜伤亡，危害铁路、公路和水利、水电工程及矿山，泥石流灾害给中国带来了严重的后果；不仅如此，这种危害随着新中国成立后山区经济建设的发展和人类经济活动的加剧对生态环境的破坏，正在日趋恶化，成为许多山区经济发展、资源开发利用的一个制约因素。笔者搜集的典型泥石流灾情资料，将能说明中国泥石流灾害的危害性与日趋严重性。

1. 以云南昭通地区为例

该地区自 1743 年有记载的第一场泥石流至今，共计发生大型泥石流灾害（死亡 10 人以上或直接经济损失 50 万元以上）749 次，平均约 5 年发生一次，但间隔时间越来越短。例如，1900~1949 年间为 9 次，平均 5.5 年发生一次；1950~1989 年间为 24 次，平均 1.6 年一次，其中 1970~1989 年 10 年间就发生了 18 次，年均达 1.8 次。

2. 50~60 年代

1953 年 4 月 25 日午夜，西藏浓密县古乡沟上游因持续高温大雨爆发特大泥石流，波斗藏布江被堵成湖，两岸森林、农田被淹埋，川藏公路被切断，古乡沟沟口 6 平方公里的土地成了石海；此后，古乡沟每年都有 10 多次泥石流，1964 年达 85 次。1954 年 7 月 26 日，西藏桑旺的冰碛湖溃决型泥石流，导致死亡 407 人。1959 年兰春铁路发生泥石流，中断行车 2 个月之久，治理费用数以百万元计。1965 年 7 月 7 日，甘肃天水市一场泥石流，冲毁房屋 3 800 多间。1968 年云南蒋家沟泥石流一次堵江达半年之久，水位被抬升 10 米，自上游回水淹没 20 多公里，铁路、公路遭到严重破坏，交通中断 3 个月，经济损失达 2 100 多万元。

3. 70 年代

1972 年四川冕宁县泸沽铁矿，因不合理堆放弃土矿渣，一场暴雨引发了矿山泥石流，淤埋成昆铁路 300 米和藏西公路 250 米，中断了铁路、公路运输，造成巨大损失；同年的另一场暴雨，造成了香港的一次滑坡泥石流，导致正在施工的挖掘工程现场的 120 名员工死亡。1973 年 4 月 27 日，甘肃省庄浪县水库溃坝形成泥石流，死亡 580 人。1974 年 9 月 14 日，四川南江县滑坡型泥石流，死亡 153 人。1979 年 7 月，陇海铁路线发生泥石流，中断行车 13 天；同月 14 日，陕西紫阳县煤原乡安寺沟爆发泥石流，死亡 21 人，经济损失较大；同年 11 月 2 日，四川雅安县的干溪沟暴雨泥石流，死亡 164 人。

4. 80 年代

进入 80 年代以来，泥石流灾害更加频繁而严重。例如：

1981 年，暴雨引起宝成铁路和陇海铁路宝天段爆发泥石流，淤埋车站 5 座，铁路线 50 余处受灾，中断行车 2 月之久，虽灾时经济损失没有确切的统计资料，但灾后的复修改造费就达 4 亿元。同年 7 月 9 日，四川成昆铁路利子依达沟发生泥石流，冲毁了铁路大桥一座，刚出隧道由渡口开往成都的422次列车的两个机车头、一节邮政车、一节旅客车厢随桥葬入大渡河，死亡275人，受伤数10人，经济损失1 000多万元，酿成了中国铁路史上罕见的泥石流惨案。同年7月11日零时30分，西藏聂拉木县樟木口岸边境发生泥石流，冲毁中尼界桥及附近房屋，随后进入尼泊尔境内，中尼两国死亡者200人。7月26~28日，辽宁复县、新金县、盖县交界处的老帽山因暴雨导致泥石流群发，灾区有610人死亡，726人逃亡他乡，一个村庄被淹埋，近万间民房倒塌，4万多亩农田被淤埋，30多万棵果树被打坏，所有水利设施全被破坏。大连冷冻机厂、大连第二轻工机械厂、东方红塑料厂都被冲毁，还冲断长春至大连铁路多处，火车停运13天。8月，在陕西南部勉县、略阳、宁强3个县及四川北部旺苍、南江2个县大部分地区也爆发了大量的泥石流，造成了重大的人员伤亡和财产损失。

1984年5月27日，云南东川市因民区的黑山沟，局地暴雨激发泥石流，毁灭了红山村，横扫了东川铜矿，死亡121人、伤34人，摧毁房屋4.5万平方米，破坏矿区管道26.7公里，毁田3 200亩，东川铜矿因此停产14天，经济损失1 100多万元。7月18日，四川南坪县关庙沟发生暴雨泥石流，直接经济损失1 000多万元。8月3日，甘肃武都地区北峪河泥石流、东江水沟泥石流、北山诸沟（共9条沟）、灰崖子和钟楼滩诸沟（共11条沟）泥石流同时爆发。泥石流涌进陇南地区首府武都县城，摧毁房屋1.32万间，淹没121个地、县机关，致使1.12万人无家可归，灾后陇南地区机关被迫迁往文县。

1985年4月25日，四川理县日底寨沟暴雨引发泥石流，将成都阿坝公路淹没，导致交通中断多日。同年夏，云南东川地区泥石流灾害空前严重，铁路多处被毁，隧道被淤埋，导致停运半年之久，造成的直接经济损失达2 400多万元，东川市一度陷入瘫痪的境地。

1987年8月19日，辽宁岫岩县特大暴雨引发多起泥石流灾害，死亡58人，毁房2 351间，毁坏耕地3万亩，直接经济损失达1.4亿元。

1988年，成昆铁路沿线有32条沟发生54起泥石流，导致断道5次，淤埋车站两个。同年7月6日，甘肃卓尼县发生泥石流，死亡46人，损失大牲畜684头，损毁房屋1 966间，3万多亩农作物受灾，直接经济损失达1 052万元。

1990年8月11日，甘肃天水市突降百年难遇的暴雨，引起泥石流灾害，造成22人死亡，直接经济损失达5 000余万元。同年8月12日11时许，陕南略阳县的观音寺乡红家沟发生大型泥石流灾害，造成49人死亡、2人重伤，57间房屋被毁。

（三）泥石流灾害的防治

"一半天灾，一半人祸"，可以说是中国泥石流灾害的真实写照。在大量有关的灾情资料中，人为原因引起的泥石流灾害占50%左右。如修建铁路、公路、水渠以及其他工程建筑的不合理开挖，不合理的弃土、弃渣、采石，以及乱垦滥伐，破坏生态环境等等，均可能诱发泥石流。近年来，人为因素诱发的泥石流灾害数量正在不断增加，必须引起政府及社会的高度重视。

对泥石流灾害的防治，从宏观上讲，首先是要保护泥石流区的森林植被，不在泥石流区盲目垦殖、建筑、采矿，这是避免诱发泥石流灾害的根本措施。其次，加强防护工程建设，如建造拦沙坝、停淤场、防护堤，排导工程、截洪工程、穿过工程以及营造防护林等，多种措施相结合，就可以减轻乃至消除泥石流及其危害。再次，建立泥石流灾情档案，划分泥石流的危险区、潜在危险区，研究泥石流的形成与运动参数，将预测、预报工作作为预防和减轻泥石流灾害的重要措施加以实施，会起到十分重要的作用。

中国的泥石流灾害是严重的，这种灾害的严重性不仅在于灾害本身的危害性，更在于它的人为性。对生态环境的破坏，水土流失的加剧，促使泥石流灾害作为一种自然灾害，正在向人为灾害的方向发展，前述灾情资料中已经十分清楚地表明了这一点。如果我们不努力克服人为的破坏因素，不加紧对新旧泥石流区域的综合防治，中国的大片河山将会被泥石流变成灾难的场所。

十三、风暴潮灾害

（一）风暴潮是主要的海洋灾害

茫茫海洋覆盖着全球70.2%的大地表面。中国濒临着世界第一大洋——太平洋，有1.8万多公里的海岸线和广阔的陆架浅海及散布在东南沿海的众多的海岛，因此，中国注定了与海洋的密不可分。

　　海洋为人类社会提供着各种鲜美的食物和遍及各大洲的水上通道，近几十年来，更成为人类社会的重要能源基地，海洋之功，可谓大矣。然而，海洋也是自然灾害的重要发源地，不仅地球上绝大部分气象、水文灾害都与海洋有关，而且海洋自身还制造着台风、风暴潮、海底地震、海啸、海浪、海底滑坡、异常海流等多种海洋灾害，每年造成数以万计的人死亡和百亿美元以上的财产损失。台风灾害已在前面介绍过了，而海底地震及滑坡等海洋地质灾害因其危害的主要是海上作业和航运，我将在后面加以研究；至于异常海流，"百慕大三角"早就被称之为"魔鬼三角洲"，厄尔尼诺现象因其对全球气候的异常影响正引起各国海洋学界和气象学界的高度重视。因此，本文主要以风暴潮灾为研究对象。

　　所谓风暴潮灾，是指海水上陆造成沿海或近海生命财产损失和海岸工程破坏的海洋自然灾害。按其成因而言，它可分为台风风暴潮、温带风暴潮及海啸三类。其中，台风风暴潮和温带风暴潮主要是由气象因素引起的，它不仅在发生时造成沿海居民巨大的生命财产损失，还给沿海的滩涂开发和海水养殖带来严重的破坏，并可能引起疫病流行、土地盐碱化、污染沿海淡水资源的恶劣后果。海啸风暴潮，则是由发生在海底的强烈地震或海底火山喷发、滑坡等引起海水异常涨落而致灾。如果潮灾与天文潮汐（即月亮和太阳对地球表面海水的吸引力所致的规律性涨落）的高潮叠加在一起，其损害后果就更加严重。

　　从世界范围来考察，风暴潮灾是损害后果仅次于台风的海洋灾害。风暴潮灾每年以数百次的规律发生，损害后果特别严重。如1953年荷兰西南部发生风暴潮，导致死亡1 850人，毁屋5万栋，海侵4 000平方公里土地，荷兰政府在灾后不得不集资50亿美元修建挡潮工程。1959年日本本州风暴潮，夷平几万所房屋，导致死亡4 000多人，3万多人受伤，10多万人流离失所，直接经济损失达20多亿美元。1970年11月12日晚，孟加拉湾特大台风造成台风风暴潮，又恰逢潮汐高潮时刻，造成了世纪性损失，2.6万平方公里土地上被扫荡一空，死难30万人，损失10万条渔船，28万头牛和60万只家禽及吉大港（孟加拉第二大城市）的一半建筑等损失殆尽。

　　据有关统计资料，在地震海啸方面，虽然次数不如风暴潮频繁，但从公元前479年到公元1964年间，全世界共记录的较大的地震海啸达367次，平均6年一次；从1900～1983年间，仅太平洋地区就发生造成伤亡和较大经济损失的海啸84次，年平均1次。从海啸分布上看，太平洋发生的海啸占全世界的75%，大西洋占9%，印度洋占3%，地中海占12%，其他海区占1%。有记载以来，共约有18万人丧命于海啸灾害。如1792年日本有明海海啸死亡14 920人，1489年日本东海道海啸死约36 000人，1883年印尼火山爆发引起的海啸死亡36 140人，1896年日本三陆外海海啸死亡27 122人，1960年5月22日智利地震海啸导致1万多人死亡和7.5亿多美元的财产损失，等等。

上述资料已足以表明，风暴潮灾不仅是一种仅次于台风的海洋灾害，而且也是全人类社会面临的一个主要灾种。

(二) 风暴潮灾害的危害

在中国，风暴潮灾害，主要包括由热带气旋引起的台风风暴潮和由温带气旋引起的温带风暴潮两类。前者多见于夏秋季节，与台风季节相吻合；危害区域亦与台风登陆地区相一致，其来势猛、速度快、强度大、破坏力强；后者多发生在春秋季节，夏季也有发生，其水位变化较平缓，高度低于台风风暴潮，主要危害中国的北部海区。海啸风暴潮灾害则比较少见。由于漫长的海岸线和辽阔的近海海域，中国几乎一年四季均有风暴潮灾发生，并遍及整个沿海及岛屿，受风暴潮影响时间之长、地域之广、危害之重，均为西北太平洋沿岸国家之首。具体而言，中国的大江、大河的入海口、海湾沿岸和一些沿海低洼地区受灾最重。长江三角洲以及杭州湾地区、广东汕头至珠江三角洲地区、福建闽江口附近沿海地区、广东雷州半岛东海岸地区、海南海口至清澜港一带沿海地区、广西北部湾沿岸的低洼地区都是重灾区，其中长江口与汕头沿海历来就是重灾区。

在19世纪末的1861年，上海崇明发生风暴潮，淹死1万多人；1862年7月1日，广东番禺、清远等地遭风暴潮袭击，溺死10万人；1896年6月，上海宝山等地遭风暴潮，淹死10多万人。

20世纪以来，风暴潮灾害频率加快，大的风暴潮灾害不断发生。例如：1901年8月4日，上海长江口发生风暴潮，海潮上溯至离海700公里的芜湖、安庆，造成苏、皖各州县江堤圩岸决口1 000余处，两岸房屋倒塌、耕田被淹及人、畜伤亡无数。1905年9月1日，长江口海潮随狂风陡涨四五米，两岸纷纷崩坍，据当时崇明、上海、川沙、宝山、南江5县不完全统计，共死亡2.7万多人。1922年8月2日，一次强台风带发的风暴潮袭击广东汕头地区，据史料记载和中国著名气象学家竺可桢先生考证，有7万余人丧生，成为中国20世纪迄今死亡人数最多的一次风暴潮灾害。当时的《潮州志》记载："潮汐骤至，暴雨倾盆，平地水深丈余，沿海低下者且数丈，乡村多被卷入海涛中。"潮浪沿150多公里的海岸线冲毁堤围侵入内陆达15公里，海水淹及澄海、饶平、潮阳、南澳、揭阳、惠来、汕头等县市。《汕头港》记载："海潮高出平时最高潮面12英尺（3.65米）。"1934年7月29日，广西钦州一带爆发台风风暴潮，钦州、北海、防城、合浦等市县沦为泽国，死亡数千人，水退后搁浅的尸体遍布海洋，毁坏房屋近10万间。

新中国成立后，风暴潮灾害年年不间断，据统计，1950～1981年间记录的温带大风暴潮有244次，严重的28次；台风风暴潮201次，严重的38次。二者相加，31年间共计发生风暴潮灾445次，年均14.4次，其中严重的风暴潮灾66次，年均2.13次。两类风暴潮发生频率居世界首位。再据70～80年代间20年统计估算，中国每年因风暴潮造成的经济损失平均为2亿元，但近年来的风暴潮经济损失正在急速增长。

新中国成立后造成巨大损失的风暴潮灾事有：1956年8月1日，浙江象山发生台风暴风潮灾害，海水淹死4 000多人，淹没农田11万亩，冲倒房屋7万多间。

1964年4月5日，渤海西南部沿岸发生温带风暴潮，从河北的岐口到山东省羊角沟一带沿海，数千平方公里成为泽国，损失无以数计。

1969年4月23日，渤海西南部沿岸又发生温带风暴潮，从山东沾化县到昌邑县沿海一带被淹数千平方公里，潮水内侵一般为20公里，莱州湾最严重处达40公里；同年7月26日，广东汕头风暴潮，淹死1 000多人，伤9 200多人。

1980年7月22日，发生在广东徐闻，由7号台风引起的台风风暴潮，袭击了湛江地区。据不完全统计，导致死亡414人，伤645人，摧毁船只3 133只，冲毁堤坝354处，淹没农田约74万亩，倒屋12.2万间，直接经济损失在4亿元以上。

1986年，浙江等地遭受4次风暴潮，损失高达9.6亿元，接近当年海洋经济总产值的10%。其中：仅9月6日的湛江风暴潮就造成12人死亡、300人受伤、沉损及失踪船舶1 200多艘、坏屋24万间、冲垮海堤830条、淹没晚稻44万亩、甘蔗受损100多万亩的严重后果，累计直接经济损失2.6亿元。

1987年7月27日，浙江沿海遭风暴潮的袭击，伤亡160多人，沉船434艘，受淹农田234万亩，倒坏房屋1.3万间，冲毁海塘、江堤、防洪堤4 200多处，损失达1.99亿元。

1989年8月29日至9月2日，中国沿海地区从福建的东山到天津的塘沽一带均遭受台风风暴潮袭击，由于风暴潮恰好赶上天文大潮期间（农历8月初二日至初五日，一年之中潮位最高的时段），狂潮从南至北呼啸2万里，福建、浙江、江苏、山东、河北、上海、天津5省2市灾情严重，造成损失总计达70亿元。其中，福建20多人丧生，300多人受伤，倒坏房屋12万多间，淹坏农田200多万亩，各种直接经济损失6亿多元；浙江死亡148人，损坏房屋14.4万间，停产或半停产的企业9 151个，直接经济损失达27.4亿元。

1992年8月28日～9月1日，因受16号台风与天文大潮的综合作用，中国东部沿海又发生了新中国成立后影响范围最广、危害最重的特大风暴潮灾害。潮灾先后波及福建、浙江、上海、江苏、山东、天津、河北、辽宁等省、市，受灾人口达2 000多万，死亡193人，失踪87人，毁坏海堤1 170多公里，冲毁路桥1 508座（处），淹没农田3 000万亩，成灾500万亩，倒塌房屋36万余间，损毁船只5 258艘，冲毁鱼塘虾池76万亩，淹没盐田228万亩，损失原盐155万吨，导致停产、半停产企业10 724个，各种直接经济损失高达92.55亿元。其中，浙江省因潮灾死亡114人，直接经济损失46亿多元；山东省因潮灾死亡32人，各种直接经济损失亦达26.5亿元。

此外，海啸虽然周期较长，但一旦发生在近海海域，其损失亦无法估量。中国的台湾等省在历史上就曾发生过较大的海啸灾害。如1781年5月22日发生在台湾海峡的海啸，致使海水淹没了台湾120公里长的海岸线，5万人丧生；1918年2月在广东南澳、汕头附近发生地震并伴发海啸，巨大的海浪冲击沿岸，使众多人员伤亡。史书上记载：山峦、石块、海水都在移动，许多船只翻沉，大地被撕裂开来，房屋被毁，良田被淹。因此，对海啸灾害仍不能掉以轻心。

（三）减轻风暴潮灾害的对策

风暴潮灾害（包括海啸灾害），既与持续性气候因素有关，又是突发性灾害，人类社会不可能消除这种海洋灾害，却可以通过监测预警、工程防御等措施来达到减轻其危害的目标。

1. 完善监测网络和预警系统

对任何自然灾害而言，监测与预警工作都是必不可少且越来越重要的减灾措施。新中国成立以来，中国已在沿海地区相继建立了近300个海潮监测站，其中隶属于水利部的210个，国家海洋局34个，交通部24个，海军12个，地矿部1个，这些监测站的长期监测对提高风暴潮预报水平起了极其重要的作用。国家海洋局的海洋预报台承担着全国沿海主要港口风暴潮预报的发布工作，并向沿海除台湾以外的11省、市防汛指挥部门提供风暴潮预报和警报服务；交通部上海航道局为航海运输等需要发布长江地区的风暴潮预报；海军航海保证部所属三个舰队气象台担负着各舰队所管辖的军港风暴潮预报；中央电视台和中央人民广播电台于1981年7月1日也开始向全国公众发布风暴潮预报。应该说，我国对风暴潮的监测和预报力量还是较强的，但仍须完善。如各部门加强协作，并在沿海省、市、自治区建立起统一的防潮指挥机构，集中国家、军队及地方的力量，协调对风暴潮的监测工作，实施地区防潮指挥的职能，将起到更好的减灾效果。

2. 加强工程性措施

即依据风暴潮等海洋灾害的长期发展趋势，修建防潮海堤、海塘、护岸工程、分潮工程等，对易受灾地区和岸段做工程防护，将取得直接的减灾效果。新中国成立以来，中国陆续修建了一些沿海、沿江防潮工程，在防潮工作中发挥了良好的作用；但据有关资料表明，不少海堤、海塘工程大多是50～60年代修建的，不仅严重老化，而且防潮标准偏低，一些地区对一般的潮灾也无法抵御。如1986年发生在广东的16号台风潮灾，虽海洋预报台和南海舰队气象台都作出了准确预报，各级领导亲临现场指挥抗灾救灾，但由于防潮工程薄弱，海堤被冲垮830条，总长达21万米，眼睁睁看着潮灾蔓延而无可奈何。类似教训在新中国成立后的风暴潮灾害中不乏罕见。因此，上下结合，增加投入，加强防潮工程建设，已十分必要。

3. 重视规划性措施

近年来，随着海岸带开发的迅猛发展，沿海的经济价值密度与人口密度在迅速增长，大片荒滩已变成或正在变成城镇和经济开发区（如汕头市的开放与发展、深圳由荒村变市等），如果不在开发中重视对风暴潮灾害的防范规划，那么，即使遭受与过去类似强度的风暴潮灾害，其损害后果也将成倍乃至数十倍地增加，1989 年的 70 亿元的损失就为我们敲响了警钟。因此，沿海省、市、区在经济开发中，必须充分考虑风暴潮灾害的危害及防范规划，杜绝盲目开发和占地建设，并做到防御风暴潮灾害的工程性措施与经济发展同步，唯有这样，才能真正保障，沿海地区经济的正常发展。

4. 拟订救灾方案

在如此漫长的海岸线上，无论采取多么严密的防范措施，总难以完全避免风暴潮的袭击，过去的经验教训表明，救灾工作仍应成为减轻风暴潮灾害危害后果的一个重要方面。如事先拟订灾时人员撤退疏散计划、后勤供应计划、灾后救济计划等，在灾害发生时就不会措手不及，就能有效地减少人员伤亡和财富损失。

总之，风暴潮灾害被称为"来自海洋的恶魔和杀手"，其对中国的危害在加剧。如果在沿海地区经济的高速发展中忽略这一点，1989 年和 1992 年曾在 2 万里海岸线及沿海地区肆虐并分别造成 70 多亿元、90 多亿元损失后果的风暴潮灾害就完全可能加倍地在中国的沿海省、市、自治区重新上演。

十四、赤潮灾害

（一）赤潮与赤潮生物

赤潮，是由于海洋环境条件的改变导致海洋中某一种或几种浮游生物爆发性繁殖和聚集，引起水体变色并危害海洋生物生长的一种有害生态现象。中国古籍和西方圣经中都对赤潮有过记载。公元 732 年，日本即记述了相模湾和伊豆内海发生的赤潮现象；1831～1836 年间，达尔文在"贝格尔"号航海记录中也记述了巴西、智利海面由束毛藻引起的赤潮；1933 年，中国的地方文献也记录了发生在浙江镇海、定海和台州一带的夜光藻引起的赤潮，等等，说明赤潮是一种古老的海洋灾害。然而，从赤潮的发生情况来看，它在历史上是十分罕见的海洋灾难。进入20世纪以后，尤其是50年代以来，随着工农业生产的发展和污水大量排放入海，赤潮在欧洲、日本等沿海发达国家与日俱增。据日本统计，在1955年以前，仅记录到5次；而时过10年后的1965年，一年就发生赤潮44次；至1975年竟高达326次。在中国，60年代以前，仅记录过4次，70年代记录过6次，而进入80年代后至1987年为止已达21次之多（这还不包括港澳台地区的数字），1989年就发生10多次，1990年达34次。因此，赤潮对中国而言，又完全是一种新兴的海洋灾害。

赤潮作为一种海洋生态灾害，其水体颜色并不一定都是赤色，而是由赤潮生物的种类来决定的。如：夜光藻、中缢虫等海洋生物等形成的赤潮是红色的；裸甲藻形成的赤潮多呈灰褐色；束毛藻形成的赤潮一般为棕黄色；绿色鞭毛藻形成的赤潮则是绿色的，等等。据报道，到目前为止，世界各地能形成赤潮的生物种有180多种，主要是浮游藻类；在这180多种赤潮生物中，分布中国海域的有60多种，其中25种已发生过赤潮。

尽管形成赤潮灾害的赤潮生物所需要的环境因素不尽相同，但海域的有机污染和富营养化却是人们公认的赤潮发生的物质基础。造成污染与富营养化的途径，又主要是陆上污染对海洋的影响所至，如沿海城镇工业废水、生活污水的排放，农田灌溉水和水产养殖废水的注入以及大江大河携带的各种污染物。赤潮由罕见的灾难变为常发的海洋灾难，人类的推波助澜作用是毋庸置疑的。

（二）赤潮的危害

赤潮对海洋生态系、渔业生产、人类的健康，都有着严重危害，被国际社会称之为当今海洋的危急事件。

在美国，1964年，美国佛罗里达西海岸发生赤潮，大批鱼、虾、海龟、蟹、牡蛎等被毒杀，死鱼冲上海滩长达37公里；1973年，美国东海岸一次赤潮，仅贝类养殖的损失就达3 400万美元。在日本，1972年赤潮大发，造成的损失竟达1 158.1亿日元，其中播唐湾、纪伊水道西部的一次赤潮，就造成养殖的14万尾鰤鱼死亡，损失71亿日元，1987年赤潮又导致死亡140万尾鲫鱼，损失217亿日元；日本已成世界上赤潮重灾区。不仅如此，有些赤潮生物的毒素通过鱼、虾、贝类体内的积累，还可引起人类误食中毒。据有关资料统计，到1978年，全世界因误食含有赤潮毒素的贝类引起的中毒事件约300起，死亡1 600多人，成千上万的人中毒。如1977年委内瑞拉人因采食被赤潮污染了的贝类，致使193人中毒，9人死亡。

在中国，赤潮的危害范围大，损害后果虽然不如日、美等国，但也在日趋严重。例如：

1952年5～6月，黄河口一带约1 400平方公里的海域发生夜光藻赤潮，海水如血、发臭，鱼类大量死亡，渔民张网无鱼获。

1961年和1962年秋季，福建平潭海域发生束毛藻赤潮，海水泛黄、发臭，导致贝类养殖大减产。

1977年8月8～29日，天津大沽口约560平方公里海域发生赤潮，海水褐红、发臭，鱼类大量死亡或逃离，渔民打鱼一无所获。

1980年5月17～23日，广东湛江港内湾发生丹麦细柱藻赤潮，海水呈褐黑色、发臭，鱼漂水面，渔业减产。

1983年3月，广东大亚湾和大鹏湾发生裸甲藻赤潮，20多种鱼毙死，死鱼在海面到处漂浮。

1984年9月下旬～10月上旬，闽东三沙湾发生夜光藻赤潮，数千亩养殖牡蛎死亡，造成了重大经济损失。

1986年1月，台湾沿海发生鞭毛藻赤潮，致使30人中毒，2人死亡；2月，广东深圳湾西岸海域发生夜光藻赤潮，近海养殖牡蛎死亡率达50%以上，经济损失近20万元；6月18～28日，福建厦门西港区约80平方公里发生裸甲藻赤潮，海水呈酱油色，养殖的牡蛎、哈蛏等成批死亡；11月25～27日，福建东山、诏安湾附近海域又发生裸甲藻赤潮，群众采食被赤潮污染过的花蛤，致使136人中毒，1人死亡。

1987年7月下旬～8月上旬，香港榕树凹一带发生赤潮，死鱼2 000多担，直接经济损失达1 000万港元。

1993年夏季，赤潮更是造成了中国沿海历史上面积最大、病害最重的养殖对虾劫难。例如，浙江省对虾养殖重点宁海县，全县养殖对虾面积9 810亩，死亡或因病早捕的达8 000亩，占总面积的80%以上。在江苏，赣榆县沿海各乡镇养殖对虾34 500多亩，至6月已有19 500多亩对虾绝产；大丰县于1993年开发的12 000亩新虾池，于6月20日发现死虾，至

7月20日左右所养对虾竟全部死亡，导致绝收；射阳县作为苏北地区养殖条件和技术较好的县，至7月25日全县也有2 000多亩虾池绝收。福建、上海、河北、辽宁等省所养的对虾于6月份几乎死光；福建、浙江所补养的二茬长毛虾苗也未能逃出死亡的厄运。如此大范围、大面积的对虾死亡事件，直接经济损失数以亿元计，被虾农称为"虾瘟"，其罪魁祸首实则是赤潮。

发生在中国沿海的上述赤潮灾事，已经说明了赤潮对中国的危害及这种危害的日益严重性。

（三）赤潮的防治

赤潮既是没有国界的海洋灾害，又是有国界的海洋灾害，前者是因为其发生时无法控制、从一国可波及另一国；后者则是因为它是污染激发的，必定与污染源地相联系，并首先危害着制造污染的国家和地区。

对赤潮灾害的防治，已经引起了世界上主要沿海国家的高度重视，中国对赤潮灾害的防治应借鉴日本濑户内海的成功经验，从控制陆上污染源入手来达到减少赤潮次数和危害的目的。目前，环渤海3省1市已成立了赤潮联合防治机构，并已在河北黄骅沿海进行监测、防治及管理试点，但要真正开展有效的防治工作还有着重重困难。因为近海海域不仅承受着沿海地区的工农业污染，而且承受着大江大河每日携带的内陆污染，况且，即使在沿海地区，也并非所有地区和部门都对海洋生态环境给予了认真的关注。近几年，洋垃圾进入中国的事件就屡有发生。例如，1987年7月31日，国家环保局获悉美国环太平洋公司将向广东某厂出口100万吨含碱性废干电池组后，火速通报广东省政府，才给予制止；1989年6月初，一美籍华人代理商联系出高价由上海某制药厂为美方处理化工废料，经上海环保局查实，此系美国法律控制的毒性废物；1993年10月3日，由上海华埠实业公司委托北京中贸发进出口公司从韩国以每吨27美元价格进口的1 288吨共6 448桶名为"其他燃料油"的化工原料亦是有毒化工废物，后在党中央、国务院的高度重视下才被退货，但已停泊南京150多天，造成港方损失500多万元；等等，所有这些均已足以表明部分人对待曾给予我们无私奉献的海洋的态度。

总之，控制陆上污染，减少赤潮灾害，是全国的事，需要沿海与内地的合作与配合，但首先应该是沿海省、市、区的责任。在赤潮灾害迅速上升的今天，若还不重视对赤潮灾害的研究与防治，我国将重走日本的老路，并付出更为严重的代价。

十五、酸雨灾害

（一）酸雨及其发展

酸雨，是指酸碱度小于5.6的有害雨、雪、雾。它是工业生产的发展对大气严重污染所致的一种自然灾变，被认为是自然界"对人类的一场化学战"，已经成为当今世界的一个重大环境灾害问题。

在国际上，50年代前后，酸雨在美国东北部和欧洲地区出现；60年代，酸雨范围迅速扩大，酸度增加；70年代，酸雨蔓延到欧洲所有国家和北美，亚洲的日本、韩国等；接着，对酸雨十分陌生的中国、印度也出现了酸雨。1987年，在第三世界国家环境保护专家会议上，来自世界各国的环境专家们一致将"酸雨现象正在发展"列为地球上的10大问题之一。在酸雨的侵蚀下，美国23个州的17 059个湖泊中有9 400个受酸雨影响而变质，正面临着沦为"死湖"的危险；加拿大5 000多个湖泊明显酸化，鱼类大批死亡；瑞典10万个湖泊中有2万个正在死亡，其中30%的水面已是无生命的世界；挪威2 840个湖泊中的1 711个湖的鱼类已基本灭绝；德国740万公顷的森林有180万公顷被酸雨破坏，汉堡3/4的树木面临死亡，有人悲观地预测："德国森林的寿命只剩20年。"不仅如此，酸雾还直接致使人畜死亡或引起疾病。如1948年10月，美国多诺拉镇的酸雾使5 900多人发病，12人死亡；1952年12月5～8日，英国伦敦上空酸雾造成了震惊世界的4 000人死亡的特大灾难；1972年日本四日市酸雾致病817人，死亡10多人，等等。80年代以来，在北美和欧洲上空已经形成了两大酸雨区，国际间的酸雨纠纷事件不断发生，环境污染已成"政治污染"。酸雨正吹打、侵蚀着地球，变成一种全球性的公害。

中国是世界最大的煤炭消耗国，早就跨入了污染大国的行列。1990年，中国工业排出的二氧化硫仅次于美国，居世界第二位，但酸雨问题却未能引起全社会的认真注意。而实际上，华东、中南、西南都是迅速发展中的酸雨区，仅对上海1980~1983年的分析表明，三年间酸雨量就增加了6倍；进入80年代以来，重庆的酸雨已接近1966年欧洲酸雨严重时期的水平，重庆长江大桥已被酸雨侵蚀得锈迹斑斑；从宜宾到上海，1986年就已有18个城市出现酸雨。到目前为止，全国已有20多个省、市、自治区发现了酸雨。上海、南京、杭州、广州、武汉、重庆、成都、贵阳、柳州等地乃至北方的一些城市每年都有漫长的时期沉浸在酸雨和酸雾之中，面积之广、酸度之大，不亚于欧美各国，中国正在成为继北美、欧洲之后的世界第三大酸雨区。

（二）酸雨的分布

据近几年全国酸雨监测结果表明，中国酸雨的90％分布在秦岭、淮河一线以南的城市和广大区域，只有10％分布于该线以北的个别城市如青岛等。在秦岭、淮河一线以南地区，酸雨正在从点（工业城市）到面（区域）成片地迅速扩展，危害着上海、浙江、福建、广东、江西、安徽、四川、贵州、湖南、广西等20多个省、市、自治区。酸雨在空间分布上的另一特点就是"以工业城市为核心"向周围扩散，即酸雨由城市工业污染引起，又反过来更直接地危害着城市。这主要是中国城市工业烟尘废气排放是以低架源为主，故现阶段的酸雨灾害亦是以城市局地污染危害为主。据部分地点监测记录，四川的重庆、达县、宜宾，贵州的贵阳、遵义，湖南的长沙、洪江，江西的萍乡，广西的柳州和广东的韶关等，降水平均酸碱度已小于450，其中重庆和贵阳市酸雨的酸碱度已分别降低到3.35和3.44，与欧美及日本的重酸雨区的酸碱度接近或相当。在中国第一大城市上海，其市区雨水酸度就明显高于郊区，整个长江三角洲地区都是酸雨频发区，曾经观测到在14次连续性降雨过程中有13次出现酸雨。在武汉，酸雨也随着工业的发展和煤炭消耗量的增长而增加，在每年的梅雨期和降水量大的秋季，频频出现酸雨。在广州，全年每个月几乎都有酸雨出现，酸性降雨频率高达80％。在长沙，酸性降雨频率已超过60％。在重庆，由于特殊的地形条件，酸雨频率已达100％，成为中国最严重的酸雨灾区。在北方，也大范围内发生过酸雨，只不过由于北方的不少土壤呈碱性以及飞扬的碱性尘土对酸雨起了明显的缓冲作用，减轻了酸雨的危害性，即使如此，部分城市如青岛等仍然出现了严重的酸雨。

酸雨还具有季节性特点，如武汉的酸雨多出现在梅雨季节与秋季，广州则以春季和初夏最为严重，长沙主要集中在春季和秋季，等等。

（三）酸雨的成因

本来，正常的降雨也微呈酸性，但对农林牧渔业和人类社会没有危害，酸雨则是降水酸度增长并超过一定的临界点而致灾的一种污染灾害。因此，酸雨虽然是自然灾害，但追根究底是生产建设引起即人为原因引起的人为型自然灾害。

具体而言，酸雨的主要成因是工业废气导致的大气污染，如工厂烧煤、烧石油、机动车行驶、冶炼厂炼矿等，排出的废气中含有大量的二氧化硫和氮的氧化物，这些废气同空气中的氧和水蒸气化合，就变成酸性很强的硫酸、亚硫酸、硝酸、亚硝酸，凝成雨滴、雪花和雾，降落到地面上来。由此可见，废气污染是酸雨的直接致因，酸雨正是人类社会在向工业社会迈进中所面临的自然界的一种报复。

中国的废气污染是十分严重的，原因在于：一是中国总能量的74%依赖于煤炭；二是含硫低的煤炭多供出口，国内消费的煤炭大部分是高硫煤；三是工厂和电厂烧煤的设备很少安装脱硫除尘装置，煤中的硫黄成分原封不动地变成二氧化硫排入大气中。据统计，目前，中国年产原煤11亿吨，煤炭消耗加上其他废气，中国每年排入大气的烟尘约有1400多万吨（约占全世界1亿吨的14%），二氧化硫约1500多万吨（约占全世界1.46亿吨的10%强）。据1985年对30个大城市进行调查，平均浮游灰尘量达每立方大气0.6毫克，相当于日本的10倍。按照目前的工业发展速度和煤、油消耗量，到2000年，中国煤炭的消费量将突破14亿吨，如果不加以控制，仅工业燃煤排放的二氧化硫就将上升到2000万吨，如果再加上其他废气，排入大气的烟尘和二氧化硫将分别达到4000万吨和2400万吨，酸雨的影响势必给中国造成巨大的灾难。

对局部地区而言，影响酸雨的因素还应包括烟尘废气排放的高度、风及森林覆盖率。在国外，烟尘废气一般采用高架排放，有的废气飘越国界而变成"政治污染"，已引起了多起国家之间的争端。如加拿大对美国的抗议就是其与美国东北部连接的安大略地区深受美国的废气污染导致酸雨危害的原因所致。中国的烟尘废气一般采用低架排放，故多危害工业区局部地区。如果酸雨碰上有利的大气环流或风力条件，造成长程传输迁移，其危害范围就可能成百上千倍地扩展，中国酸雨正在由点及面并成片发展的事实表明了风力对酸雨的影响。森林覆盖率的高低是影响酸雨的又一个必须考虑的因素，因为森林是空气中氧的主要提供者，也是最自觉地维护生态平衡的自然卫士，中国在过去几十年对森林资源的破坏亦可以看成是加剧酸雨危害的一个因素。

从上述分析可见，粉尘废气污染是酸雨的直接致因，而粉尘废气的排放方式、风力及森林不过是对局部地区起影响，并不能真正消除或控制住工业污染对大气的损害。

（四）酸雨的危害

酸雨作为一种污染灾害，其危害是多方面的。主要表现在于：

1. 危害农作物

据科学家试验，当植物受到酸雨影响时，叶片最先受到损伤，然后再波及其他部分，其伤害随酸雨次数的增加而逐渐加重。如1982年6月18日晚，重庆市郊县长生乡降了一场酸雨，次日水稻叶片即褪色，下午转赤红色，数天内植物局部枯死，受害面积达1万余亩；1987年，酸雨污染了西南、华东、中南广大地区，受害农作物达4 000多万亩，经济损失约15亿元。此外，酸雨每年还给小麦、油菜、马铃薯、蔬菜等多种农作物造成大面积的危害。据有关部门提供的数据，广东、广西、四川、贵州等酸雨受害地区每年因此减产粮食5%～10%，酸雨正在成为农作物生产面临的又一重要灾种。

2. 危害林木

酸雨毁灭森林的事例并非只发生在德国等地，近几年来，在中国南方重酸雨林区，亦不断发现大面积的酸雨危害。如酸雨严重的南宁、梧州、柳州、桂林、河池地区的森林材积损失率就达10.9%；贵州酸雨受害地区森林材积损失率为15.4%；浙江杭州市余杭县是江南三大梅区之一，占地2 119亩，由于受到酸雨危害，使10里梅海只开花不结果；四川峨眉山金顶冷杉因酸雨侵袭死亡率达40%；四川奉节县茅草坝林场9万亩华山松因酸雨侵袭，已死亡96%；而重庆市作为酸雨重灾区，其街道绿化自新中国成立以来就已成批地更换过3～4次，全市林木损失率达22.15%，其近郊南山 27 万亩马尾松林普遍生长不良，死亡率达 46%。

3. 危害湖泊

当酸雨降落到地面并注入湖泊时，水体中的硫酸、盐酸、硝酸等就会大大改变湖泊的水体，导致湖水酸度增加，造成水产的孵化率、成活率降低，甚至直接死亡大量水产品。如 1979 年 3 月 15 日晚，在湖南、贵州毗邻的地方下了一场罕见的酸雨，次日早晨，人们发现许多湖泊、水库、池塘、稻田、水井等都是一片黑色。虽然中国的酸雨还未导演出像美国、挪威等国那样多、那样大的水产灾难，但湖泊的酸化是逐步积累的，如果酸雨的危害进一步加剧，"死湖"亦会在中国出现。

4. 其他危害

酸雨在中国的危害正在以极快的渐进的速度演化着，在其他方面的危害也已出现。例如，酸雨造成土壤酸化，减低土壤肥力，增强土壤毒性并危害食物；酸雨腐蚀金属材料，如重庆嘉陵江大桥的钢梁每年都必须除锈和涂漆，类似腐蚀各处可见；酸雨危害着建筑物，如西安钟楼、重庆大足石刻、贵州都匀文塔碑文等都被酸雨腐蚀。此外，酸雨危害着人类健康，美国、加拿大每年都有 5 万多人因酸雨污染而过早死亡，日本关东 1974 年 7 月 3 日一场酸雨使 3.2 万人患了眼病和呼吸道病，中国虽然还未有这方面的统计调查，并不意味着酸雨独独不损害中国人的健康。

（五）对酸雨的防治

酸雨危害人类，作恶多端，势在必除。对酸雨的防治最有效的就是减少烟尘和二氧化硫等气体的排放，要做到这一点，就必须寻找能代替煤的新能源，如发展风力发电、核电、水电等，尽可能降低煤炭消耗量。当然，我们又不可能回到"无煤的世界"，煤炭终归是中国最丰富、最廉价、最重要的能源，因此，加快原煤脱硫技术的研究，在电站，工厂的烟囱安装除硫装置，改造交通运输工具的排气装置等，就显得十分迫切和必要。对于已经受酸雨危害的农田、湖泊等，也应持"亡羊补牢，犹未为晚"的态度，定期添加石灰，减弱酸性，以期恢复生机。

根据中国环保部门的目标，在 20 世纪末工业燃煤的二氧化硫排放量要控制在 1990 年 1 495 万吨的水平上。要实现这一目标，中国就必须在现有的煤炭消耗水平上相应地削减数百万吨乃至上千万吨原煤消费量。1992 年，中国环境科学院和中国科学院生态环境研究中心等单位提出了"以湘桂走廊、广州市和韶关地区作为酸雨控制中心区"的对策，重点是控制煤炭消耗及废气排放量，但实施这一对策需要 150 亿元的投资。国家环保局曾提出征收工业燃煤二氧化硫排污费的方案，国务院环境保护委员会也专门召开过讨论会，但鉴于多方面的原因，上述方案没有顺利通过，如此巨额的投资至今为止还无法筹措，因此，资金问题将是中国防治酸雨灾害的关键所在。笔者认为，国家应当从长远的观点出发，即使现在付出一点经济建设的代价，也是必要的，将来一定会获得加倍的回报；反之，如果我们只顾眼前不顾未来，只顾工业不顾农业，酸雨酿成的严重灾难将一发而不可收拾。

十六、水污染灾害

（一）何谓水污染

有人称 20 世纪是环境污染的世纪。海洋出现了赤潮与黑潮，陆上出现了酸雨，而江河湖泊等的水污染更是成灾泛滥，洁净的淡水正在成为人类生活中的"奢侈品"。

所谓水污染灾害，是指水体因有毒物质、废水、垃圾等的介入而变质，进而危害人体健康，破坏生态环境的一种环境灾害。从起因上看，它完全是一种人为型自然灾害，即由人为的有机物污染（如城市生活污水、各种工业排放的废水、农田排水等），有毒物质污染（如农药、有毒化合物及汞、镉、铜、锌等重金属）、热污染（如发电厂等工业的冷却水）、油污染（如石油泄漏等）、病原菌污染（如血吸虫等）、放射性污染等引起，又反过来通过渐发或突发的方式来危害人类生产与生活的各个方面。

然而，除少数突发的、显现的水污染灾害能稍微刺激一下人类的麻木神经外，由于绝大多数水污染灾害都是渐发的，不像水灾、风灾等各种自然灾害那样直接、明显，可以立即计算出伤亡人数和财产损失，因此往往被人视而不见。人们似乎已默认喝着有污染的水、用着有污染的水是一种"正常"生活。对绝大多数人而言，危害程度越来越严重、危害范围越来越大的水污染灾害不过是环保部门或环保专家的急事，人们给予的关注反不如一场火灾、一起空难。殊不知,水污染灾害造成的损害后果绝不亚于各类突发的自然灾害和人为事故灾害。

据有关国际组织研究,全球排入水体的污染物每年为 4 200 亿吨以上,相当于 8 条黄河的年径流量。单以海洋统计,每年接纳石油约 1 500 万吨、汞 1 万多吨、铜 20 多万吨、农药数 10 万吨、塑料数 10 万吨等。如此多的污物排入,水体焉能不脏?水污染每年给世界造成的经济损失为 2 500 亿美元,其中美国为 250 多亿美元。全世界 80% 的疾病与缺乏干净的饮水有关,每年有 7 亿人因饮水不洁而致病,在每年死亡的 1 800 万儿童中,约有 50% 的死因与饮用水不良有关。例如:1953 年,日本九州岛水俣市(化学工业城)氮肥厂上百吨汞流入八代湾,污染了水,被鱼、贝吞食,人吃了这种鱼、贝即得病,中毒者达 3 万多人,死亡 1 000 多人;从 1977 年起,水俣市耗资 2 亿多美元才挖掉海湾含汞污泥。70 年代,印度南部一水库受污染,造成周围居民有 600 多人终身残废。1986 年 11 月,瑞士一化工厂毒物泄漏,造成莱茵河特大污染,致使瑞士、德国、法国、荷兰 4 国进入紧急状态,30 吨剧毒物质构成 70 公里长的微红色漂带向下游流去,仅德国水域就死亡鱼类 50 多万条,莱茵河至今仍未恢复生态生机,等等。

面对着如此巨大的损失和危害,人类焉能不急?因此,早在 1972 年 6 月 5~16 日,联合国就首次召开了有 113 个国家参加的斯德哥尔摩人类环境会议,通过了一个全球性保护环境的行动计划和《人类环境宣言》,将每年的 6 月 5 日作为世界环境日;接着,联合国又决定 1981—1990 年为"国际饮水供给和卫生的十年"。应该说,国际社会对水污染所给予的重视是足够的,但 10 年过去了,人类自己制造的水污染并未得到改观,1991 年海湾战争中,伊拉克将科威特上千口油井破坏,烧毁原油约 5 000 万吨,泄入海洋 100 多万吨,更是造成了空前的劫难。同一时期,中国的水污染也在继续恶化之中。

(二)水污染的危害

中国水污染的恶化和危害性绝不亚于欧美国家。

据有关部门调查统计,中国每年排放未经处理的废水约 350 多亿吨。在每天排出的 8 000 多万吨工业污水中,有 80% 以上未经处理直接注入江河湖海;全国火力发电厂每年直接排入江河的粉煤约 1 000 万吨;再加上城市生活废水、航行和油船事故泄漏、施用农药化肥后的农田水等的注入，全国已有80％的河流受到不同程度的污染，城市河段水质污染在逐年扩大，部分河流已变成死河、臭河，这种恶劣的水污染还在因工业化和城市化的发展而加剧。

以沿海为例，污染使我们的海洋渔场几乎遭到毁灭性的破坏。据报道，中国的渤海、黄海的油污染已超过标准50％。1988年7月26日，《光明日报》头版头条发表《胶州湾海域环境污染严重》的报道，反映了10多位海洋学家"救救黄海明珠"的呼声。1989年5月15日，《人民日报》的一篇报道中提到"渤海北部，山海关至大凌河口之间归锦州市所辖的400公里近海和滩涂，水产富饶，过去有'黄金海岸'之称，如今，这里的污染日甚一日，水产品的种类和数量大减，有的滩面已成为无生物区，环保和水产部门人士预言：长此下去，海生动植物就有绝种的可能，'黄金海岸'将变成荒滩"。1989年5月13日，《营口日报》发表了一篇题为《一个危险的信号——营口近海水产资源在衰减》的报道，可怕的污染使营口近海丰富的鱼虾资源由过去的10多种变得仅剩下"两虾一蜇"了。1989年10月31日，《辽宁日报》报道《渤黄海鱼类面临灭顶之灾》，一篇篇报道详尽地刊载了城市与工业对辽东湾、锦州湾、莱州湾、塘沽、大连湾、鸭绿江口、胶州湾等渤黄海域的严重污染。素有"百鱼摇篮"之称的渤黄著名渔场已多年形不成鱼汛，渤海的小黄鱼、带鱼、鳓鱼、鲷鱼与黄海的大小黄鱼、河蟹、银鱼几乎绝迹，过去大众喜食的对虾已成桌上珍品。在东部沿海，长江携带着数10座大、中、小城市的垃圾与污水流入东海，上海、杭州、宁波等市每年又倒入30多亿吨污水（仅上海市每年流入东海的人粪尿就达500万吨）。此外，近10多年来，沿海又办起了成千上万家乡镇企业，各种污染已使中国最大的渔场——舟山渔场的捕鱼量逐年减少，如该渔场在1974年捕鱼量达100多万吨，每年为国家提供一半的商品鱼，海洋水产量占全国的1/3，到目前却只能维持在40～50万吨的水平上，污染已使许多鱼群逃向外海。在南海，珠江三角洲等地区的工业高速发展和南海石油资源的开发，亦使南海海域面临着污染的严重威胁。

水污染对淡水资源的危害更加触目惊心。据统计，在中国78条主要河流中，有54条已受到污染，其中14条受到严重污染；在5万条支流中，有75％以上受到污染。在全国近年来已调查的近10万公里长的江河中，已被污染的河流长达1.8万多公里，其中1.26万公里河段的水已不能用于灌溉，鱼虾绝迹的水体达数千公里，许多河段在不是汛期时，实际上已变成了污水沟。在东北，辽河水系中的主要河流太子河，由于本溪、鞍山等市的严重污染已高位"瘫痪"，成为有名的"黑水河"，鞍山河段鱼虾已完全绝迹。浑河因抚顺、沈阳等市的污染，几乎失去自净能力，枯水期间河水基本上被污水所代替，成了天然的"排水沟"。大辽河（太子河、浑河汇流处至营口入海口）已基本失去了生命力，在6～8月更是污水河。即使辽宁省最大的辽河以及自成一家的辽西河，也均已进入了"高烧"的境地。1990年7月3日，《中国环境报》曾以《贫困交加的水》为题记述了作为其支流的锦西市五里河，有一年因河面上的浮油起火，竟使京沈铁路一度停运的奇闻。松花江曾被《我的家在东北的松花江上》《浪花里飞出欢乐的歌》等歌曲咏唱，但清净的江水在近30年的开发中遭受着污水的折磨，正在唱着呜咽的歌。嫩江、第二松花江、牡丹江、蝴蝶河、小清河等等，均是如此，东北再无洁净的河。在西北，渭河正在散发着臭味，西安地区的河流全部被污染，著名的漳河水已严重变质。在中部，举世闻名的长江每年承受着重庆、武汉、南京等数10座城市数以亿吨计的污水，某些河段的垃圾成带状绵延几公里。湖南的第一大河湘江搬运着柳州、衡阳、株洲、湘潭、长沙的垃圾与污水，在长沙附近的江边垃圾成堆长达5公里。黄河被污染，淮河被污染。黄浦江作为上海市1 000多万人的唯一水源，早已成为一条无盖的下水道和垃圾桶，1987年恶臭期突破100天，1988年恶臭期达到229天。据水样分析，黄浦江水含有有机化合物700多种，酚含量超过国际标准的30倍，市民饮用江水每人一天实际上至少要喝一汤匙的尿水。不用再罗列了，"清江秀水"在中国的许多地方已不知为何物！

与此同时，全国湖泊水库的污染现象也在发展之中。洪泽湖、太湖、鄱阳湖、洞庭湖等大型湖泊的一些支流入口处水质已明显恶化。如1984年，骆子湖仅一次水污染事件就使45万亩水面被污染，损失鲜鱼100余万斤。1984年12月，陕西富平某化工厂将大量未经处理的工业有毒废水排入温泉河，严重污染了下游的几座水库，仅鱼一项就损失6万元。

饮用水源的污染问题简直到了令人难以忍受的地步。据一份历时5年的国家重点科研项目"全国生活饮用水水质和水性疾病调查"结果证实：全国约有7亿多人饮用超标准量大肠菌水；约有1.7亿人饮用受有机物污染的水，其中约有7 000万人饮用高氟水，3 000万人饮用高硝酸盐水，5 000万人饮用高氯化物水；还有1.1亿人在饮用高硬度水。在城市，自来水源的80%受到不同程度的污染，如污染属中等水平的南京的自来水中就有73种污染物；沈阳市监测的132眼水井中有91%达不到生活用水标准，许多城市饮用水源污染已严重影响到市民的健康，迫使政府不得不耗费巨资改引水源。

看了上述材料，就不难理解这样一些可怕的事实：在1980年的一个统计报告中，全世界约有2.5亿B型肝炎病毒携带者，中国占有其中的1亿以上；全世界每年死于肝癌者有25万多人，中国占其中的40%以上。

（三）水污染的治理

尽管中国的水污染危害如此之大，每年造成至少70亿美元的经济损失，但人们却依旧在污染。一些地方或部门为了眼前利益而不惜毁灭人类的生命之源——水。中国的经济建设已在高速发展中，付出的环境代价也十分高昂，西方国家水污染灾害的教训和我们自己正处在严重的水污染环境，应该促使我们下定决心来保护水资源了。

具体而言，笔者主张：

1. 树立发展生产与保护环境并重的指导思想

无环保措施的生产的发展是破坏环境尤其是污染水资源的主要因素。近10余年来许多地区只顾上企业、上工程而不考虑环境代价，如乡镇企业遍地开花，不要说农田受污染，许多农村地区甚至已难喝到一口净水，一些地方走的是以"先污起来"为代价的"先富起来"的发展之路。对此，笔者主张加以制止，即各地区即使是牺牲一点经济增长速度也要保护我们的环境和水资源不受污染，因为我们没有权利为了自己的发展与享受而去毁灭子孙后代的财富；况且，在中国10多亿人口已经构成对水资源的沉重压力的条件下，水污染灾害一旦大范围造成，就会一发不可收拾，中国将付不起西方发达国家现在正在付出的代价。因此，在发展的同时将水资源的危机摆到同等的位置上，将有利于中国的长足发展。

2. 设立权威的管理部门，建立严格的规章制度

要保护水资源不受污染，必须有权威的管理部门，目前的多头污染、管理不力的局面急待改变。赋予国家环保部门对环境灾害的绝对管理权威，不允许工业、生活污水和垃圾直接排入水中，禁止使用长效剧毒农药及有关化学药剂，加强对航运尤其是油轮的管理，等等，将有效地截住污染源。

3. 企业为主，多方筹资，加强污水处理工程建设

发达国家的城镇和工厂大多建有污水处理厂，如瑞典每5 000人就有一座污水处理厂，美国每万人有一座。而中国泱泱10多亿人口，直到1980年才在北京建起了第一座废水处理工厂，至今在有3亿多人口居住的城市中也只建有50座左右的污水处理工厂；即使是技术力量最雄厚的上海，其处理污水能力仅占每日排出的500多吨污水中的4%。在污水处理中，国家应该统筹安排，通过向企业筹资、财政补贴、处理收费等政策来筹集资金，加快污水处理工程建设。唯有污水处理工程建设与生产发展同步，才可能在生产发展的同时将水污染控制在现有水平上，为逐步减轻其危害奠定基础。否则，减轻水污染就只能停留在纸面上，后果必然是"越减"越重。

我们接受着江河湖海的无限恩惠，把黄河、长江等称为我们民族的"母亲河"，可我们却以垃圾和污水回报。美丽、辽阔的大海在变污，无数的江河湖库在呼救，大批的鱼虾在死亡、在逃生，数以亿计的人民在污水困扰下生存，越来越多的土地正在饮"鸩"止渴，而水污染不仅没有停止，反而在成倍加剧，近海濒危、渔场濒危、江河湖库濒危、居民健康濒危等消息还在不断传来，正在加剧的水污染灾害告诉我们：人们在把江河湖海变成垃圾场、废水池的过程中，也把自己抛了进去。所有这一切都表明：减轻水污染、控制水污染在中国已刻不容缓。

十七、病虫草害

（一）生物灾害与病虫草害

在自然界，人类与各种动物、植物和微生物相互依存，编织出一个个绝妙的生态环境，但一旦失去平衡，生物灾难就会接踵而至。如大量捕杀鸟、蛙、蛇，使老鼠、害虫泛滥成灾（鼠害将在下一章中单独研讨）；用化学药物捕杀害虫天敌，又增强了害虫的耐药性，从而更加猖獗；环境污染，为蚊、蝇提供了孳生的乐园；盲目引进，异地迁移，外来植物排挤土著植物，等等，均会酿成生态灾难。

生物灾害损害人类社会的表现方式有：

1. 直接导致人畜伤亡

如各种猛禽、猛兽、疯狗、毒蛇、鲨鱼、鳄鱼等都可能直接威胁着人类的生命安全。如1907年，印度的一只母老虎在被击毙前共吃掉436人；1945年，缅甸兰里岛沼泽的鳄鱼一天吞噬了900人；1993年2月5日上午10点，中国内蒙古突泉县太和乡和丰村遭狂狼袭击，在22小时内流窜4个村、12个自然屯，咬伤17人，其中重伤15人，咬死咬伤牲畜83头，造成直接经济损失10多万元。

2. 间接危害人畜

如鼠疫自纪元以来造成了2亿多人死亡，被称为烈性传染一号病；血吸虫病夺去了无数人的生命，被人称为"瘟神"；各种病虫害对人畜的危害不计其数。

3. 危害农牧林业生产

如农作物病虫草害、畜禽病虫害、林业病虫草害，都会危害各种动、植物生长，造成减产减收。据联合国粮农组织估计，全世界谷物生产因虫害常年损失14%，因病害损失10%，因草害损失5.8%，病虫草害夺去了农作物产量的30%。如1845—1849年，阿根廷、爱尔兰因马铃薯瘟病导致绝收，饿死150多万人，另有160多万人逃亡国外，造成历史上著名的"爱尔兰大饥荒"；1870年一种真菌毁灭了斯里兰卡的咖啡，使咖啡之国不得不改种茶树；1945年，孟加拉水稻胡麻叶斑病大发，造成严重减产，饿死约200万人。作为主要虫灾的蝗虫灾害，危害人类已逾千年，至今仍在非洲等大陆猖獗，如1977—1978年东非大蝗灾危害埃塞俄比亚和索马里等国，致饿死25万余人，并在非洲40多国蔓延，给非洲大陆制造了一片凄惨的景象。在中国，每年因病、虫、草、鼠害损失粮食达400亿公斤，损失棉花400万担，常年经济损失在100多亿元以上，每年防治费用仅农药一项就达30多亿元。

一般而言，生物灾害对人的直接危害正在得到控制（如中国曾一度消灭了血吸虫病），造成人畜伤亡也只能算是局部或个案灾变现象。然而，作为生物灾害的最主要的种类——病虫草害，却仍然在大面积、大范围地危害着人类的农林牧渔业生产，这种危害正在变本加厉地进行着，成为农林牧渔生产面临的主要灾害。正鉴于此，笔者特将鼠害单独列文阐述，将血吸虫病等纳入传染病灾变，本文则专门以病虫草害为研究对象。

（二）农作物病虫草害

1. 农作物病害

中国常见的农作物有 50 多种，其中水稻、小麦、玉米、棉花、大豆是最重要的农作物，而农作物病害数以百计。仅在中国发现的水稻病害就达 50 多种（全世界已发现的水稻病害达 240 多种），小麦病害 50 多种，玉米病害约 40 种，棉花病害 40 多种。主要的农作物病害有稻瘟病、白叶枯病、小麦锈病、赤霉病、玉米大斑病、棉花枯萎病、大豆病毒病等。农作物病害严重地危害着农作物的生长、产量和品质，轻则损失 10%～20%，重则可高达 50% 以上，因而是制造饥荒的根源之一。

例如，在小麦病害方面，中国于 1950 年和 1964 年曾发生过两次大面积的小麦锈病，危害面积达 1～2 亿亩，损失小麦分别为 60 亿公斤和 32 亿公斤；1980 年麦类赤霉病在长江流域流行，仅小麦就损失 5 亿多公斤。在水稻病害方面，每年都要大面积发生。如江苏扬州地区在 1970～1980 年的 10 年间，水稻白叶枯病大流行年就有 3 次，每次发生面积均达 200 万亩左右，都要损失稻谷 5 000 多万公斤；1982 年，全国仅水稻纹枯病发病面积就达 20～30 亿亩次，减产约 5 000 多万公斤。在棉花病害方面，1973 年病害面积占统计面积的 10%，1978 年为 12%，1979 年达 18.2%，1981 年到 19.4%，在不到 10 年的时间内，棉花发病面积增长了约 1 倍；1982 年则接近 30%，危及 21 个植棉省、市、区，现在全国常年因枯萎病、黄萎病损失皮棉约 200 多万担。在玉米病害方面，1967 年河北省石家庄等 4 县市的 26 万亩夏玉米大小斑病混合发生，其中 20% 的面积因病减产 80% 以上，50% 的面积因病减产 30% 以上，损失玉米达数千万公斤；1974 年，玉米大斑病在吉林流行，发病面积达 4 000 多万亩，仅长春地区就损失玉米 1.6 亿公斤；据云南、贵州、辽宁等省市不完全统计，每年因丝黑穗病损失玉米为 6.5 亿公斤，等等。

2. 农作物虫害

在农作物生物灾害中，虫害更甚于病害，其危害方式主要是直接取食作物，同时传播作物病害，其中蝗虫、螟虫、黏虫、蚜虫等危害最大。在中国历史上，虫灾的记载仅次于水、旱灾害，与水灾、旱灾并称为中国三大自然灾害。1988年,全国因虫害损失稻谷就达30.5亿公斤。

以蝗虫为例,据统计,从公元前207年到公元1935年间,全国发生796次大蝗灾,平均三年一次,每次都造成大饥荒。如1927年山东、浙江两省蝗虫遍地,仅山东就有700多万人逃亡关东或沦为乞丐;1929年的蝗灾使3 600多万亩农田受害,损失达1 000多万银元;1944年发生的大蝗灾,约有5 000万亩庄稼被吃掉,造成了河南、山西的严重春荒;新中国成立后,中国虽然基本控制了蝗虫灾害的蔓延,但仍有2 000多万亩蝗区面积尚未改造,稻蝗、土蝗的发生面积仍有4 000万亩,且有上升趋势。它主要集中在山东与江苏的滨湖地区、渤海及黄海等沿海地区、河北与山东的内涝地区以及黄河、淮河水系流域,严重威胁着农业生产。如1991年山东春光县12个乡镇发生蝗灾,2天时间就吞食掉10万多亩农作物,不能不令人担心飞蝗成灾再蔽日。螟虫遍袭全国,既危害着水稻,又危害着玉米,新中国成立以来,水稻螟害率占播种面积的10%~20%,常年发生面积2.4亿多亩;玉米螟害面积常年为1.5亿亩,损失率达10%~15%。黏虫是又一种重要的害虫,历史上有"食稼殆尽"和"伤禾苗、夏无麦"的记载。从北魏到清末,黏虫泛滥造成重灾达49次;新中国成立后大面积黏虫在70年代就发生过6次,每次危害面积在1亿亩以上。小麦吸浆虫害近年来回升很快,受害农作物一般减产30%~50%。棉铃虫自20年代以来几次大爆发,1992年又在河南泛滥成灾,该省受灾面积达5 000多万亩次,加上玉米、大豆等作物,受害面积达1.8亿亩次,皮棉总产较1991年下降35%,减收皮棉1.98亿公斤,仅此一项的经济损失就达13.86亿元。防治棉铃虫害农药投资达16亿元,比往年增加投入6亿元,全省总计因棉铃虫所致的损失为20多亿元。虫害对农业生产的危害之烈、之深由此可窥一斑。

3. 农作物草害

除了饱受病虫害的侵袭,农作物生产中的草害也相当严重。杂草对农作物的危害方式主要是争夺阳光、养分、水分并导致农作物减产。在幅员辽阔的中国,能造成危害的农田杂草约有500种,其中严重危害中国主要农作物的杂草有稗草、马唐、野燕麦、牛筋草、香附子等20种。它们主要分布在珠江流域、长江中下游区域、黄淮海地区、松辽平原、黄土高原、青藏高原、云贵高原、西北地区8个区域。

据统计,全国年均受杂草危害的面积达7亿亩次,其中稗草危害农作物面积为1.8亿亩左右。每年因草害减产平均为9.7%左右，其中受杂草害的水稻、小麦、玉米、大豆、棉花作物面积分别为2.5亿亩、2.4亿亩、1.1亿亩、0.73亿亩、0.5亿亩，损失率分别为13.4%、15%、10%、19%、14.8%。损失稻谷约130亿公斤、麦子40～50亿公斤、杂粮（玉米等）25亿公斤、大豆5亿公斤、棉花500万担。以西南地区为例，仅外来恶性杂草紫茎泽兰草就每年造成云南农业损失4亿元（导致减收及增加投工）。

由于病虫草害对农业生产的危害后果是损失粮食，因而成了导致饥荒的重要灾变，历史上曾发生过多次人虫之战、人草之战，唐明皇食蝗、姚崇捕蝗曾被载入史书，后人称颂。社会发展到今天，人们不再谈虫色变了，但若掉以轻心就会付出沉重的代价，新中国成立后的许多农作物病虫草害事例已经证实了这一点。

（三）养殖业病虫草害

1. 养殖业病害

对养殖业而言，疫病尤其是传染病是最主要的灾害。在国际上，马耳他曾因一飞机上的残渣带入牲畜传染病毒而导致该国牲畜死绝，并停止养猪3年，创下了一种传染病致使一国牲猪绝种的奇闻。畜禽传染病在中国，具有分布广、种类多、适应强、危害后果十分严重的特点。如口蹄疫、炭疽病、蓝舌病、牛瘟、马瘟，以及各种动物瘟病、布氏杆菌病、结核病等，均造成过大范围的动物传染，导致大批动物死亡。

以湖北省1980—1988年的猪丹毒发病、牛出血性败血症统计资料为例，在这一期间，共计牲猪丹毒发病数为108.4万头，年约12万头；其中死亡20.6万头，年均2.3万头，经济损失200多万元，几乎波及全省；牛出血性败血症年均波及20余县，8年间（缺1981年资料）共计发病数为1.3万头，年均1 600多头，其中死亡2 500多头，年均约300多头，每年损失30余万元。在禽病方面，1961年湖北省有51个县市流行鸡新城疫，病鸡率达500多万只，病死率达80%；1980年全省有26个县市流行禽霍乱，发病家禽4 988万只，死亡3 064万只；近年来，由于防疫工作的松懈，该省禽疫发病县数已占全省县市数的80%，损失亦在进一步扩大，不能不引起人们的警惕。

2. 养殖业虫害

害虫对养殖业的危害主要是寄生虫对畜禽的直接伤害和害虫对草场的危害。前者主要有蛔虫病、血吸虫病、锥虫病、虻等多种，危害着牛、羊、马、猪等各种牲畜和家禽，造成畜禽死亡的例子不可胜数；后者则是通过对草场的危害来损害养殖业的生产发展。如新疆的草原就蝗虫成灾，150多种蝗虫常年危害草原3 000多万亩，大发时每平方米最高密度上千只，将草场成片吃光，迫使畜场提前转场，经济损失很大。

3. 养殖业草害

草害对养殖业的危害有直接与间接之分。直接危害就是毒草导致畜禽死亡，如麦仙翁、曼陀罗、大巢菜等都是有毒杂草，凡畜禽碰上或吞食，均会造成中毒现象，甚至死亡；间接危害则是影响牧草或饲料作物生长。如1977年，云南省仅马匹受外来的紫茎泽兰草害影响就损失4 000多万元，其中宜良县竹山区一个区就因紫茎泽兰草害死马374匹，病马500多匹，牧业经济损失达30多万元。

由此可见，病害是养殖业的主要灾种，虫害和草害亦是养殖业生产中的重要生物灾害。

（四）森林病虫草害

森林病虫草害是森林的一大公害，它与森林火灾、乱砍滥伐被并称为森林"三害"。中国幅员辽阔，森林生态环境复杂，为导致各种生物灾害的病原物、昆虫等提供了滋生的场所。据统计，在50年代，全国年均森林病虫害发生面积为1 286.5万亩，80年代中期增至1.3亿亩，占全国森林面积的6%；1988年达到1.4亿多亩。据典型调查测算，每年因病虫草害危害减少的林木生长量在1 000万立方米以上，因受害严重而枯死的森林面积约500多万亩，约占每年造林保存面积的12.5%，经济损失达15亿元，相当于每年林业基本建设投资的1.76倍左右。

1979年以来的普查表明，中国有森林病虫害种类近8 000种，其中危害较大的有2 000多种，最常见的有松毛虫、天牛、竹蝗、松梢螟、蛾虫等害虫，以及落叶病、枯梢病、炭疽病、枣疯病等病害。例如，近年来发生松毛虫害的松林面积4 000多万亩，占全国松林总面积的8%以上，仅此一项就减少林木生长量370万立方米。在"三北防护林"，每年受病虫害危害的面积为1 000万亩左右，约占整个防护林的70%。陕、甘、宁三省有6 000多万株杨树遭受黄斑星天牛的危害，枯死的树木竟达1 000万株，直接经济损失1.5亿多元。泡桐作为华北、中原地区的主要平原绿化树种，近年受大袋蛾危害，仅河南省受害树就达1.8亿株，占总数的45%。在60～70年代经过防治已经得到控制的竹蝗，近些年又在中国的广大竹产区形成新的危害。1973年，浙江发生毛竹枯梢病，面积为50万亩，枯死新竹480万株，经济损失600多万元；1987年，浙江又发生竹卵圆蝽虫害，受害竹园22万亩，毛竹枯死率高达70%以上。

尤其值得指出的是，从国外传入的一些危险性病虫，传播扩散快，危害大。如70年代末由港澳传入广东沿海的松突圆蚧，1983年在广东省发现时受害面积只有171万亩，涉及9个市（县），到1989年发生面积已扩大到897万多亩，扩散到24个市（县），经估算，1983～1987年累计造成经济损失9.5亿元。1979年首次在辽宁省发现的美国白蛾，1982、1984年又先后在山东、陕西省发现。1982年在南京市中山陵的黑松林首发现的松材线虫病，被称为松树"癌症"，是一种世界闻名的植物毁灭性病害，当时只有265株受害枯死，到1989年底，已扩大到三省16市（县），发生面积为50多万亩，已砍枯死树近百万株。这些森林病虫害仍在蔓延，对中国林业生产已构成了严重威胁。

杂草对林业的危害主要是造成造林成本扩大而引起经济损失。如云南宜良县有宜林荒山14万亩，均被外来的恶性紫茎泽兰草侵占，致使造林费成倍增加。据云南省林业厅计算，该省每年因紫茎泽兰草害，造林费用要多投资2.44亿元。目前，紫茎泽兰等恶性杂草已扩展到四川、贵州、广西等省、区，对林业生产造成极大危害。

（五）对病虫草害的防治

由于病虫草害主要危害着农林牧渔生产，其灾害表现形式又不似水、旱、风灾等显现，往往被视为农业、林业部门的事或农民的事，很难像突发的火灾、爆炸、地震等突变能刺激我们那疲惫而又麻木的神经；然而，前述多个触目惊心的事例应该充分展示了中国病虫草害危害的严重性。因此，人类社会在重视气象、地质灾害和意外事故灾害的同时，也应该对生物灾害尤其是病虫害的减灾工作加以高度重视。

对病虫草害的防治，笔者认为，保护生态平衡是治本之策。具体而言，应采取下列对策：

1. 建立和完善病虫草害防治体系

如建立病虫草害的监测预报网络、动植物检疫网络和病虫草害防治服务网络，三者有机结合，以农林部门为主，走多部门协作防治的道路，将有力地推动全国的病虫草害防治工作。目前，急待完善监测预报网点，加强动植物检疫和防治服务工作。

2. 广泛应用生物防治法

病虫草鼠等各种生物灾害，说到底是生态失衡的表现，要想从根本上解决病虫害，就必须广泛应用生物防治法，如保护病虫害的天敌（如青蛙、蛇等），招引各种益鸟（如啄木鸟、大山雀、猫头鹰等），利用动物捕食和病原微生物防治病虫害，都会取得长久的减灾效果。如白僵菌是松毛虫的克星，每亩施放10多条带菌虫，就可保证全片森林无虞；再如1979年新疆阿勒泰治蝗指挥部就实行过牧鸡治蝗，鸡群日出夜归，每只鸡平均一天吃蝗虫千余只，治蝗达80平方米，既避免了化学药物喷杀所造成的污染，又控制了蝗灾，喂养了鸡群，实践证明是一种防治病虫害的有效措施。

3. 物理、化学方法与人工方法并用，开展综合治理

如用灯光诱杀、辐射不育、浸种、涂胶、红外线处理等物理方法来消除虫害；用化学药物防除病虫害及农田杂草，及人工防治病虫草害都会取得十分显著的效果。但是，在使用化学药物时，必须坚持"高效、安全、经济、适用"的原则，以避免留下严重的后遗症。

4. 严格检疫制度，精选种子，避免病虫草害从外流入

一方面，要对国外引进的种子严格检疫，禁止输入国内没有或尚未广为传播的病、虫、草害的种子，避免病虫草害由外流入；另一方面，对国内某些地区性的恶性病虫草害也应通过加强对动物及植物种子、秧苗的检疫工作，避免传入别的地区。如野燕麦在60年代初仅限于青海、甘肃、黑龙江的部分地区，后来由于种种原因，检疫不严，致使这种草害传播到全国10多个省、区，成为全国性的草害，这一事例应当作为深刻的教训而引以为诫。

5. 加快研制和推广高效、安全的病虫草鼠防治药物很有必要

在中国历史上，人工捕蝗曾有效地抑制过蝗灾，但时代发展到今天，人工投入的经济意义已远非古时可以比拟，因此，从对病虫草鼠等生物灾害的防治效率来看，在保护生态平衡的基础上，依靠科学技术的发展对病虫草等各种生物灾害进行药物防治应被放到重要的位置上来。

十八、鼠害

（一）鼠类及其对人类的危害

鼠类，是人类讨厌的邻居，其生命力和繁殖力十分惊人，无所不食，原子辐射也不怕，在南北极照样生长，因而遍布全球每一角落。鼠害，则是传播疾病、糟蹋粮食、危害农作物生产和林木生长的主要生物灾害，老鼠甚至直接咬死、咬伤人畜。"老鼠过街，人人喊打"表明了它是人类千百年来面临的既令人厌恶又无法消除的重要灾种。

据统计，全世界约有鼠类近 3 000 种，中国约有 160 多种。历史上危害最大的是由鼠疫病毒引发的鼠疫，其次是农田的田鼠、居民点或工矿企业的家鼠、草原的沙鼠、林地的山鼠。联合国粮农组织的一份调查资料表明，全世界每年有 350 多亿公斤粮食被鼠吃掉，这些粮食可供 1 000 万人口的大城市用 20 年，仅此一项就价值 170 多亿美元；美国抽查粮食样品 1 000 份，被鼠污染率达 70%；同时，老鼠还咬坏衣物、家具、车辆、电线及一切人工建造物，制造事故，破坏草原植被，啃食苗木，造成草原沙漠化和森林退化；等等。因此，鼠害是人类社会面临的共同灾难。

在人类社会发展史上，人鼠之间已多次大规模地交锋，三次流行全世界的大鼠疫就造成过 2 亿多人的死亡。

公元 520—565 年，世界公认的纪元后第一次全球性鼠疫大流行。它起源于中东鼠疫自然疫源地，流行中心为地中海沿岸，之后传到北非、中东和欧洲，几乎蔓延到当时所有著名国家，流行持续近 50 年，1 亿人因鼠疫而死亡。14 世纪中期，第二次鼠疫大流行，遍及欧洲、亚洲和非洲北海岸，据推测当时欧洲约有 3 000 万人死于鼠疫，美丽无比的意大利和英国死者达人口的半数，其中佛罗伦萨城死 10 多万人，人尽城空。本世纪初至中叶，鼠疫从中国南方经海路向世界各地传播，至少导致 7 000 万人丧生。即使到了现阶段，鼠疫也还时有发生。至于鼠类的其他危害就更加普遍了。

1978～1981年间，由于1973年爆发的第4次中东战争（以色列入侵埃及）使苏伊士运河许多城市被破坏，人去屋空，老鼠成灾，数千万只老鼠横扫尼罗河三角洲，抢吃粮食、瓜果、蔬菜，毁坏一片片农田，甚至咬坏人畜，使工厂停产；在洗劫了农村后老鼠向城市和埃及首都开罗挺进，以至于埃及政府于1981年5月宣布进入紧急状态，以灭鼠作为压倒一切的头等大事，一名国务部长指挥1.3万名灭鼠队员逐村逐城地灭鼠，仅在一个小镇灭鼠一周就消灭了92万只老鼠，经过一年的艰苦作战，才压下老鼠的凶焰。

1985年3～4月，北欧挪威的旅鼠从冬眠期苏醒过来，吃光了几万平方公里的草木和庄稼，咬伤婴孩和牲畜，给挪威造成了空前的损失。

在印度，老鼠制造了大片沙漠。在400多年前，印度塔尔沙漠腹心有一座20多万人口的大城市（即拉贾斯坦邦的比卡内尔市），人们一向安居乐业。然而，由于一方面人口增殖失控、滥垦滥牧，另一方面印度教又反对杀生，甚至奉鼠为神，致使老鼠获得了无限制的增殖机会。该种鼠类与畜群抢夺草食（6只老鼠相当于1只羊的食量），终年不停地挖洞，几万平方公里草原一片狼藉，终于逐步变成了沙漠，牧场、农田为沙丘取代。

由此可见，鼠类虽小，危害却大，每年给人类造成的损失何止数百亿美元，绝不逊于地震、水灾等自然灾害。

（二）农田鼠害

自70年代以来，中国农区的鼠害就十分严重。至少有鼠30～40亿只危害着3亿亩左右的农田，每年被鼠吃去的粮食达50～70亿公斤；此外，库存粮食被鼠盗食数，按1‰推算，每年达30多亿公斤。

鼠类对农作物的危害一年四季都会发生，它啃咬庄稼、盗食粮穗、偷运储存，致使农作物减产减收。如1981年，据全国18个省统计，农田害鼠面积达1亿亩，其中山东省因鼠害绝产粮食作物8万亩；1982年，安徽省因鼠害绝产粮食10万亩；1983年，山西省发生大面积农田鼠害，绝产粮食30万亩；1984年，全国农田发生鼠害的面积为3.6亿亩，全年被鼠吃掉的粮食高达150亿公斤；1985年秋，广西都安县盖阳乡因大肆捕捉蛇，老鼠因天敌锐减而泛滥成灾，致使15万亩中、晚稻减产，其中3 000亩良田颗粒无收；1987年，全国受鼠害面积高达5亿亩，占全国农田面积的1/3。

据鼠害不太严重的湖北省1982~1988年的不完全统计，该省在这7年间，因鼠害损失粮食15.5亿公斤；年均损失2.2亿公斤；损失皮棉2 804万公斤，年均401万公斤；其他农作物损失2.77亿元，年均3 957万元，鼠害造成的湖北省农业损失年均总计达5亿元以上。全国每年因鼠害造成的农业损失至少在50亿元以上。

（三）牧业鼠害

鼠类对牧业的危害，主要表现在对草场的破坏方面。中国牧区鼠害与农田鼠害一样，亦是牧业生产的一种主要灾害。据多年统计资料分析，全国草原鼠害面积年均达5.6亿多亩，每年牧草因鼠害损失达2 800亿公斤，鼠害还使大片草场退化，以至形成"黑土滩"，水土大量流失，不能放牧。青藏高原、新疆、内蒙古、青海等牧区是牧业鼠害的重灾区。

以青藏高原天然草场为例，该草场可利用面积约18亿亩，但鼠害发生面积达2.5亿多亩，占14%左右，给畜牧业带来了很大的危害。在这一草场危害的主要有高原鼠兔、高原鼢鼠、高原松田鼠等。据有关部门估算，青藏高原草地至少有鼠兔6亿只、鼢鼠1亿只，每年消耗鲜牧草150亿公斤，相当于1 000万只藏系绵羊的食量，鼠类还成年累月地对草地挖掘、啃食，从根本上毁坏了畜牧业赖以生存的草地生态环境。类似现象在新疆、内蒙古、青海等省牧区常年出现，鼠害成为牧区制约畜牧业生产发展的重要制约因素。

鼠类不仅危害草场，而且还入室成灾，直接伤害禽畜。据湖北省农业部门统计调查资料，1983年，该省被鼠类咬伤耕牛1 161头，咬死咬伤牲猪4 006头，咬死鸡鸭4 200万只；1984年，鼠类咬伤耕牛506头，咬死咬伤牲猪2 362头，咬死鸡鸭2 700万只。由此可见，无论是草原还是在其他农区，是野外放牧还是圈养，鼠类都是直接造成畜牧业损失的重要致灾因素。

（四）森林鼠害

在全世界近3 000种鼠类中，对森林危害较大的有200多种，其中分布在中国的有数10种。根据其外形和生活习性，森林害鼠主要有松鼠、鼯鼠、鼢鼠、沙鼠、田鼠、仓鼠、姬鼠、巢鼠、社鼠等，它们啃咬多种针叶树、阔叶树及灌木的根系、树干、嫩枝、顶芽、果实和种子,既危害大树,更危害幼树和苗木,造成果树减收、树木枯死,并引发树木病害,从而被称为森林的死敌。

从森林鼠害的分布来看,有明显的地域性,危害树种、树龄有选择性,数量变动有季节性及周期性,其种类组成及数量变动与生态环境有密切关系。一般来说,原始森林鼠害较少,人工林和天然次生林中鼠害较重;幼树受害重,大树受害轻;林缘的树木受害重,林内的树木受害轻;阳坡、缓坡的树木受害重,阴坡、陡坡的树木受害轻;灌木杂草丛生、乱石多、卫生条件差的林地受害重,杂草灌木少、乱石少、卫生条件好的林地受害轻。从总体上看,中国的森林鼠害主要分布在北方省、区,以1983年北方部分省、区的不完全统计资料为例,林区害鼠发生面积600万亩,一般树木被害率为20%~40%,死亡率为20%以上,严重地区树木受害率达80%,死亡率达50%。

森林鼠害的加剧,除了其天敌削弱的因素外,还与人为活动有关,如大面积砍伐森林及乱砍滥伐、森林大火等改变森林环境的活动均可以为鼠类创造适宜的繁衍生存条件。

(五)鼠疫

鼠疫,是由鼠类酿成并传播的烈性传染病,在世界医学史上被称为一号病,长期以来与霍乱(即瘟疫,为二号病)、天花(三号病)并称为危害人类最严重的三大烈性传染病,曾夺去过亿万人的生命。在中国,古代文献对鼠疫的记载甚多,如公元610年巢元方的《诸病源候总论》中就有鼠疫流行的记载;公元652年,在药王孙思邈的《千金方》中亦有记载,而当时正是世界鼠疫大流行时期;在14世纪第二次世界鼠疫大流行时期,中国死于鼠疫者竟达1 300万人。

进入20世纪以后,鼠疫又在世界范围大流行,持续半个世纪。同一时期,中国有吉林、黑龙江等7个省、市陆续发生鼠疫。从1900~1949年间,中国鼠疫流行达到高潮时,共有20个省500余县发生鼠疫,发病人数达到110余万,死者达102万人。如1910~1911年,东北地区第一次肺鼠疫流行,死亡6万多人;1920~1921年,第二次肺鼠疫流行,死亡8 500余人;1945年8月~1946年2月,内蒙古乌兰浩特发生腺鼠疫,后蔓延至沈阳地区，半年之内，共20个县市199个点发生鼠疫，患病5 880人，死亡5 387人，死亡率达91.6%；1947年5~9月，内蒙古通辽县又发生鼠疫，并迅速蔓延到乌兰浩特、赤峰、哈尔滨等地的29个县市647个点，鼠疫病患者36 645人，死亡30 930人，其中通辽县患者15 710人，死亡12 771人。一些疫区出现"万户萧疏鬼唱歌"的可怖景象。

1948年，东北解放，人民政府加强了灭鼠工作，由于防疫队的艰苦工作，1948年虽然东北29个县408个疫点又发生大鼠疫，但是患病及死亡得到了控制。

除了东北地区鼠疫严重，在新中国成立前后，南至雷州半岛，北至东北地区，西至青海等地，东至山东地区，均存在着鼠疫灾害。老鼠成了危害人类的罪恶杀手。

新中国成立后，由于防疫得力，已使世界著名的通辽鼠疫自然疫源于1956年得到了控制，虽然此后也偶尔有鼠疫发生，危害却较小。正基于此，鼠疫作为鼠害对人类的危害方式之一已从第一降到了农田鼠害、森林鼠害等之后了。然而，中国在另外10多个省近200个县仍是鼠疫自然源地，随时都有可能爆发流行鼠疫，况且小范围的鼠疫仍有发生，如1983—1987年间，湖北省发生出血热、钩体病10.8万例，死亡1 256人，年均51人，其祸首就是老鼠。因此，抓紧防疫并永不松懈，是防止鼠疫再度流行的必要手段。

（六）其他鼠害

除了前述各种鼠害，鼠类还毁坏着建筑物和室内用品如家具衣物等，甚至酿成大的事故，咬死咬伤人的事亦常有发生。如1982年，河南沈丘县被老鼠咬伤的小孩就达87人，报界亦有多起鼠咬老幼者致死的事例的报道。至于老鼠造成的停电事故，更是数不胜数。

1978—1980年间，北京地铁因鼠害造成三次停电事故，以致全线停运，一片漆黑，最长的一次停电事故历时40分钟。

1980年春，一只老鼠窜入上海石油化工总厂热电厂的高压开关室副母线闸刀仓，造成短路而停电，致使这座特大型企业所有机器停转，生产一度陷入瘫痪，经济损失达1 700多万元。

1983年7月14日晚上10时，由武汉开往上海的"东方红10号"客轮驶至镇江港江面时，发生电机故障，客船盲目飘流，搁浅在沙滩上，经镇江港组织抢救并经 11 小时抢修，客轮才驶离浅滩续航，这起差点船翻人亡的事故竟是船上的老鼠咬断了阴暗处的两根电线所致。

（七）对鼠害的防治

减轻鼠害的危害，必须采取防与治相结合的方法，以防为主，辅之以治，相辅相成，才能收到最佳效果。

鼠害的预防，是指在鼠害发生之前，采取生物措施等来避免或减轻鼠害。换言之，是利用动物、植物和微生物来达到控制鼠害的目的。如黄鼠狼、猫头鹰、猫及蛇类等，都是老鼠的天敌，只要我们对这些动物加以保护，做到不滥捕，就可以有效地防止鼠类孳生蔓延；同时，禁止乱砍滥伐，保护森林资源，营造混交林和丰产林，增加造林密度，清理和消除杂草，并充分发挥某些植物对鼠类的驱避作用和某些微生物对鼠类的杀伤作用，将起到维护生态平衡、有效地防范鼠害的长久作用。因此，生物防治是防范鼠害蔓延、减少鼠类危害的治本之策。

鼠害的治理，是指在鼠害刚开始发生时，采取措施抑制和捕杀，如广泛应用机械、电击、声波、水淹等捕杀老鼠，施放对人畜无害的安全杀鼠药物，用化学、放射方法使老鼠不孕，发动群众灭鼠，并及时处理死鼠，避免酿成疫病或毒害其天敌，都将取得直接的减灾效果。

对于大范围的鼠害生源地，还应加强监测、预报工作。中国农业部植保部门和森林部门有这方面的专门机构，亦有多年监测经验和灾情资料积累，如果在此基础上能根据影响鼠害的诸要素进行综合分析研究，并适时给予预报，将会为有效地减少鼠害提供有利的条件。因此，要使鼠害的防治卓有成效，人类就必须科学、有序地开展防治工作。

总之，鼠类早于人类产生，是人类可恶的邻居，人鼠之战打了千百年，但人类还无法真正控制住鼠类的危害，在与鼠类的斗争中，人类还有很长的路要走，任何掉以轻心的行为都会造成局部或全局的严重损害后果。

十九、野生动物灾害

（一）野生动物灾害的含义

人类，是在与自然界其他物种的竞争中逐渐成长起来，并最终成为地球上最有力量的主宰者。竞争的绝对胜利，使我们今天不得不用法律来强制改变一系列传统的褒贬观念，如打虎、猎豹、捕象者已由昔日备受称颂的"英雄"沦为罪犯，这种"是非"颠倒现象的背后竟是自然法则在起作用。

根据自然法则，人与自然之间生态系统的目标应该是平衡与融洽，自然界各种事物之间有着相互联系、制约、依存的关系，在这个生态系统中，野生动物无疑是最重要的构成要素之一，我们不可能想象出一个没有野生动物的世界是什么景象，许多灾事已经证明，人类绝不可能在一个生态失衡的环境中正常生存下去。

所谓野生动物灾害，不是指野生动物对人类的直接伤害，而是指野生动物的灭绝和濒危导致的生态灾变，它实际上包括了三层含义：其一，野生动物资源是人类宝贵的天然财富，野生动物的毁灭，无论什么原因引起，都是人类社会财富的毁灭；其二，自然界相生相克的法则告诉我们，野生动物的减少会使生态失衡而致灾，如青蛙的减少会导致害虫的增加，猫、蛇等的减少会使老鼠泛滥成灾，等等；其三，一个物种的灭绝可能引起与之相关的20种左右的物种灭绝，引发出一系列生态灾难，而一个新物种的产生需要50万年。如若没有鸟类，就无法抑制昆虫成灾，所有的植物就会消失。可见，野生动物的剧减或灭绝，既是人类不当行为的后果，又是某些自然灾变的直接致因，因而是人类社会必须正视的灾难。

本来，物种的生灭是一种自然规律，但由于人类社会对生态环境的强烈影响，甚至是大规模的破坏性开发或捕杀，导致物种的灭绝速度在急剧加快，而新生速度却明显放慢。如空中飞鸟，在公元1600～1800年的200年间，灭绝25种，平均8年灭绝一种；而在公元1800～1950年的150年间却灭绝了78种，平均2年灭绝一种；现在，则已发展到了每3年就有两种飞鸟灭绝。

野生动物灾害的发展，已引起了国际社会的普遍关注。1989年，在西班牙首都马德里，全世界声望卓著的生物学家共同发出了震撼全球的警告："全世界将有5 000种动物在不长时期内灭绝。""本世纪上半叶，每隔5年有一种哺乳动物灭绝；本世纪下半叶，已加速到每隔2年就灭绝一种。"同一时期，联合国通过《濒危野生动植物国际贸易公约》，禁止濒危野生动植物的贸易。（附注：野生植物灾变未列入本章研讨范围，但同样会引起生态灾变，中国的野生植物就有许多种亦已灭绝或濒危。据植物资源专家们估计，全国原有的2 000多个野生水稻品种已有50%消失；在野生水稻品种最丰富的广西，仅百色地区原有的500多个野生水稻品种就已减少到不足100种；而科技发展到今天，人类还无法创造出基因，从而意味着野生植物濒危亦如野生动物灾变。）

由此可见，野生动物灾害客观且大量存在，它作为一种复杂的生态灾变，在本世纪尤其是在最近几十年中的表现，标志着人类正面临着迈入缺少物种的"生态沙漠"之中。

（二）野生动物灾变的成因

造成野生动物灾变的原因，既有自然的，又有人为的；既有传统的，又有现代的。具体而盲，包括以下几方面：

1. 自然法则的淘汰

从动物的进化来看，万物相争，适者生存，劣者淘汰，是颠扑不破的真理，一些物种会在自然条件的剧变或灾变中灭绝，一些新物种亦会慢慢地产生。自然法则的淘汰不仅是动物无法避免的，而且也是人类社会无能为力的。不过，这种淘汰极为缓慢，要经过成千上万年才能表现出来，对当代社会而言，这种灾因几乎可以忽略不计。

2. 环境条件的变化

由于人口的剧增、生产的发展，人类自己带来了气候的变化、森林的减少、草原的退化、湖泊的干涸、环境的污染等，从根本上破坏着野生动物原有的生存场所，造成野生动物的迁移和锐减，这是导致野生动物灾害并与人有关的最重要的因素之一。

3. 人的捕杀

人类与自然界的动物斗争了几万年。在原始社会，捕杀动物为人类生存所必需；但时代发展到今天，这种斗争不再是人类为了生存而是为了享乐，如把各种珍禽异兽的肉摆上宴席、皮毛穿在身上，等等，人对野生动物的捕杀正成为物种灭绝加速度发展的主要原因。

4. 其他

如1989年岁初，奇寒突袭贵州威宁县草海地区，一夜之间茫茫湖泽变成了冰封世界，世代来这里越冬的鸟儿无处觅食，只得扑向周围田野，而当地农民为保护粮食，一齐上阵，打死鸟类不计其数，其中还有濒危动物黑颈鹤38只、灰鹤68只。在这场野生动物灾变中，天寒地冻是直接起因，致灾者却是人类。

在上述成因中，环境变化、捕杀及其他原因致使野生动物的急剧减少和灭绝，都造成了灾难性后果。因此，野生动物灾害说到底是以动物的濒危或灭绝为表现形式、以人为原因为主要成因的一种人为型自然灾变。

（三）野生动物灾害的表现与个案

表现之一，野生动物数量在急剧减少。被称为世界野生动物宝库之一的中国，野生动物种类占世界总数的10%以上，其中有鸟类1 186种、兽类500多种、爬行类320种、两栖类210种、鱼类2 000多种。但近100种因数量锐减已被国家列入一级保护的珍稀濒危野生动物名单；即便未列入名单的野生动物，数量也在锐减。如东北大地曾是许多野生动物的乐园，新中国成立前甚至到60年代初期，各种野生动物数量还十分惊人。随着人口的增长、森林的退缩和许多人长期"靠山吃山"，东北的野生动物再也供不起靠山吃山者了；昔日森林覆盖的河西走廊，有过雪豹、金钱豹和猞猁成群奔跑的时代，绿色屏障消失了，它们也没有了踪迹；50年代，中国每年能出口兽皮2 000万张，迄今则减少到不足50%。

表现之二，多种野生动物面临灭顶之灾。例如，犀牛、新疆虎、野马、白臀叶猴等已在中国大地上绝迹；高鼻羚羊在50年代绝迹；号称"东方活宝石"的朱鹮，在50年代还分布很广，前几年发现仅残存7只；号称"百兽之王"的东北虎，70年代尚可在森林里找到80余头，80年代却再难找到它的踪迹，以至1986年初秋不得不将京、津、沪、穗动物园里的12只东北虎弄到东北森林里安家落户；国宝熊猫已生存亿年，在过去20年里，也已由1 100只减至900余只，且还呈减少的趋势；在世界15种鹤中，中国占了9种，但被誉为"禽中美人"的白鹤，1986年冬天在鄱阳湖神话般地出现过1 600多只后，好景不长，现在减到800只；"长江骄子"白鱀豚作为中国淡水中唯一幸存的鲸类，已在万里长江生活了4 500万年，20年前估测尚有1 000余条，10年前还剩300余条，而1990年经宜昌至长江口千里探测，已不足150条；出现于白垩纪的古老鱼类中华鲟，3亿年来一直洄游于长江上游和滔滔东海之间，现今因大坝、巨网拦截，每年以数百条的数量锐减；麝自50年代以来，每年减少6％左右，照此下去，本世纪末只能在动物园内找到它了；栖息在广西密林沟冲中的瑶山鄂蜥，是中国一类保护动物，由于生态环境变化和大肆捕杀，已不足2 000只；西双版纳大象，仅剩下50余头；稀有的海南岛黑长臂猿，残存不足20只；雪豹、赤狐、黑鹳、紫貂、野驴、河狸、岩羊、泽鹿、犰狳，等等，都濒临灭绝的危险。

造成野生动物如此严重的灾变，人类负有不可推卸的责任。例如，1985～1989年间，四川西充县何光临等人就在熊猫产地先后收买大熊猫皮8张，进行倒卖，猎杀国宝之风由此可窥；而四川安岳县村民邓天顺和陕西咸阳市村民朱秀英于1988年开始相互勾结，先后倒卖大熊猫皮3张，于1993年5月30日在广州市召开的公判大会上，被判处死刑并执行枪决。

1988年1月16日，联合国野生动物专家塞尔等人在深圳香蜜湖度假村一个偏僻角落的员工食堂，发现该食堂竟有36条大蟒蛇、38只猕猴、42只猫头鹰、60只穿山甲、30条娃娃鱼、4张云豹皮，据云这儿还先后"死了"两只从上海动物园买进的华南虎。2月1～10日，东北哈尔滨市有关部门对全市进行一次大检查，仅就73家宾馆、饭店的不完全统计，就发现非法经营黑、棕熊掌4 850斤（相当于杀死480多只熊），驼鹿鼻4 140多斤（相当于杀死1 030多只驼鹿），飞龙1万多只，还有数以10万计的铁雀、林蛙，国家一、二级保护动物成为食客之菜肴。难怪在1988年上半年不到4个月的时间内，新华社香港分社就收到1.2万封外国游客的来信，认为中国人任意屠杀野生动物以飨口腹是野蛮行为。

1989年7月，有关部门在台湾海峡查截的大鲵偷运案就达7起，有个非法倒卖团伙将497条大鲵、1984条大鲵苗从武汉空运到厦门，尔后在福建平潭县海上交易，被一举查获；11月14日，东北完达山下一头雄性东北虎和两只幼虎奇迹般地出现在山下的雪地上，可以吉林省蛟河县农民张国忠为首的三支黑洞洞的枪却要了那只大虎的命，两只幼虎逃入林中，不知死活。

1990年9月，在陕西仅存的几十只朱鹮，又遭到几名中国核工业21公司的职工的枪击，鸟类学界无不为之震惊。

1991年11月18日晚，飞倦了的白天鹅和白额雁悄悄落入江西鄱阳湖，而南昌塘南乡蔡家村村民陈光华等54人却手持排铳，打死白天鹅43只，其他鸟类 200 余只。

1991 年 11 月至 1992 年 4 月，湖南酃县十都乡密花村村民谢华光等 4 人，窜入桃源洞国家级自然保护区境内，先后猎取国家一级保护动物云豹一只，国家二级保护动物短尾猴 12 只、果子狸一只，并将其非法出售，牟取暴利。

1993 年 2 月 9 日晚，沈阳动物园一只仅出生 6 个月的小东北虎被杀。2 月 10 日，新疆若羌县有关部门与阿尔金山国家级自然保护区联合行动，当场抓获 13 名偷猎珍稀动物的罪犯，缴获汽车 7 辆，小口径步枪 6 支，国家一级保护动物藏羚羊皮 896 张，羚羊角 16 根，野牦牛头 8 只。另据林业部公布，1993 年 10 月，在全国保护野生动物执法大检查中，查出违法案 4 304 起，仅四川、黑龙江、河北三省就处理案件 880 起。

据有关报刊披露，在呼伦贝尔草原，狩猎者每年仅黄羊就要击毙 60 多万头；在云南中部双柏县，14 万多人口中竟有 8 万支猎枪；甘肃和政县的猎手曾在兴隆山国家自然保护区内安放上万只钢丝套，一次就捕住 213 只林麝；而青海中部的都兰、乌兰两县的狩猎者干脆动用军用步枪，一次就击毙过黄牛、石羊 579 头；在新疆，中西部地区原有的 9 万余只马鹿，已被扫荡一空；在海南海口市，目前每月消耗的野生动物约有 180 吨之多，其中不乏国家级保护动物；在四川成都的黑市交易中，50 克熊胆售价 1 400 元，50 克麝香售价 1 600 元；在福建，每年查获的野生动物重大走私案就有几十起；在广西，资源县山民每到春秋两季就倾巢出动捕捉候鸟，每年要捕杀鸟类近 10 万只；而执法部门有一次在沿海的福州市的北京饭庄突击检查中，发现厨房和库房里竟有国家一级保护动物云豹一只、梅花鹿 6 只（2 只幼仔）、白鹤一只、蟒蛇一段，还有国家二级保护动物穿山甲 7 条、小灵猫 1 只、猕猴肉一盒、熊掌 2 只以及花面狸、黄鹿、环颈雉等等，完全是一个大规模的珍稀野生动物屠宰场。触目惊心的事例，已经解释了中国野生动物灾害的主要原因。

（四）野生动物的保护

对于野生动物的自然淘汰，人类还无有良策；但在过去数 10 年中，人口的剧增、生产的发展以及"大跃进"年代中的大规模毁林开荒等，已经破坏了野生动物的整个生存环境。对此，我们应当承担起努力恢复生态平衡的责任，尤其是捕杀珍稀动物的行为更是犯罪行为，必须严厉禁止。

中国政府对野生动物的保护还是相当重视的。1983年，中国成立了国家级的野生动物保护协会；1988年，正式颁布了《野生动物保护法》，法律规定对捕杀国家保护动物罪行严重者可以处以极刑；接着，与野生动物保护工作有关的《渔业法》《森林法》《环境保护法》《野生动物保护条例》《国家重点保护野生动物名录》等一系列法规相继出台，各地也相继制定了地方性配套法规；1993年5月，国务院又发出通知，明令禁止犀牛角、虎骨及其产品的生产和贸易活动，仅此一项约带来20亿元人民币的经济损失；不久又发布了《水生野生动物保护实施条例》。可见，中国已形成了比较完整的野生动物保护法体系，禁止虎骨等生产与贸易活动的举措，亦表明了中国政府对保护濒危物种的态度和决心。

不仅如此，中国还先后建立和划定森林和野生动物类型自然保护区451处（截止到1993年），面积达4600万公顷，约占国土面积的4.7%。国家还计划到本世纪末，再新建森林和野生动物类型自然保护区80处，使保护区总面积达到5000万公顷。同时，组织实施了大熊猫、朱鹮、海南坡鹿、扬子鳄、麋鹿、高鼻羚羊、野马7大濒危野生动物拯救工程；建立了14处濒危动物拯救中心，并取得了较大的成就，如朱鹮已由过去的7只增加到30多只，海南坡鹿由过去的26头增加到300多头，扬子鳄由过去的200条增加到4000条，等等，自然保护、人工饲养正在努力恢复已经失衡的动物生态环境和挽救部分濒近灭绝的野生动物。

此外，国家自1986年以来，先后破获破坏野生动物的违法案件3.5万起，处理罪犯6.25万人，其中4人被处死、判处无期徒刑数10人。

然而，我们又不能隐讳这样一个事实：偷猎者、贩运者、走私者仍十分猖獗，且正在加剧着野生动物的灭绝。因此，还必须采取更为有力的保护措施。笔者认为，应从以下几方面入手：一是加强宣传，树立国民保护野生动物的意识，这是减轻野生动物灾害的基础，因为人们除知道大熊猫等少数几种珍稀动物外，大多数珍稀动物即使见了也不认识，更不知其对于人类而言的价值所在，如果不改变这种状况，保护野生动物的工作就缺乏群众基础；二是严格执法，对偷猎者、贩运者、走私者和加工者甚至消费者，均应严格依法处理，决不姑息，同时建立群众举报有奖制度，让违法者尤其是野生动物交易市场、楼堂馆所等直接置于群众的监督之下；三是尽快改变保护经费紧张、人员短缺的局面（现在一个省的野生动物保护协会一年经费才数万元），健全机构、增加经费，是做好野生动物保护工作的保证，如政府追加拨款、对违法者加重罚款、发行国民爱护野生动物奖券等等，均可筹资。

总之，地球是一个整体，生态环境也是一个整体，草木可以再生，人类可以繁衍，土壤与水也可以一次次地循环使用，但一种野生动物的灭绝，却意味着它在全球的灭绝并永远不能再生。人与生物圈的平衡中，需要有野生动物，如果野生动物这一环节遭劫，自然界的报复就会接踵而至，下一个遭劫者必定是人类自己。因此，在当代社会，各种野生动物已不再是人类的敌人，应该是我们的朋友，而我们在保护它们的同时，也就是在保护我们自己。

中国的野生动物灾害是一种人为型自然灾害！

中国的野生动物保护工作任重而道远！

二十、天文灾害

（一）天文灾害概述

所谓天文灾害，是指受地球之外的星体的影响而造成地球及人类社会损害后果的一种自然灾害。人的生命的短暂和科学技术的局限，决定了我们不可能像了解、预测地球上的自然灾害那样去了解、预测天文灾害发生的成因和规律，然而，天文灾害又确实存在着，地球无时无刻不在受宇宙天体的影响。如1994年7月17～24日"苏梅克—利维"彗星撞击木星，其爆炸能量就相当于100万颗百万吨级的TNT当量氢弹爆炸，这样巨大的宇宙灾变虽然离地球太遥远而不会对其造成直接损害，但有专家认为，它可能波及在地球周围运行的一群小行星，因而亦是一种潜在的威胁。

在中国历史上，女娲补天、后羿射日等神话故事，讲的就是天灾。而无数史前文明物的发掘告诉我们，当现代人类还未孕育的亿万年前，地球上就已经创造过高度发达的文明社会，广大地域存在的史前核大战痕迹、相隔万里却构造相同的古金字塔群、复活节岛上的史前巨石墙和巨石像群、南极的热带古森林、北极高度文明的宫城等无数奇谜以及恐龙等的灭绝都表明，地球曾经遭受过不知多少次的大灾变，每次大灾变均毁灭了一切生物，然后又逐渐孕育着生物，有人研究出这种灾变的周期为2 600万年。能毁灭整个人类的灾变，只能是来自地球之外的天文灾变。尽管以亿万年为周期的天文大灾变，对于人类社会来说是太漫长了，以至于"杞人忧天"。千百年来被当成讥讽的对象；然而，较小的意外的天文灾变仍然经常性地发生着，因此，天文灾害亦应在中国的现实灾害学中占有一席地位。

例如，1908年发生在俄罗斯的通古斯大爆炸，以及1626年5月30日（明天启六年五月初六）发生在中国北京王恭厂的天灾都留下了无数未解之谜；臭氧洞的出现，使太阳紫外线大幅度加强，已使许多生物受到危害，海藻数量至少减少了5%，人类应该寻找补天之策。

从天文灾害的发生来看，既有渐变的，又有突发的；既有天体运动异常引起的，也有人类社会自身活动的不当加剧的。如人类社会毁灭的周期说就是渐变的天文灾害所致，陨石坠落则是突发的天文灾变；月亮对潮汐的影响、太阳黑子活动等虽有规律，也可能直接致灾；天文灾害是由天体运动异常引起，但南极上空臭氧空洞的出现导致地球灾变却是人为的。因此，天文灾害与我们并非无关，尤其是陨石灾变，击毙人畜、引起火灾，是我们面临的来自天宇的一种特殊灾害。

（二）中国的天文灾害

在中国浩瀚的史籍中，仅有文字记载的流星雨、流星、陨石雨、陨石灾变就至少有350多次，其中最早的一次记载，距今已有3 790余年。

例如，《竹书纪年·卷上》中就说"夏帝癸十五年，夜中星陨如雨"。《左传》中记载的流星雨更为详细。在《史记·天宫书》中，有"星坠至地，则石也"的记载。《隋书·五行志》记江苏588年"五月，东冶铸铁，有物赤色，大如斗，自天坠熔所，坠之有声，铁飞破屋而四散，烧人家"；《隋书·天文志》记615年"十二月戊寅，大流星如斛，坠贼卢明月营，破其冲棚，压杀十余人"。在宋代，大科学家沈括还专门对陨石做过研究。在元代，1321年云南《昆明县志》卷8记载"时雨铁，民舍山石皆穿，人物值之多毙"；1342年《云南府志》卷25记载"晋宁雨铁，伤禾苗人物，蛹之多毙"。在明代，《寓圃杂记》卷10记载1430年（明宣德五年）"三月十五日，陕西庆阳府陨石如雨，大者四五斤，小者二三斤，击死人以万计，一城之人，皆窜他所"；《明史》中记载"1500年，弘治十三年七月甲寅，南城县空中有火，乍分乍合，流火下坠十余丈，隐隐有声，毁官民庐舍"；1512年，正德七年三月己未，山东枣庄南的峰县有大火如斗，自空而陨，毁官民房千余间，火逸城外，延及丘木；1513年，正德八年六月，"丰城县西南连陨火星，如盆如斗，既而火作，至七月初始息，燔二万余家"；1639年，崇祯十二年，四川长寿县一次陨石灾变，致死数十人；1640年，崇祯十三年六月，"镇安火光如斛，自西坠地，土木皆焦"。在清代，《定陶县志·杂稽志》记，1971年（清康熙十一年）"正月西戌之交，星流如月，无云而雷，是岁，河患灾祲特甚"；《广州府志·杂记四》记，1788年（清乾隆五十三年）"戊申九月，夜有星如串珠，长丈余，数十小星随其后，自北而南，荧荧然有声，月色为其所掩，或以为彗星，或以为火星，是年会城多火灾而南岸尤甚"；1812年（清嘉庆17年），浙江黄岩县发生陨灾，当地举人梁苑曾将目睹家乡遭受陨石雨之灾写成一首长38行的诗——《陨石歌》；等等。

近20年来，中国也发生过多次陨石灾变。如1976年3月8日下午，一颗陨星以每秒十几公里的速度坠入大气层中，在吉林上空燃烧并爆炸，陨石散落范围达500平方公里，其中一个陨石坑直径2米多，陨石坠落时溅起的土浪达百米之外；1989年8月15日晚9时半左右，江苏泰州市近郊寺巷镇上空突然闪过一道蓝光，接着，从西北方向飞来一团明亮的火球，一场陨石雨坠落，其中一颗陨石击碎了该镇二组村民栾建忠家屋顶，击坏了屋里沙发等物；1993年8月12日，在中国许多地区都看到了大范围的流星雨坠落的景象，虽未见有伤亡报道，但终归是一种天外来的风险；而1994年7月的彗星撞木星灾变更是宇宙劫难，它虽然与地球还无直接关系，但对地球未来的启迪则应该是不言而喻的。

（三）结束语

综上所述，虽然毁灭性的宇宙灾变离我们很遥远，但上述资料作为现实天文灾变史料中的一部分，已足以表明天文灾害不容忽视，它给人类带来的既可以是火灾致毁物质财富，亦可能是直接导致人畜伤亡。天文灾害的特殊性在于它来自地球外部，本文的撰写，只是提出天文灾变这一问题，它是值得人类社会注意的一类灾害。天文灾变的存在，要求各国政府加强合作，共同探讨抵御天文灾变的办法与途径，以避免其给人类社会造成毁灭性的打击；同时，人类还应该珍惜和爱护给我们以生存条件的这颗星球，不能用破坏性行为去加剧天文灾害。在防范天文灾变这种不分国界的人类灾害方面，中国作为一个有泱泱12亿人口的大国，应当担负起自己的责任。

第二篇

人为事故灾害分论

所谓人为事故灾害，是按照灾害的直接起因来划分的，即凡是由于人的原因直接引起的灾变均可称之为人为事故灾害；同时，对于某些虽由自然原因引起但取决于人的行为的事故灾害，亦可列入人为事故灾害。

人为事故灾害的发展史表明，它作为社会生产发展的当然副产品，是随着生产的发展而发展的。如汽车的普及化使公路交通事故迅速增加，航空事业的发展制造着越来越多的空难，近海石油开发又使石油生产时刻面临着海难的威胁，等等。因此，从总体上讲，生产发展的必然性决定了人为事故灾害增长的必然性，生产越发展，人为事故灾害的种类就越多，造成的损害后果就越严重。

中国的人为事故灾害遍及生产与生活的一切领域，中国的生产在迅速发展，各种人为事故灾害也在迅速发展。在中国的人为事故灾害中，火灾与运输工具交通事故始终是危害最大、影响最广的灾害；各种工业、电力、建筑业、矿业灾害及卫生灾害亦呈明显上升趋势，而犯罪和假冒伪劣产品等酿致的事故灾害更是以前所未有的速度在急剧增长。不仅如此，各种人为事故灾害还在加剧着中国的自然灾害，并造成更为严重的损害后果。可以毫不夸张地说，我们正生活在自己制造的危险包围之中。

当然，与自然灾害相比，人为事故灾害毕竟是由人自己制造并直接控制的，这一特点决定了它虽然在总体上不可避免，但在个体上却是可以控制的。只要我们在发展生产的同时，充分考虑可能出现的事故灾害，采取各种有效的安全管理措施，就能够有效地减轻其危害；反之，如果对安全问题掉以轻心，或者采取漠然视之的官僚主义态度，就完全可能酿成灾难性后果。中国自 70 年代以来因恶性事故灾害而严肃处分上至副总理、政府部长下至一般人的许多事例说明，人在事故灾害中有着十分重大的责任。

总之，如果我们要从人为事故灾害的包围中走出来，就必须依靠强有力的法制、纪律和科学、有序的安全管理，以及每一个人的高度自觉的行动。

一、火灾

（一）火灾及灾情

人类从茹毛饮血的时代进入文明社会，火起了决定性的作用，因为是火划分了人与动物的界限。从中国的燧人氏钻木取火和西方普罗米修斯从天上盗取神火的传说中，我们不难看出人类祖先对火的崇拜。然而，随着社会经济的发展、物质财富的积累、人类生活环境和生活方式的变革，火又给人类带来了无穷无尽的灾难，以至于在"水火无情"的断语中，人类早已将它与水灾并列为众灾之首了。

所谓火灾，实际上是指各种异常性的燃烧现象，如地震起火、雷击起火、爆炸起火、物质自燃、过失起火、纵火等等，都会造成物质财富的直接损失和人身伤亡，由此可见，火害是一个包括自然火灾和人为火灾在内的十分复杂、庞大的灾害系统。为避免重复，本篇主要研讨人为型火灾，同时兼及其他灾种中未涉及的地下煤火等。因此，本章的内容包括企业火灾、城市火灾、农村火灾、森林火灾、地下煤火 5 部分，至于爆炸火灾则列入爆炸事故灾害，运输工具火灾及矿业火灾分别归入有关运输工具事故与采矿事故灾害中。

根据国家《火灾统计管理规定》，凡失去控制并对财物和人身造成损害的燃烧现象都是火灾。火灾按照一次事故所造成的人员伤亡，受灾户数和财物直接损失金额分为三类。具有下列情形之一的，为特大火灾；死亡 10 人以上（含本数，下同）；重伤 20 人以上；死亡、重伤 20 人以上；受灾 50 户以上；烧毁财物损失 50 万元以上。具有下列情形之一的，为重大火灾：死亡 3 人以上；重伤 10 人以上；死亡、重伤 10 人以上；受灾 30 户以上；

烧毁财物损失5万元以上。损害后果低于重大火灾的为一般火灾。全国的火灾防御及统计工作由公安部门归口管理。

在国际上，火灾作为常发性灾害中发生频率极高的一种灾害，任何时间、任何地点都可能发生，它每年毁灭着地球上数百亿美元的物质财富和数10万人的生命。例如，1666年的英国伦敦大火曾毁灭了伦敦市建筑物的80%，使火灾保险得以产生；1915年，西伯利亚的森林火灾曾烧毁森林、灌木丛和牧场1.17亿公顷，受灾区的生态环境至今还未恢复；1978年伊朗阿道丹市雷克斯电影院被人纵火，430名观众无一幸免；1987年5~10月，世界最大的巴西亚马逊河热带森林失火面积达2 000万公顷，毁林800万公顷；1989年元旦，菲律宾首都马尼拉发生6起火灾，致使500多人伤亡，毁屋4 000多间；1990年11月6日，美国好莱坞环球摄影棚被人纵火，直接经济损失达数千万元美元；1993年5月10日，泰国佛统衬三攀县开达玩具厂发生火灾，269人丧生，500多人受伤；等等。据瑞士一家保险公司对1970—1985年间全世界火灾的不完全统计，全球平均每周发生3起大火，15年共造成150万人丧生，年均10万人以上，5 000多万人无家可归，且火灾造成的经济损失上升之势不减。如美国，1973年火灾直接损失28亿美元，70年代中期增长到42亿美元，1979年增长为57.5亿美元，1982年达62.5亿美元，1984年高达67.7亿美元；日本于1952—1955年平均每年火灾损失额为320亿日元，1972年为840亿日元，1978年达1 305亿日元，现在趋近2 000亿日元；英国1978年火灾损失额为3.09亿英镑，1981年为3.5亿英镑，1984年达5.5亿英镑，近期这一数字还在上升。

在中国，火灾是多发、易发的灾害，虽然人们对火灾不像地震、洪水那样恐惧，但从全国总体上讲，火灾的危害范围之广、对象之多、损失之大，称得上是人为事故灾害中的最主要的灾种，它每年造成的建筑物、运输工具、各种财产物资、森林、农牧业等的损失至少在100亿元以上；不仅如此，灾情还在恶化，特大火灾呈大幅度上升趋势。据1950—1988年（缺1966—1970年）有关城市火灾的统计资料，全国就发生火灾1 872 495次，火灾中死亡123 071人，伤226 548人，直接经济损失达60余亿元（不包括森林、矿井地下部分和军队系统的火灾）。1951—1955年间，全国每年平均火灾损失为3 349万元，每次平均损失为1 530元；1981—1985年间，每年平均火灾损失上升为21 393万元，每次平均火灾损失上升为5 424

元。两相比较，火灾损失增加5.4倍，每次火灾平均损失额增加2.6倍。《中国救灾年鉴》（1988年）公布：1987年全国农村发生火灾32 053起（含森林火灾和农村火灾），死亡2 411人，伤4 009人，损失折款为80 564.9万元；1988年仅11月份，全国就发生了18起特大火灾，经济损失3 000多万元；1989年，全国城市火灾2.41万起，死亡1 832人，伤3 189人，损失折款4.92亿元；1991年，全国火灾45 041起，烧死2 110人，烧伤3 770人，直接经济损失51 948万元，每天平均烧掉142万元；1992年仅云南一省就发生城市火灾1 618起，烧死145人，伤177人，直接经济损失2 471万元，全国火灾损失达6.9亿元；1993年，仅公安部统计的火灾就达3.8万起，死亡2 467人，伤5 977人，直接经济损失11.2亿元。

（二）企业火灾

企业火灾，是指发生在各种工商企业等场所的火灾，它是火灾中最主要的一类。据公安部消防局公布，1980～1990年间，发生在工矿企业系统的火灾约有3.9万起，直接经济损失11亿元，火灾起数占全国城市同期火灾总数的10.5％，直接经济损失却占城市火灾损失的34.4％，这还不包括商业企业等。再据企业火灾偏轻的1988年的资料，该年度工业系统的火灾有3 224起，占全国火灾总起数的10％；直接损失8 831万元，占全国火灾损失（除森林火灾）的26％以上；在23起损失100万元以上的特大火灾中，绝大部分发生在工厂、仓库、商场等单位。1992年，全国的重大、特大火灾比1991年增多，主要发生在"三资"企业，其中1～9月份"三资"企业共发生重大、特大火灾895起，直接损失折款达23 944万元，损失占全国城市火灾损失的64.9％。

导致企业火灾，主要有消防管理薄弱、用火不慎、电线短路起火、吸烟致火、爆炸起火、人为纵火及其他多种原因。如"三资"企业的消防管理就十分薄弱，小火也可致大灾。企业火灾造成的直接损失是指被烧毁、烧损、烟熏和灭火中破拆、水渍以及因火灾引起的污染等所造成的损失，包括房屋建筑物、机器、设备、仪器、仪表、运输工具、商品、物化流动资产等；企业火灾造成的间接损失是指因火灾而导致停工、停产、停业所造成的损失，以及现场抢救、善后处理费用等。根据现行规定，间接损失不计入火灾损失中（笔者对此不敢苟同，认为现场抢救、善后处理费用应计入直接损失中)。

企业火灾的惊人之处,在于个案危害大,起因复杂,不仅直接损失大,而且间接损失往往超过直接损失。笔者搜集的典型企业火灾仅20世纪80年代以来的就有:

1981年4月10日晚,因充电室防火不当,北京寿皇门突然起火,使这座历经500年的古建筑毁于一旦,其价值无法估量;同年12月10日11时10分,广州黄浦港第二装卸区散装仓二楼,因电焊起火,4人烧伤,直接经济损失为80多万元。

1983年6月7日晚10时15分,广州海珠区乒乓球厂赛璐珞粉自燃,损失33.3万元;同年12月28日晨,北京友谊宾馆剧场发生一场重大火灾,烧毁建筑物3 000多平方米,损毁室内设施无数,直接经济损失达198万元。

1983～1985年3年间,因雷击酿成的特大企业火灾就达11起,总计直接经济损失达1 382万元(这还不包括损失在10万元以内的雷击火灾),平均每次雷击起火致使企业损失120多万元;其中1983年9月10日3时15分,发生在上海嘉定桃浦二库的雷击火灾,仅保险公司赔款就达750万元。

1984年10月24日下午,深圳蛇口工业区汕头第六建筑队朱某将草木灰倒在潮阳建筑队竹棚附近,经风一吹,"死灰复燃"酿成大火,直接损失达80.2万元;同年12月25日,深圳笋岗路北一仓库因烟囱火花引燃木糠造成火灾,损失达47万多元。

1985年4月19日午夜,哈尔滨市中心的天鹅饭店11层突然起火,虽抢救迅速未延及其他楼层,但还是造成了17人伤亡,其中死10人(外国旅客6人,服务员4人)。这座涉外旅馆损失惨重。事隔二天,山东菏泽市第三棉花加工厂又发生特大火灾,烧毁皮棉510万公斤、污染7万公斤;烧毁棉籽27.5万公斤,污染360万公斤;并烧毁了部分棉短绒、房屋、机器;全部直接经济损失高达2 370万元。

1987年度的特大火灾有:上海大众汽车有限公司仓库火灾(2月7日)、天津针织厂火灾(2月8日)、哈尔滨亚麻厂火灾(3月15日)、北京洗衣机厂东坝仓库火灾(10月25日)等。

1988年,吉林省龙井县开山屯纤维厂发生特大火灾,直接损失达1 300多万元。

1989年6月5日，成都人民商场被暴徒纵火，整个商场成为废墟，仅商品及部分资产就损失4 733万元，加上建筑物等损失，总计直接经济损失达1亿元以上，是新中国商业系统最大的一次火灾。同年青岛市黄岛油库又因雷击起火（见本书第一篇中的"雷电灾害"），损失更惨。

1990年1月，广东东莞的中港合资的一家制衣厂由于老鼠啃咬电线造成短路起火，烧死外来女工80多人，直接损失达500多万元，火灾现场惨不忍睹。

1990年7月30日，广东东莞市宏达实业有限公司发生火灾，经济损失高达1 286万元，企业因此一蹶不振。同年发生在武汉市的汉阳造纸厂火灾，使这个大型企业付出了直接经济损失1 500多万元的代价，如果不是武汉市人民保险公司按保险合同赔付1 200多万元，该企业可能因此而破产。

1991年5月30日凌晨3时半，广东东莞市田边管理区盆岭村的私营来料加工企业——兴业制衣厂因工人梁某留下的烟蒂酿成火灾。120多名工人逃生不及，当场烧死64人，摔死工人、跳楼受伤53人（送医院后又死亡6人），经济损失100多万元，成为新中国成立以来罕见的死人最多的大火灾之一，这也是"三资"企业或私营企业的典型火灾案例。10月7日深夜，广东顺德乐从镇的家具城因一只老鼠碰翻化工原料，导致化学反应起火，烧毁了价值500多万元的家具。

1992年2月10日，河北衡水棉纺织厂因该地第7次商品生产会议的一个助兴节目——焰火晚会上的飞火致灾，由于官僚主义造成施救不力，大火的直接经济损失达920万元、施救费用7万元、停产致损75万元，虽然救火勇士们频频在报刊上露脸，但勇士们的光彩毕竟冲淡不了"自娱"造成的惨祸。同年5月24日18时许，上海嘉定县马陆外贸纸品仓库发生火灾，失火面积4 000万平方米，烧毁进口牛皮纸等6 000吨，直接损失达800多万元。5月25日2时35分，广东顺德永高皮革厂、顺发皮鞋厂（与台商合资）发生火灾，损失折款达700多万元。7月7日21时15分，台商独资的广东宝安县企业百星制衣厂发生火灾，烧死16人，伤72人，损失折款60多万元。8月9日9时40分，四川涪陵地区制药厂包装材料仓库发生火灾，烧毁一大批药品和750平方米建筑物，直接经济损失140多万元。8月21日，重庆市卫生用品厂火灾直接经济损失200多万元。8月27日9时20分，广东东莞恒丰皮具厂（来料加工私营企业）发生火灾，烧死14

人，伤 14 人，直接损失 30 多万元。9 月 14 日 7 时 10 分，深圳宝安县启笛化工厂因硝化棉自燃起火，蔓延三家企业，造成直接损失约 3 000 万元。9 月 29 日晚 9 时，长沙市大华五交化商场发生大火灾，直接经济损失 400 多万元。10 月 5 日 13 时 9 分，江苏无锡宜兴市纺织公司和香港业生有限公司合资经营的兴业纺织印染有限公司发生火灾，直接经济损失达 929.6 万元。11 月 1 日 8 时 55 分，广西玉林地区北流县水泥厂因变电室超负荷而起火，直接损失 140 多万元，还造成了停产。12 月 13 日 23 时 15 分，深圳宝安某信封制造公司（中港合资）发生火灾，死 11 人，重伤 3 人，轻伤 4 人，损失 35 万元。

1993 年 2 月 14 日下午，河北唐山市林西百货大楼因维修电焊工的火花喷溅在家具营业厅内的可燃物上，导致特大火灾发生，造成 80 人死亡，55 人受伤，直接经济损失达 400 多万元。8 月 13 日凌晨，北京隆福大厦意外失火，延烧 7 小时才扑灭，直接经济损失达 400 多万元。据统计，从 1993 年 1~10 月间，仅广东省就发生企业火灾 905 起，烧死 185 人，烧伤 1 053 人，直接经济损失在 3.5 亿元以上。11 月 19 日，广东深圳葵涌镇智丽工艺玩具厂发生火灾，由于厂房是全封闭式，83 名青年女工被活活烧死，企业负责人却负罪外逃。同月 22 日，广东番禺一家具城发生火灾，四层楼的商场全部焚毁，经济损失数以百万元计。12 月 13 日晨，福建省福州市马尾经济技术开发区内的台商独资企业——高福纺织有限公司发生大火灾，烧死 60 人，烧成重伤者 8 人，经济损失惨重。

由此可见，中国的企业火灾不仅严重，而且自 80 年代后期，进入 90 年代以来日趋恶化，重大人员伤亡火灾事故接连不断，表明了企业尤其是"三资"企业应成为减轻火灾的重点。

（三）城市火灾

本处所指的城市火灾，是指发生在城镇的除企业火灾以外的各种火灾，主要包括一般建筑物（办公楼）、公共场所及居民住宅火灾。它自古以来就是市民面临的一种主要灾祸。例如，南宋定都杭州后，先后发生火灾 20 多次，其中 5 次大火使全城满目疮痍；公元 1201 年 3 月的火灾更是延烧城内外 10 余里，烧毁宫室、军营、民宅 5.8 万多间，近 20 万人无家可归，整个杭州市毁于一火。20 世纪以来，中国的大火数不胜数。例如：1930 年 8

月25日，一场大火延烧重庆较场口2公里长街，万余家住宅尽数被焚毁。1938年11月12～14日长沙市军警奉蒋介石"焦土抗战"命令，纵火焚城，大火延烧3日，致使3万多市民被活活烧死，全城2/3的房屋被焚毁，千年古城一片瓦砾。1945年5月，中国广州剧院起火，1670人葬身于火海之中。1949年9月2日，重庆市又发生一起被称之为"数10年的空前浩劫"的火灾，大火延烧90小时，烧毁街巷39条、学校7座、机关10个、钱庄33家、大小仓库129座、受灾居民9000多户、死亡3000余人、重伤4000余人，财产损失不计其数。

新中国成立后，城市大火仍警钟不断，每年造成数以亿元计的财产损失和较高的人员伤亡。以上海市为例，从1950～1990年间，全市累计发生火灾2.9万次，烧死1594人，烧伤6730人，直接经济损失1.5亿元。再据1984年统计，全国仅各机关团体办公楼发生的火灾就有556起，死32人，伤48人，损失为300多万元，民宅损失及其他火灾损失更加惨烈。

1952年4月13日，上海浙江北路华兴路棚户区因居民使用炉火不慎引起火灾，烧毁房屋227间，折毁58间，受灾749户，2247人无家可归，直接经济损失为44万元。

1953年4月24日，上海邑庙区小东门中华路一带起火，烧毁房屋1350间，受灾居民1448户，死3人，伤8人，经济损失55万元。同年5月24日，该市提篮桥区飞虹路因用火不慎引起大火，烧屋940余间、烧毁中小型工厂5家，受灾1595户，死4人，伤15人，直接损失60多万元；同年6月18日，该市闸北区京江路又发生大火，烧毁棚户1.56万平方米，764户受灾，2952人无家可归。

1969年12月9日，上海文化广场大火，烧毁建筑物8600平方米，烧死13人，烧伤198人，直接经济损失260万元。

1974年5月21日中午，黑龙江稜县粮库一场大火灾波及居民区，风助火势，县城受损严重，直接经济损失达3640万元。

1977年5月11日11时左右，内蒙古呼伦贝尔盟额尔古纳左旗根河镇发生大火，经7天才完全扑灭，烧死6人，伤、疯者多人，4000多户居民住宅被焚毁，林业局、电业局、储木场、百货公司、粮食分局、银行、邮局、法院、商业局、镇委等机关均被大火烧毁，直接经济损失达4800多万元。

1982年5月20日，四川雅安县城关镇一弹花社因金属相撞起火，使棉花阴燃成灾，烧伤30人，使42户人家的房屋财产全部烧毁，直接经济损失为20多万元。

1983年4月17日，黑龙江哈尔滨市发生连营大火，延烧11小时，蔓延5条街，火灾面积达8.8万平方米，毁房21.5栋，758户和15个企事业单位受灾，烧死9人，烧伤10人，直接经济损失780万元，间接损失在1亿元以上。

1986年3月21日，湖南省会同县民主街一居民烧电炉引起特大火灾，173户人家被毁，1.2万人无家可归，直接经济损失达180多万元。同年的一个晚上，福建建瓯县城关镇居民邱某家因一支未烬的烟头引起火灾，由于缺乏救火常识，致使烧死3人，烧伤多人，一只烟头要去了如此高昂的代价。

1992年8月17日，福州市台江区火洲街一居民因用火不慎致灾，直接经济损失达57万元。同年11月26日1时许，武汉市繁华的江汉区明意三路发生一起特大火灾，烧死11人，烧伤多人，烧毁房屋380平方米。

1993年1月22日18时，福建福安市赛岐镇因小孩燃放烟花引起火灾，烧毁住房40栋、店面29家、受灾200户、灾户1500人，火场面积3600平方米，直接经济损失达150多万元。5月13日21时30分左右，江西南昌市万寿宫发生火灾，受灾居民123房，直接损失达585.6万元。

（四）农村火灾

农村火灾，主要以地域而言，指发生在农村的火灾。农村火灾的数量一般难以统计，其损害后果也因居住分散、财富不像城市高度集中而较轻，但其数量惊人，部分发达地区随生产的发展（尤其是乡镇企业的发展）、财富的积聚，火灾造成的危害越来越严重。以1986—1987年两年为例，民政部门统计的全国农村火灾累计为47031起，死3429人，伤4127人，直接经济损失为2.33亿元，平均每天发生火灾64.4起，烧死4.7人，烧伤5.7人，经济损失32万元。以上海为例，1985—1989年间，5年内该市郊区仅6月就发生火灾221次，即每年6月月均火灾44.2次，为市区火灾数的4倍。这一数据表明，中国农村的火灾灾情已非昔日，而是在急剧上升。

造成农村火灾的原因很多，有小孩玩火、雷电致火、吸烟致火、物资自燃、纵火、电器或电线致火、鞭炮致火等等，不仅造成人畜伤亡，还造成建筑物及一般财产物资以及粮食等物的损失。因此，火灾对农民尤其是对农村个体户、专业户的损害不亚于一般自然灾害，它是广大农村地区的最主要的人为事故灾害。

笔者收录的部分80年代以来的农村火灾事故，可以作为上述结论的旁证。

1982年1月23日，福建福清县音西乡谷霞村有两个陈姓农民承包一台彩电放映。工作时，发生火灾，陈姓农民因怕人逃票而封死了六个进出口，仅留一个85厘米的进出口，造成烧死13人、烧伤7人的悲剧。同年11月24日，临海县北涧乡一烟囱的火星造成火灾，烧毁了74间房屋和5.5万公斤粮食。

1984年10月11日，浙江武义县明山乡农民陶某拿煤油灯照明，不慎把蚊帐点燃，发生大火，一家5口全被烧死。

1985年，浙江省桐乡县大麻乡农民费某的养蚕室起火，烧毁房间36间，直接损失达11.8万元。7月，江苏建湖县庆丰乡养禽专业户孙某家失火，年产值15万元的家当毁于一旦，孙某由此破产。

1986年6月5日，浙江省文成县大峃镇的一户人家拿煤油灯到床底下找东西，不慎失火，烧毁207间房，使100多户、800多人受灾，近百家店铺化为灰烬。而在此前的3个月，陕西省安康县许家河水库仓库发生大火灾，使周围35户村民的88间房屋及16间职工宿舍被烧毁，烧死群众10人，烧伤16人。

1987年，广西三江县寨淮村的一次火灾，就把方圆10万平方米的村寨全部烧光，246户、1 421人受灾。同期吉林省安图县西江村一次牛棚失火，大火竟蔓延5个村，数百户人家无家可归。

至于失火造成粮食被焚的事例更多。例如：1982年6月7日，湖北枣阳县大坪乡北张庄村因拖拉机排气管喷火引起火灾，烧毁83户农户承包的小麦约5.5万公斤。1983年6月7日，江苏沛县城东关村，因一农民乱接鼓风机电线引起火灾，烧毁了两个村的小麦7.5万多公斤等；8月9日，宁夏海原县关桥乡八斗村因小孩玩火使谷场起火，近6万公斤小麦和1万公斤油料作物全部焚毁。1985年6月4日，河南延律县黄家村一农民在打谷场吸烟点火，引起火灾，14户农民受灾，40亩到手的麦子连同脱粒机、电动机等被烧毁。

(五) 森林火灾

火灾是森林的头号凶恶敌人。发生森林火灾必须具备三要素,即要有森林可燃物,气象条件和火源,否则就不会发生火灾。据统计,全世界每年发生森林火灾200万起以上,烧毁森林280万公顷以上,其中雷击起火约占全部森林火灾的10%,人为林火占90%。人为林火包括烧荒、烧炭、烧砖、烧防火线、机车喷火、小孩玩火、呆傻人弄火、坏人放火等所致的火灾。因此,从森林火灾的起因上看,将其归入人为事故灾害中的火灾类是比较合适的。

中国的森林火灾每年发生万次以上,但年际之间变化较大,多出现在降水量少、连旱日数较长的年份,其中东北、华北地区多发生在春秋两季,华东、华南、西南地区多发生在冬季和早春,西部新疆地区则集中在7~9月份。

据统计,从1950~1990年间,全国共发生森林火灾64万起,平均每年发生1.5万起,累计受害森林面积3 600万公顷,年均89万公顷,平均每年森林受害率为8‰左右,高于世界平均受害率7倍,占同期人工造林保存面积的25%~30%。按每公顷平均烧掉15立方米的林木积蓄量计算,则年均要烧掉1 335万立方米木材;年均损失数10亿元,而扑救火灾时耗费的人力、物力、财力更是无法计量。尽管1987年东北森林大火后,1988~1990年森林火灾大幅度下降,但自1991年以来,每年又以20%以上的速度在增长,森林火灾的局面仍十分严峻。

森林火灾的特征在于:(1)森林火灾不仅造成森林资源的破坏,往往还威胁着人民生命财产的安全,尤其是扑救费用高昂。如新中国成立40多年来,全国因扑救森林大火平均每年耗用人工150多万个,扑火费用1 000万元左右,每年有100多人因森林火灾丧生,600多人被烧伤,还要毁灭大量的财产物资。(2)受自然条件的制约和影响,森林火灾难以控制。如40多年来,森林火灾年发生次数在1.5万次以上,且受灾森林面积在2 000万亩以上的年份就有:1951年、1955年、1956年、1961年、1962年、1972年、1976年、1977年、1979年、1987年。每次大面积的森林火灾的发生,往往造成难以控制其蔓延之势。(3)中国的森林火灾主要集中在黑龙江、内蒙古、云南、广西、贵州5省区,其森林火灾数占全国的42.5%,受害森林面积占全国约75%。（4）南方火灾次数多，占全国火灾总数的89%，但损失仅占全国的44%；北方火灾次数仅占11%，而受害面积却高达56%。（5）中国的森林火灾中，人为起火占95%以上。

中国森林火灾的典型个案有：

1979年4～5月，黑龙江嫩江地区发生森林火灾，蔓延至黑河地区、大兴安岭，过火面积达670多万亩，连续烧了34天才扑灭。

1986年3月28日～4月3日，云南安宁县和玉溪市发生两起森林火灾，烧死军官、工人、农民等共计80人，重伤99人，毁林面积3.23万亩。

1987年5月6日～6月2日，东北大兴安岭森林火灾震惊世界。虽然全国各地调集军民5.9万人，汽车1 300辆，飞机96架扑火，但大火还是延烧了27天。这场森林火灾烧死211人，重伤200多人，轻伤2万多人，5万多人无家可归，过火面积达1 950万亩，损失木材蓄积量8 000万立方米，烧毁林场9个，储木场4个半、存材85.5万立方米、房舍61.4万平方米、各种设备2 488台、铁路线9.2公里、通信线路483公里、输变电线路284公里，剔除森林损失和灭火费用，其他各项损失达5亿多元，恢复家园动用国家投资3.8亿元，接受外国援助2 670万美元，而生态环境至少要50年以上才能恢复。这场被称为本世纪以来最为惨烈的一场森林大火，从哪里、为什么，而又怎样烧起来的，当时的人们从报刊的披露中均有较多的了解。吸烟、违反安全操作规程是致灾的直接原因，而官僚主义及消防力量的薄弱又是使灾情恶化的重要原因，尽管林业部长杨钟及一批大小官僚主义者被撤职，有关责任者事后也受到了法律的制裁，但灾难留给我们的教训却是永恒的。

（六）地下煤火

地下煤火属自然火灾，因不便将其单独列入自然灾害篇，故归入人为事故灾害的火灾一章。中国煤炭资源是十分丰富的，据报道，预测储量1万亿吨以上的有新疆、内蒙古；1 000～10 000亿吨之间的有山西、宁夏、甘肃、河北、山东、河南、陕西、安徽、贵州等；100～1 000亿吨的有黑龙江、辽宁、北京、青海、江苏、四川等；其他省也均有近100亿吨的储量；然而，熊熊的地下煤火却使宝贵的地下资源损失巨大。

在新疆，准噶尔盆地、吐哈盆地、伊犁谷地、塔里木盆地等地的 9 大煤田、88 个产煤地中竟有 42 处是火焰山，阜康小黄山和奇台北山两个重点火区白天四处冒烟，晚上犹如灯火齐明的小城镇，地下煤火燃烧面积达 102 平方公里，每年损失煤炭 1 亿吨，按 1990 年中国国内统配煤矿煤价每吨 35 元计算，损失就达 35 亿元。

在宁夏，贺兰山汝箕沟矿区是中国出口创汇率最高的优质无烟煤，被称为"煤中之王"（一般煤炭出口价为每吨 38 美元，优质无烟煤却达每吨 120 美元），但漫山的野火已烧了数 10 年。1979 年煤火面积为 156 万平方米，1988 年扩大到 221 万平方米，每年烧掉的煤量逾百万吨，相当于每年烧掉 1 亿多美元。

在山西，大同煤矿作为中国最大的煤炭企业，年产煤达 3 000 多万吨，但地下煤火也终年不断，有人估算，仅"文化大革命"期间就烧毁了 490 万吨煤炭资源。

宝贵的资源在毁灭，可扑救地下煤火的资金仍无处筹措，新疆的扑火队伍仅 400 人，资金更是无处落实，如果不尽快扩大投资、扩充队伍，争取有效灭火对策，我们就只能看着"乌黑的金子"白白损耗，这真是一场极大的悲剧。

（七）火灾的防范

对于自然火灾如雷击起火、地下煤火，我们无法避免，但仍须讲求救火之策，如增加投资、建立队伍、摸索经验，有计划、有步骤地开展防火工作，这样，会有较好的救灾效果。

各种人为火灾，应成为我们防范的重点。因为在全国的火灾中，人为原因造成的火灾要占全都火灾数的 95％。如 1987 年大兴安岭森林火灾就是人为的。如果做好了人为火灾的防范，对减轻火灾的危害将起到决定性的作用。笔者认为，对火灾的防范应注意从以下几方面入手：

1. 树立防火意识，普及消防知识

中国的火患之重，有目共睹，而人为致灾也是有目共睹，火灾照样发生，可大多数人却并无防火意识，其中很重要的一点就是对火灾的危害宣传不够，对火灾的统计不合理，人为地缩小了火灾的损失。如公安部门公布的火灾损失数中既不包括森林火灾损失，也不包括矿业火灾及地下煤火损失，还要将施救费用及善后费用剔除，是不完全统计（如农村火灾的统计就不全面）。一个这么大的国家，每年火灾损失仅几亿元，还不如一个中等台风所造成的危害，难怪上上下下对火灾可以掉以轻心了。笔者认为，对火灾进行科学分类，全面统计，将火灾的严重性告诉全国人民将有利于树立人们的火灾意识，无损于某些部门的功绩。因此，正视中国的火患，首先得全面、客观地公布火灾的损失及多方面危害后果，培养国民的火患意识，这是减轻火灾及其危害的基础。同时，普及消防知识。在笔者收集的众多火灾个案中，绝大部分均有因人们不会灭火、不会使用灭火器材、甚至不会打火警电话等而导致灾情加重的因素。表明普及消防知识不仅必要，而且是减轻火患的前提条件。

2. 加强防火法制建设，严格防火规章制度

据公安部门统计，全国每年春节期间因燃放鞭炮发生火灾1 000多起，造成百余人死亡，上千万元的损失。1983～1987年间，全国由于吸烟不慎造成的火灾达15 155起，占火灾总数的6%。1987年大兴安岭森林大火亦为民工不遵守安全操作规程和吸烟所致，等等。这些统计资料均表明，加强防火法制建设、严格防火规章制度已迫在眉睫。笔者主张，在城市应禁止燃放鞭炮、严格履行烟花鞭炮生产的审批制度，在公共场所尤其是在商店等地方禁止吸烟，在生产中严格贯彻消防管理制度，对责任者根据情节轻重予以法律制裁，绝不姑息，等等，均将大大减少人为火灾。

3. 加快火灾科学的研究及减灾科研成果的推广应用

我国目前在合肥的中国科学技术大学建立的火灾国家重点实验室，应该承担起全国火灾科学研究的重任。城建、公安、林业、地矿部门均应加强沟通，共同把防火技术提高到一个新的水平。如研制高效灭火机、利用高技术探测火源、开展森林火灾预报工作，设计科学的防火方案等等，将有助于我们减轻火灾的危害。

4. 严格执法

一方面，严格执行国家的消防条例与有关安全生产管理条例，用法制的手段来强迫人们改变不负责任的行为，如近三年来"三资"企业与个体工商户发生的特大火灾占全国火灾的一半以上，绝大多数都是厂方只顾赚钱而完全不注重防火所致。对此，如果不对责任者绳之以法，就是对人民的犯罪。另一方面，公安消防部门作为国家的防火职能部门，亦应严格纪

律，在笔者收集的火灾个案中，有相当一部分就是火灾发生后打火警电话无人接或甲地不管乙地，甲单位不管乙单位而使火灾失去控制。因此，国民要懂法，执法者更要懂法，严格执法是减轻火患的重要保证。

5. 增加投入，扩充警力

中国的消防警力不足，消防设施（备）落后，是严重困扰扑救火患的因素。例如，日本东京都面积2 145平方公里，人口1 168万，拥有75个消防署，212个消防派出所，共计287个消防点，平均每个消防点管辖面积为7.47平方公里，消防队员近1.8万人，占该市人口总数的1.5‰，配备各种消防车1 616辆，云梯车80辆，抢险救灾车18辆，消防艇9艘，消防直升机5架。美国纽约市面积892平方公里，人口800万，拥有消防队100多支，平均每队管辖面积为7平方公里左右，消防职员为1.31万人，占全市人口的1.8‰，配备各种消防车810辆，曲臂登高车61辆等。而作为中国力量最强大的上海市，面积6 340平方公里，人口1 360万，全市却只有62个消防队，平均每队管辖面积为122平方公里（其中市区为22平方公里，郊区为310平方公里），人员编制为4 500人，占全市人口总数的0.3‰，仅有消防车229辆、登高车11辆、抢险救灾车2辆；别的城市就更不用提了。由此可见，中国的消防力量何等薄弱！

6. 参加保险，转嫁风险

火灾是可以防范的，但又是不能杜绝的，这种意外灾祸大量存在的客观事实，需要我们重视风险的转嫁工作，而参加各种财产保险与人身保险将有效地转嫁我们面临的火灾风险，因为各种保险一般都承保火灾风险，保险公司对许多火灾的赔偿（如保险公司在大兴安岭火灾中支付赔款1.3亿元，汉阳造纸厂火灾中受灾方获赔款1 200多万元等等）证明，保险是分散火灾风险的最佳手段。

总之，火灾的出现是多方面因素共同促成的，但主要的是与人们的工作态度、法纪观念、知识水平等有密切关系，思想麻痹、违章作业、不懂防火与灭火知识、官僚主义、不重视安全生产等是导致火灾的重要原因。火灾不是天灾，而是人祸，并非不可避免。面对着无数的物质财富化为灰烬，无数的血肉之躯烧成焦炭，我们不应该麻木不仁，更不应该自酿苦酒。因此，重视防治火患，从我做起，从现在做起，应当成为每个中国公民的责任。

二、爆炸灾害

(一) 爆炸的种类

由于忽视安全管理、缺乏科学常识、环境污染、设备陈旧、工作失误、燃放烟花爆竹及犯罪等原因,引起异乎寻常的爆炸事件,以至于造成人身伤亡、财产损失,就是爆炸灾害。在多种保险合同中,它都被列为基本的保险责任。因此,爆炸是一种大量的、异常的且能造成损害后果的人为事故灾害。

从理论上看,爆炸包括物理性爆炸和化学性爆炸两类,前者是指液体变为气体或气体膨胀、压力急剧增加并大大超过容器所能承受的极限压力而发生的爆炸事故,如锅炉爆炸、空气压缩机爆炸、压缩气体钢瓶爆炸、液化气罐爆炸等等;后者是指物体在瞬间分解或燃烧时放出大量的热和气体,并以很大的压力向四周扩散的现象,如火药爆炸、可燃性粉尘纤维爆炸、可燃气体爆炸及各种化学物品的爆炸等。化学性爆炸的危害更甚于物理性爆炸。对于瓦斯爆炸,笔者将其归入采矿事故灾害类,本文将不赘述。

在与人们生产、生活密切相关的物体中,易燃易爆的炸药、弹药、石油、化工原料、纤维粉尘、烟花、鞭炮、锅炉等是引起爆炸事故的元凶,其生产、运输、使用均必须加强安全监督和管理,以免造成巨大的损害后果。1917年12月6日,加拿大哈利法克斯发生特大爆炸事件,导致1 963人死亡;1944年4月14日,印度孟买港因一艘装有7 000吨爆药的英轮"斯坦金堡垒"号大爆炸,炸毁了半个港口,导致死亡1 500多人,伤3 000人;1984年11月19日,墨西哥城液化气站发生爆炸并酿成大火灾,造成452人死亡,4万多人无家可归,摧毁房屋1 400栋;1988年12月11日,墨西哥梅塞德市场因顾客抽烟引起一家鞭炮仓库发生爆炸,并导致大火灾,当场炸死72人,重伤200多人,焚毁附近4幢大楼,经济损失数千万美元;1991年2月15日,泰国攀牙府泰孟县一辆装载20吨炸药的拖车因翻车而致爆炸,死亡171人,重伤100多人,摧毁平房150余栋。

在中国,1985年经统计在案的各类较大的爆炸事故2 394起,每天平均发生6.56起。近年来,各类爆炸事故年均至少在万起以上,每年造成的直接经济损失数以亿元计。如 1993 年仅化工企业爆炸致损就达 3 亿元以上，不仅如此，冰箱、彩电、汽化炉、高压锅、啤酒瓶、打火机、蜂王浆、饮料桶、甚至蒸煮锅等的爆炸事件也不断传来。例如，1993 年 8 月 17 日《中国青年报》报道，全国每年高压锅爆炸事故约 6 000 起，北京、安徽两省、市消费者协会近年来统计的啤酒瓶爆炸伤人事件达 100 多起；1993 年 7 月 31 日晚，北京丰台区居民洪某家一台松下 25 英寸遥控彩电突然爆炸，在场 4 人均被炸伤，炸坏其他财物共计 2 万多元。

（二）物理性爆炸

物理性爆炸，是使用锅炉、空气压缩机、压缩气体钢瓶及液化气罐等的机关单位、企事业单位及居民家庭的一种不可忽视的事故风险，其损害后果往往是在毁灭上述财产的同时造成人身伤亡和其他财产的损失。在物理性爆炸中，锅炉爆炸是危害较大的爆炸灾害，而压力容器及液化气罐爆炸也是普遍存在的一种爆炸风险。据统计，中国现有在用的锅炉 35 万余台，压力容器 1 800 多万台（只），锅炉制造厂家 553 家，锅炉安装单位 1 600 多家，压力容器制造厂家 1 500 多家，它们构成了中国物理性爆炸风险的集合整体。

物理性爆炸的特点在于：一是事故发生有瞬时性，突然发生、瞬间即止；二是危害范围的局地性，即物理性爆炸发生后一般不像化学性爆炸那样蔓延，而是局部危害，故物理性爆炸的大事故不多，小事故不断，人们也不像对化学性爆炸那样给予高度重视；三是在某些爆炸事故中，物理性爆炸与化学性爆炸往往密切相关，如物理性爆炸发生后接着引起化学性爆炸，或物体起化学反应后迅速引起物理性爆炸；四是易引发火灾，无论是物理性爆炸还是化学性爆炸，往往容易引发火灾。

中国的物理性爆炸灾害不乏罕见，有的还造成了重大伤亡和较大经济损失，我们不应对此掉以轻心。例如：

1955 年 4 月 25 日，天津某棉纺厂一台发电用锅炉在运行中由于苛性脆化而爆炸，造成 8 人死亡，69 人重伤的重大伤亡事故，直接经济损失达 37 万元。

1965 年，全国因锅炉爆炸造成的重大伤亡事故为 23 起，经济损失数百万元计。

1976年，全国锅炉爆炸事件达250多起，其中发生在河北大城县化肥厂高压设备爆炸案，死亡19人，伤25人。

1979年，全国发生了三起罕见的容器爆炸事件，如河南省南阳柴油机厂热交器爆炸事故，就炸死44人，重伤13人，轻伤24人；浙江温州电化厂液氯钢瓶爆炸，造成59人死亡，779人因液氯外泄中毒，8万多人临时紧急疏散，直接影响了100多家企业的生产，造成了不良的社会影响。

1982年8月5日凌晨4时许，江苏无锡市一家焦化厂发生一声巨响，无锡市民惊为地震发生，原来却是该厂一座道生炉发生物理性爆炸。该锅炉的一只5吨重的炉体像火箭一样喷着炽热的火焰飞到150米的高空，然后向西北方向"飞行"1 000米，最后落在一家钢铁厂的更衣室上。与此同时，一座22米高的烟囱也被炸飞65米，并将周围300米以内的房屋玻璃振碎、门窗冲开、辐射热影响到上万平方米，200米处的树木被烤焦，100米处的人被灼伤，总计造成5人死亡、1人重伤、多人轻伤，报废一座高炉，各种直接经济损失达30多万元。

1986年2月22日，湖南桃源县茶庵铺纸厂一台蒸球因制造质量不好，加之管理不善，发生爆炸事故，炸死3人、重伤1人、轻伤4人，直接经济损失为20万元。

1993年3月10日14时8分，江苏北仑港发电厂一号机组锅炉局部发生重大爆炸事故，造成17人死亡，25人受伤、发电机组停机的严重后果。

至于气体钢瓶爆炸事故常有发生。如气体钢瓶所装气体超量或虽然是正常装量，但受高温影响膨胀，进而超过容器极限等，即会引起爆炸。据测试，液化气体受热后体积急剧膨胀，液态丙烷从15℃升至60℃时，体积要膨胀20％。超过气瓶的设计压力，就必然会发生爆炸。如1992年冬，发生在中国地质大学教工宿舍楼的一起液化气罐爆炸事件，甚至炸飞了居民的阳台。

此外，还有一些其他类型的物理性爆炸事件。如1983年5月23日晚上，某地一朋姓农民从酒坛内取白酒，油灯引燃酒蒸汽，他为了保住一坛酒，忙与二个儿子一起用衣物将坛口死死压住，不料一声巨响，将父子三人当场炸死。类似因无知酿成的惨剧不乏罕见。

由此可见，虽然还未有特大型物理性爆炸灾变，但它又确实与所有机关、企事业单位及千家万户有着紧密联系。对物理性爆炸的防范重在严格进行产品质量检验，在使用中加强安全管理，普及一般防爆知识，并对各种容器严格按操作规程安装、使用。

（三）火药爆炸

在爆炸灾害中，发生次数最多、危害最广泛的莫过于火药爆炸了，它主要包括烟花、鞭炮爆炸事故和炸药爆炸事故等。据不完全统计，1984年，中国发生烟花爆竹爆炸事故561起，炸死348人，炸伤1107人；到1985年，发生烟花爆竹爆炸事故达798起，占当年全部爆炸事故的1/3，炸死578人，炸伤1639人；将两年合计数平均，则中国每天发生烟花爆竹爆炸事故3.72起，炸死2.54人、炸伤7.5人，该项灾情的频繁性和危害性由此可窥一斑。而在这类爆炸事故中，乡办鞭炮厂和个体户作坊又占70%的比重，故烟花鞭炮爆炸事件主要集中在生产阶段。例如：

1978年1月24日，辽宁省盖县东风街鞭炮厂爆竹爆炸，造成107人死亡，65人受伤，为新中国成立后中国最大的一起烟花爆炸案。

1979年12月18日，吉林市煤气公司因液化气外泄起火引起爆炸，死亡32人，伤54人。

1982年3月9日，福建省福鼎县制药厂在冰片车间用聚氯乙烯塑料油管抽油引起可燃气体爆炸，使65人死亡，伤35人。

1985年4月20日，山西太原市某花炮厂因静电火引起黑火药爆炸，炸死83人，炸伤71人，成为震惊全国的重大恶性爆炸事故。

1989年1月19日，河南漯河市郾城县个体户陈某未经批准的烟花厂发生爆炸，生产车间顿时成一片瓦砾，周围221间民房炸倒或烧毁，当场炸死27名工人，炸伤21人。

近年来类似事件直线上升，已经到了触目惊心的地步，以笔者搜集的1992年8～12月的部分资料为例，较大的烟花爆炸事故有：8月20日上午10时35分，广东电白县羊角镇一私营爆竹厂发生爆炸，炸死19人，重伤10人，轻伤2人，炸毁房屋9间；9月12日下午4时45分，四川长寿县黄葛乡烟花厂发生爆炸，炸死22人，伤18人；9月22日中午，广西宾阳县发生一起鞭炮爆炸事件，4人当场炸死，5人被炸倒后，又相继死亡，受伤多人；11月1日晚上11时许，安徽阜阳县王店镇一非法花炮生产点发生爆炸，当场炸死12人，3人受伤；12月6日11时20分，云南泸西县中枢镇火炮厂因违反安全生产规定发生爆炸，死23人，伤8人，直接经济损失10多万元，该省副省长赵廷光赴现场组织救灾与善后工作。

烟花鞭炮爆炸事故的另一多发阶段就是春节期间。据公安部消防局提供的材料，1991年仅除夕至初五日，全国就发生烟花鞭炮爆炸事故2 792起，并多酿成火灾，北京市公安局在初一零点到一点的一小时内就接到鞭炮爆炸造成的火警电话25个，平均2分24秒一个。再以北京市1992年春节期间为例，该市这一期间因燃放烟花鞭炮受伤332人，其中仅除夕之夜因爆竹爆炸受伤的就有117人，眼部外伤的44人，其他部位受伤的达73人；初一至初四因爆竹受伤的共215人。

其他火药爆炸事故同样触目惊心。例如：

1980年10月10日下午3时，上海运输公司第五汽车场附近一工程队为内部分工问题争吵，汽车场工人高某拿着一颗从土中挖出并当作玩物的废旧炮弹开玩笑地在空中挥舞，结果爆炸，造成1人死亡，10人重伤的惨剧；同年10月29日，北京知青、山西运城拖拉机厂的工人王某因对现实不满，带着炸弹在北京火车站候车室走廊上引爆，当场炸死9人，炸伤81人，制造了一起震惊全国的爆炸案。

1981年3月19日，广州市从化县一个采石场发生一起"哑炮"爆炸事件，当场炸死2人，炸伤1人。

1984年12月27日，广州部队所属54426部队竟将装有残弹的坦克炮管出售给湖南郴州市乡镇企业局供销公司，该公司又转销给衡阳市白地市钢铁厂，在入炉熔化时导致炮弹发射爆炸，造成3人死亡，5人重伤，直接经济损失14万多元。

1992年2月16日，湖北宜昌市石牌村一临时性炸药库爆炸，当场炸死16人，炸伤36人；同年8月27日下午5时35分，广东深圳市盐田港九径口炸山工人引爆时因闪电导致爆炸事故，至少炸死15人。

1993年2月22日17时左右，河北邢台市东关居民魏某拆卸报废炮弹倒卖，发生爆炸，死亡10人，伤114人，报废2辆消防车，四邻房屋被炸毁，直接经济损失达300多万元；同年3月9日14时42分，定兴县唐兴铸钢厂对一枚收购来的旧炸弹采用氧气切割，当场炸死9人，重伤3人，轻伤多人，导致厂房粉碎性倒塌，高压线被炸断，变压器报废，周围80多户人家的房屋受损，无知酿成了一起特大爆炸事故。

对火药爆炸事故的防范，应将重点放在各种火药、烟花、鞭炮的生产环节，严格审批和检查制度，重视安全生产，这是减轻其危害的关键环节；同时，在有关城市禁放鞭炮，亦将有效地减轻爆炸事件。此外，对火药的管理容不得半点松懈，必须定岗定责，双人共管。

（四）化工石油制品爆炸

化工石油制品爆炸是损害后果最为严重的爆炸灾害，它往往以化学性反应引起爆炸为前提，以造成大范围火灾为必然后果，从而是令石油化工生产企业、运输者、使用者畏惧的一种灾变。

在中国的人为事故灾害史上的典型灾害中，化工石油制品爆炸灾害占有一定的比例。据有关资料统计，从1973年1月～1984年1月10年间，仅大型油罐爆炸事件就发生了11次，年均1次。典型个案就有：

1967年9月9日，大庆石油化工总厂加氢车间发生爆炸，致使45人死亡，58人受伤。

1983年8月15日下午，北京焦化厂两个100立方米的酒精储罐遭雷击爆炸，爆炸冲击波将易燃体罐区全部摧毁。

1984年1月14日凌晨1时许，一艘满载石油、化工原料的万吨巨轮发生爆炸，继而大火，烧了7天才扑灭，巨轮和货物全部毁灭，港口生产也受到严重影响，再加上扑灭费用，总计损失至少在3 000万元以上。

1985年5月6日，陕西省医疗仪器厂违反安全规程，将一台4.5千瓦非防爆电动机吊入1 000吨原油罐内抽油，电火花致油起爆，电动机油罐被炸碎。爆炸后，火随四处漫流的600吨原油熊熊燃烧，该厂二个车间、发电机房、配电室、汽车和4户民房及600吨原油被全部烧毁，还烧死13人，烧伤7人。

1988年10月22日凌晨1时，上海高桥石油化工公司炼油厂的小梁山球罐区因操作工的失误导致液化气外泄爆炸并迅即燃烧，烧死25人，伤16人，经济损失惨重。

1989年1月2日凌晨1时15分，在湖北洪湖市新滩口的长江江面上，两艘装油驳船因搁浅导致碰撞，所产生的火花触发可燃气体而爆炸并起火，焚毁驳船2艘，烧死8人，7 200吨原油损失殆尽，长江受到严重污染。同年8月29日，辽宁本溪草河口化工厂聚乙烯合成工段因聚氯乙烯外泄发生爆炸事故，致使12人死亡，7人受伤。

1992年6月27日下午3时20分，内蒙古通辽市油脂化工厂癸二酸车间正在运行的水解釜突然发生爆炸，造成8人死亡、5人重伤、9人轻伤，直接经济损失达25万多元。

1993年是中国石化制品及化工企业爆炸灾害的特重灾年。该年度1月7日，上海青浦县一打火机厂发生爆炸，二层楼的厂房被炸塌，炸死工人17人、重伤4人。6月26日下午，郑州市食品添加剂厂继该市6月9日金门酒店因液化气泄漏而爆炸后，又因库房内存放的7吨过氧化二苯甲酰升温发生大爆炸事故，当场炸死27人、重伤30多人。8月5日，广东深圳罗湖区清水河危险品仓库发生特大爆炸事故，市民皆疑"原子弹"爆炸，虽经4 000多名官兵全力扑救，仍造成15人死亡（包括深圳市公安局二位副局长及武警官兵）、100多人身负重伤，炸毁仓库3栋，毁坏仓库12栋，各种直接经济损失达2.4亿多元，邹家华副总理亲往深圳处理善后事宜。10月21日傍晚，金陵石化南京炼油厂310号万吨级储油罐发生爆炸，直径50米的油罐锥形顶盖被炸飞，并导致周围大火，经中央、省、市全力协作，国务院罗干秘书长率团至宁指挥救灾，至22日14时才扑灭火灾，但已造成2人死亡、多人受伤，保守的估计，损失也达1 000~2 000万元。

由上可知，石油化工制品及石化企业的爆炸事故具有很大的破坏力和危害性，它不仅直接炸毁财物、伤害人畜，而且一般还会酿成大火灾，因此，它应当成为石油化工生产、储运企业的防灾重点。

（五）工业粉尘爆炸

所谓粉尘爆炸，是指悬浮在空气中一种粉碎得很微小的可燃固体，因点火源的作用而导致的爆炸事件。粉尘爆炸条件有五：一是粉尘必须是可燃的；二是粉尘必须成为悬浮状；三是粉尘浓度必须在可爆范围内；四是粉尘悬浮体必须与能够引爆和维持火焰传播的点火源接触；五是粉尘所悬浮的环境中必须含有维持燃烧的足够的氧气。粉尘爆炸的直接后果就是火灾。

粉尘爆炸自人类开始利用机械来研磨粮食时就可能发生过，但一直到18世纪才有粉尘爆炸的记载。在20世纪中叶，粉尘爆炸随工业的发展而显著地增加了，它不仅发生在粮食系统，而且也发生在纺织系统及其他工业系统。据统计,1913—1973年间,美国仅工农业方面就发生过72次严重的粉尘爆炸事故;日本在1952—1975年间共发生重大粉尘爆炸事故117次。

在中国,粉尘爆炸事故也屡有发生,例如:

1981年12月10日上午11时许,广东省广州市黄埔港第二装卸区粮食筒仓因工人在二楼用电焊、气焊安装电子磅时的火星引起粉尘爆炸,幸好大部分工人都下班了,只有在场的7名工人受伤,烧毁小麦30万公斤及其他设施,直接经济损失达100多万元。

1987年3月15日2时39分,哈尔滨亚麻厂发生特大粉尘爆炸案,4个车间受损,死亡58人,伤77人,直接经济损失1 000多万元。而此次粉尘爆炸事故之前,该厂曾发生过3次粉尘爆炸事故,不过损害后果不重而已。

1993年1月13日晚上5时30分左右,只差2天向游人开放的哈尔滨旅游城"历险宫"因旅游部门未按消防部门的要求施工造成粉尘爆炸,当场有8人被炸死、6人受重伤、2人受轻伤,使剪彩开业的日子成了处理后事并现场通报爆炸灾情的日子。

对于粉尘爆炸事故的防范,重在尊重科学和严格管理。因为产生粉尘爆炸事件必须同时具备五个要素(见前面文字),只要任何一个要素不具备就不会致灾。例如,控制住火源、控制住可燃物的积聚,等等,均能避免粉尘爆炸事故的发生。

总之,爆炸灾害是人类社会面临的致灾时间最短而危害后果又十分严重的人为事故灾害之一,上述多起典型的灾事均表明了人在爆炸灾害中所扮演的角色:既是致灾者,又是受害者。因此,在生产、运输中讲求科学管理、安全第一,在日常生活中不盲目蛮干,应该成为人类珍惜自己生命、防止爆炸事故发生的必要对策。

三、公路交通事故

(一)机动车辆与公路交通事故

公路交通事故,实质上就是车祸,即由各种机动车辆引起的灾祸,它随着车辆的产生而产生,随着车辆的大众化、普及化而急剧发展,以至于被称为当今世界的"公害"。

机动车辆产生至今只有220余年历史,但真正发展起来还是20世纪以后。1770年,法国人居诺制造出世界上第一辆蒸汽机驱动的三轮车,车速为每小时3.5公里;1803年,蒸汽机已经用到公共汽车上;1885年德国工程师本茨(奔驰)制造出了第一辆真正的汽车,标志着人类交通进入机动化时代。与此同时,电动汽车亦开始出现。1908年,美国的福特T型汽车开始在市场上出现,由此揭开了大量生产汽车的序幕。第二次世界大战以后,汽车以大众化为目标,开始普及到一般大众生活中,给我们带来了很大方便。

然而,汽车本身的机动性和快速性又极易导致灾祸的发生,正因为如此,当西欧的汽车开始出现时,那些贵族、绅士们宁愿坐马车也不坐汽车。19世纪末,中国的慈禧太后接受了德国人赠送的一辆汽车,自己却从来不肯试车,汽车成了皇宫内的摆设。由于交通事故的大量出现,车辆一直"名声不佳",日本人曾把汽车称之为"飞跑的凶器",美国人则称之为"飞奔的棺材"。当然,随着社会的发展,人类选择的生活方式已经离不开机动车辆了,上班、旅行、运输物资等等均需要依赖于公路运输。因此,汽车工业的发展是必然的,汽车的进一步大众化也是必然的,而公路交通事故的进一步增长也是必然的。

交通事故的严重性,不仅在于机动车辆本身的直接损毁,而且经常给人们的生命财产带来严重的威胁,有"永无休止的战争"之称。据统计,自20世纪汽车批量生产以来,全世界死于公路交通事故的人数累计达3 000多万人,而同一时期内死于战争的人数为2 400万人;近10年来,全世界每年死于公路交通事故的人数达50万人,因车祸致伤、致残者达1 000多万人,直接间接经济损失在500亿美元以上。中国作为发展中国家,各种机动车辆不到1 000万辆,仅占美国车辆的1/20,而交通事故却比美国还要严重。美国每年死于交通事故的人数在4~5万人左右,而中国每年因车祸丧生者却在5万人以上,是各种刑事案例中死亡人数总和的3倍多,是火灾死亡人数的20多倍,每年直接经济损失至少在100亿元以上。由此可见,交通事故不仅是中国人为事故灾害中的一个主要灾种,而且在中国的整个灾情中占有十分重要的地位。

公路交通事故作为当今中国社会的"公害"之一,常见的有如下几种:

1. 碰撞事故

它包括：（1）机动车辆与人相撞。由于驾驶员反应迟钝、判断错误或措施不当，或通过城镇街道时未按规定速度、路线行驶，或行人、儿童在行驶车辆前突然横过使驾驶员措手不及，均会导致车与人相撞的事故；（2）机动车辆与自行车相撞。这种事故多发生在各种道口；（3）机动车与机动车相撞。它包括正面撞车、迎头撞车、追尾撞车、侧面正交和侧面斜交等多种碰撞形式，其结果必然是损毁车辆，并伤及人身，平直路段、岔路口、弯道处都有可能发生车与车的相撞事故；（4）机动车与其他物体相撞，如车与树相撞、车与电线杆相撞、车与建筑物相撞等等。在碰撞事故中，人、骑自行车者均处于弱势地位，必受伤害；车车相撞会各有不同损失程度；车物相撞既会损害被撞物，又会损害车辆自身。

2. 翻车事故

包括驶出路外翻车和路面翻车二类。在各种类型的交通事故中，翻车事故是损害后果最为严重的交通事故，90％以上造成重大伤亡的公路交通事故都是翻车所致。

3. 其他

如自然灾害致损、火灾致损、爆炸事故致损等，亦是常见的车祸种类。

在上述交通事故种类中，碰撞事故不仅损害自身，更重要的是损害第三者，其发生数量最多，造成的直接经济损失也最大；而翻车事故则一般只损害机动车辆自身及车上的乘客、货物，是最易造成重大人身伤亡的车祸；至于其他车祸，主要危及机动车辆自身。

（二）公路交通事故的成因

中国的车祸十分严重，而造成车祸的原因又几乎都是人为的，其中由于驾驶员与行人或乘客的原因引起的公路交通事故占全部交通事故的90％以上，具体而言，车祸频发的成因在于：

1. 驾驶人员违章行驶或技术不良

机动车辆的直接控制者是驾驶员，驾驶员有无职业责任心和优良的驾车技术，是避免或导致车祸发生的最主要因素。以1989年为例，在该年度发生的公路交通死亡事故中，属于驾驶员责任造成死亡的31 229人，占全部公路交通事故死亡人数的62.2％，其中：酒后驾车占2.3％，超速行驶占 2.3%，违章操作占 15.3%，其他违章占 13%。再以湖南、四川两省为例，在湖南省 1983～1984 年二年间发生的 13 964 次公路交通事故中，8 895 次属驾驶员责任造成，占总数的 64%。在四川 1981～1985 年 5 年间发生的 45 185 次公路交通事故中，29 650 次属驾驶员责任造成，占总数的 65.62%。驾驶人员违章、违纪行驶车辆不但在交通事故原因中所占比重大，而且重大、特大事故多，绝大部分造成重大伤亡的车祸都是驾驶人员违章超速、操作失误等造成的。

2. 群众交通法制观念淡薄

如行人和骑自行车者不遵守交通指挥信号，以及乘客的不当行为均会引起车祸。例如，在湖南省 1983～1984 年发生的公路交通事故中，因行人或乘客引起的占 33% 以上；在四川省 1981～1985 年发生的公路交通事故中，因行人或乘客引起的占 30%。再以 1989 年北京、广东两省的统计为例，交通民警纠正较严重的行人或骑自行车者的交通违章行为分别达 1 247 万起和 1 398 万起。由此可见，行人、乘客的违章或不当行为是车祸中仅次于驾驶员的重要原因，部分受害者在受害前还是直接的致灾因素。

3. 道路状况不好

公路路面小、质量等级低、混合交通、多数地方连必要的交通标志也没有，不仅是各种车祸的综合影响因素，有时甚至成为唯一致灾因素。例如，在城市，北京、上海、沈阳等大城市的道路面积率还不到 6%；而东京为 13.8%，巴黎为 25%，纽约为 24.1%，华盛顿为 43%，如此狭小的道路，城市车祸如何能少。在长途客运中，1988 年在急弯、陡坡、狭窄路段和路口发生交通事故 13 500 多起，占总数的 26.8%；死亡 15 500 多人，占全年公路交通事故死亡人数总数的 28.4%；1989 年，在急弯、陡坡和路口发生的公路交通事故为 12 384 次，占该年总数的 26.9%；死亡 14 338 人，占 28.6%；在一次伤亡 20 人以上的重大恶性交通事故中，全部发生在上述路段，其中 60% 发生在山区、丘陵险路上。再以湖南为例，在该省所有公路交通事故中，纯粹是由道路原因引起的公路交通事故每年达数 10 起，其中在 107 公路南江至平江段中一陡坡转弯处，通车以来已翻车 100 多次，成为过往车辆的最大危险因素。

4. 车辆状况不良

如机动车辆转向装置、制动装置、车轮及轮胎技术状况不良，灯光和喇叭的技术状况不良、行驶装置及其他部位的技术状况不良，不仅会影响驾驶员驾车，而且均会直接导致车祸发生。如在湖南省的公路交通事故统计中，因车辆技术状况不良（即机械原因）直接导致的车祸每年近百起，占车祸总数的1.1%；在四川省的公路交通事故中，该比率为1.65%。

5. 其他原因

一是在风、雪、雨、雾等恶劣气候下，驾驶安全难以保证，如行车中突遇山崩、泥石流等突发性自然灾害或桥梁崩塌等意外事故，驾驶员就无能为力。这类原因导致的交通事故一般占交通事故总数的1.5%～2.5%左右。二是部分地区交通管理部门执法不严，对肇事者的处理从宽从轻，客观上助长了车祸的增长。三是一些地方交通警力严重不足，100～200公里仅有交通警几人，加之交通、通信工具落后，致使大量路面失去控制。

综上可见，造成公路交通事故的原因是多方面的，既有人的原因，又有路的原因，还有车辆本身及管理等方面的原因，但人的原因引起的事故占90%以上，尤其是驾驶员违章违纪引起的交通事故占60%以上。这些数据及分析充分表明，公路交通事故完全是一种人祸，即人为事故灾害。

（三）公路交通事故的危害

与其他灾害相比，公路交通事故的危害虽然也表现在财产损失上，但更主要的是表现在众多的人身伤亡上。因为机动车辆肇事带来的都是小范围的损失，单起事故财产损失少则几百元，多则数万元，确实不像其他灾种那样严重。

在财产损失方面，公路交通事故一方面造成肇事车辆自身的毁损，另一方面又造成第三者的财产损失，它虽然单起事故损失较小，但因其频率特高，损失总数却不低。据了解，美国1980年公路交通事故经济损失为393亿美元，1986年为578亿美元；法国每年因车祸要损失1 000亿法郎，相当于国家预算的8%；日本每年因车祸造成的损失在1万亿日元左右。在中国，由于计算方式的不同，像公路交通事故的绝大部分损失如大量轻微事故损失、厂矿及机关院内交通事故损失、伤亡者的医疗费用均不统计入内，其损失结果必然偏小。以1988年为例，国家执法部门公布的公路交通事故损失为3.09亿元，而同年中国人民保险公司在承保车辆仅占总车辆数的35%，且扣除了许多起除外责任引起的车祸未赔的情况下，却付出了

13.66 亿元赔款。因此，如果按保险公司计算方法计算，全国每年因公路交通事故造成的经济损失至少在 100 亿元以上。

在人身伤亡方面，一起恶性车祸造成的伤亡数就可能相当于几场特大火灾或一般自然灾害灾种造成的损害。如果从累计而言，公路交通事故造成的伤亡人数无疑地要超过任何一种灾害。据统计，全世界每年有 50 多万人死于公路交通事故，1 000 多万人伤残；中国则每年有 5 万多人死于交通事故，15～20 万人伤残，这种数以万计的死亡数、数以 10 万计的伤残数的数据表达方式，在当代中国也就仅仅适用于公路交通事故灾害了。

中国的机动车辆仅为美国的 1/20，而车祸造成的人员伤亡数却要超过美国 20% 以上，每 4 年多就相当于发生一次唐山地震。

据 1984～1985 年统计，中国的万车死亡率是工业发达国家的 40～50 倍，这一数字还在发展，因为工业发达国家的汽车拥有量已趋饱和，只需更换或淘汰，而中国的新驾驶员却越来越多。

在城市，据 1986 年《未来与发展》杂志公布的统计数据，上海市每年万车死亡率是 41.5 人；北京每年万车死亡率为 44.8 人，天津市每年万车死亡率为 60.4 人，而同期法国巴黎市每年的万车死亡率为 4.9 人，日本东京为 1.12 人，美国纽约为 1.38 人。

从 1980～1989 年 10 年间，全国共发生车祸 1 891 570 起，死亡 365 339 人，伤 1 225 190 人，这个数字令人触目惊心！

笔者收集的恶性交通事故惨案并不完全，但也有 400 多起。以 1992 年为例，该年度 1 月 16 日下午 1 时 10 分，四川黔江地区彭水县一辆大客车在行至天港线 14 公里处一下坡地段连续转弯处，因严重超载而制动失灵，翻至 118 米深的山坡下，酿成了 43 人死亡，29 人重伤的惨剧。2 月份，公安部门公布，全国发生一次死亡 5 人以上的公路交通事故 17 起。4 月 1 日上午 9 时 10 分，湖南桃江县汪泉镇开往益阳市的一辆大客车发生爆炸，原因是旅客携带危险物品上车，整个车厢起火燃烧，死亡 55 人，7 人生命垂危，伤 12 人。4 月 3 日下午 6 时，浙江温州捷达运输社个体面包车在欧江大桥北面翻车入江，乘车春游的 30 多名学生仅 8 人获救，余者皆遇难。6 月 24 日 11 时 30 分，河南南阳地区一客车在西郏县晕马河乡阜岭因车速过快，翻入 70 米深的山坡下河中，当场死 24 人，9 人生命垂危，重伤 7 人，仅有 1 人幸免。9 月 16 日 17 时，甘肃夏河县汽车联运二队一客车在该县驶往玛曲的途中翻入山坡下，造成31人死亡，20人受重伤。9月28日14时30分，福建福鼎县公交公司一客车在沙台县境内一弯道处，因车速过快，刹车失灵而翻入80米深的山沟，死亡22人，重伤14人。

1993年1月31日7时，辽宁省新民县境内又发生一起恶性交通事故，个体户薛某驾驶的一辆鞍山牌大客车超员装载94人，在一道口与火车相撞，汽车撞得粉碎，当场死亡59人，另有6人送到医院又相继死亡，还有29人重伤，铁路、地方设备的直接经济损失达45万元。4月30日，辽宁省大石桥市一大客车在浓雾中驶入歧路，与一列正在行驶的油罐列车相撞，7名教师、1名司机及28名小学生遇难。辽宁省在3个月内连酿二起重大惨案。同年5月份仅一个月，全国就因车祸死亡5 053人，伤11 640人，平均每天死亡168人、伤388人。公路交通事故惨案可谓举不胜举。

（四）公路交通事故发展趋势

中国公路交通事故的总体发展趋势，就是灾情越来越严重。具体而言，它又表现在以下几方面：

1. 车祸次数急剧上升

随着机动车辆的增加，中国车祸次数也一直呈上升趋势，如20世纪50～60年代，每年平均发生车祸一万起左右；到1980年以后，机动车辆以每年15%～20%的速度递增，车祸的数量更是大幅度增长。在1980～1989年10年间，前五年还比较平稳，平均每年发生车祸10万起左右，但1985年后开始急剧上升，后五年年均发生车祸25万起以上，个别年份甚至接近30万起，每天要发生车祸800多起。以湖南省为例，1981年车祸次数为5 516次，1987年上升到14 392次，6年间增加了1.6倍。

2. 人员伤亡异常发展

在公路交通事故中，人员伤亡数的增长幅度要比车辆增长幅度大得多，并且难以抑制。例如，在1951—1988年37年间，全国死于公路交通事故的人数为54万多人，伤残190多万人，年均死亡1.46万人左右、伤残5万多人；而1980—1989年10年间全国死于公路交通事故人数达36.54万人，伤残122.5万人，年均死亡人数3.654万人、伤残12.25万人；近几年来，每年死于公路交通事故的人数在5万人以上，伤残者18万人以上。如1988年就因车祸死亡54 814人；1992年死亡人数进一步提高到58 729

人，平均每天因车祸死亡161人。公路交通事故造成的人员伤亡，等于每年毁灭一座中等城市。

3. 经济损失超常增长

虽然交通管理部门对公路交通事故的经济损失统计仅限于事故现场交通工具的损失和财物直接损失，不能真正反映车祸所带来的经济损失状况，但因新中国成立以来一直如此计算，因而完全可以作为纵向比较的依据。在20世纪50～60年代，国家公布的车祸所致直接经济损失每年为2 000多万元，20世纪70年代上升到5 000万元以上，80年代后突破3亿元，如1987年为2.8亿元，1988年为3.09亿元，1989年为3.3亿元，80年代为50～60年代的10倍、70年代的5～6倍。如果根据世界大多数国家的公路交通事故造成的经济损失约占国民生产总值1％～2％的事实，目前中国的车祸所致的经济损失每年至少达100～200亿元，如此巨额的经济损失，绝不亚于一场巨型水灾、风灾等的破坏。

4. 个体运输户肇事率高

个体运输专业户是改革的产物，在国民经济发展中起到了日益重要的作用，然而，由于其所购车辆中有相当部分是旧车，驾驶员的技术水平普遍较低，加之存在片面追求经济效益的思想，其肇事率一直很高。以1989年的统计为例，个体运输户拥有的汽车只占全国汽车总数的13％，而肇事却高达45 356起，占全国公路交通事故的23％，导致10 045人死亡，占汽车事故中死亡人数的28.8％。由此可见，个体运输户的增长是导致中国公路交通事故日益严重的一个重要原因。

5. 道路基础设施的发展与车辆、交通流量增长速度不相适应

改革开放及市场经济的发展，促进了交通运输事业的大发展，近几年，机动车与公路运输量年增长率达15％～18％。然而，新中国成立40多年来，中国的机动车保有量增长达240倍，其中民用汽车增长90倍，而公路却只增长10倍。中国现有的公路105.7万公里（1992年底）不仅偏少，平均每平方公里国土面积仅有100多米公路，而且路况极差，二级以上公路仅占5.58％，80％是四级以下的公路，其中25.5％为等外路，普遍缺少安全设施。在城市，国外一些大城市平均每平方公里有12～15公里公路，而中国的大城市平均每平方公里只有5公里公路。这种严峻的局面短期内还无法从根本上改变，公路交通事故的上升之势也将难以扼制。

（五）减轻公路交通事故的对策

面对着高速度发展的交通运输业和触目惊心的公路交通灾难，笔者认为，要减轻其危害，必须从以下几方面入手：

1. 增加投入，加快公路建设

交通运输业是国民经济的基础部门，无论从发展经济的角度出发，还是从减轻车祸的目的出发，都要求国家将公路建设摆到优先发展的地位，中国公路建设与公路交通运输业发展的严重不适应局面，应该尽快得到改变。如修高速公路，提高公路等级，在城市中发展立交桥，使市区交通路线立体化；在农村增修公路，改造危险路段；等等。如果舍得投资，就为减轻车祸和经济的高速发展奠定了基础。

2. 加强对驾驶员的教育，严格执法

驾驶员在公路交通事故中因其直接控制着机动车辆而负有主要责任，而绝大多数交通事故均因驾驶员违章违纪造成又表明车祸是可以避免的。因此，加强对驾驶员的教育，提高驾驶员的安全责任心和技术水平，对违章肇事的驾驶员不是从宽从轻而是严格依法处理，将有效地控制公路交通事故的发生。

3. 重视交通安全宣传教育

公路交通事故之所以被称为一种"公害"，就在于它危害的广泛性和经常性；况且，在许多公路交通事故中，行人、骑自行车者及乘客还有着直接的责任（如携带易燃、易爆危险品上车等等）。因此，只有全社会都树立起交通安全意识，才能使预防公路交通事故具有广泛的群众基础，如在报刊、广播电台、电视上开展深入、持久的交通安全舆论宣传，在公共场所和交通要道开展车祸的图片展览，辅之以安全月活动等等，均会取得良好的减灾效果。

4. 其他

如加强对车辆的例行保养、定期保养，推行交通安全责任制，依靠科技进步来提高车辆质量，等等，都是减轻公路交通事故的必不可少的措施。

车祸，每时每刻都在发生，因其发生次数多，人们似乎习以为常；因其单案伤亡人数少，损失不太大，也就显得不如地震、洪水、甚至不如空难、海事及铁路事故那么惊心动魄，从而产生不了轰动效应。然而，笔者的上述文字表明,其他各种交通事故所造成的死亡人数比起公路交通事故来,恐怕还不及一个零头,既然掉一架飞机会引起举国震惊,那么,在公路运输中相当于每天掉一架大型客机的车祸更应该引起举国上下的高度重视,"中国人在公路上相互残杀"(1986年6月2日美国《时代》周刊的报道)的局面必须得到有效控制。

四、铁路交通事故

(一)铁路与铁路交通事故

要了解中国的铁路交通事故,不能不了解中国的铁路状况。

1876年,中国由英国商人在上海建成第一条铁路,因怀疑会"震动祖坟"而旋即被豪绅收购拆毁,至今100多年了,中国的铁路在经历了曲折而缓慢的发展历程后,至今仍在艰难中度日。到1992年,中国的铁路里程为5.5万公里,占世界的4%,比1949年增加1.4倍,但客、货运输却增加了12倍以上。中国的铁路密度每百平方公里不到0.6公里,在100多个有铁路的国家中,居第68位。中国每万人拥有铁路0.47公里,在100多个有铁路的国家中居倒数第7位。中国有1.4万多台铁路机车,但内燃机车合数仅占44%、电力机车占13%,其他则为过旧的蒸汽机车,其中40%服役已超过40年。在中国的铁路运营里程中,1/3的区段已经饱和。在中国的铁路铁轨中,超期使用的达1.3万公里,路基病害达9.6万处。目前,全国旅客列车平均超员40%~50%,每年有1亿多旅客是靠超员运输的。中国铁路的现状如斯,本身就足以表明铁路交通运输业已陷入深刻的危机中。

本来,列车固定于轨道上运行,是公认最安全的交通运输工具,但因种种原因,铁路运输的保险系数并不高,虽然铁路事故次数与公路事故相比发生得很少,但每次事故都会造成严重的损害后果。例如,在国际上就发生过多起震惊世界的大惨案:1917年12月12日,法国莫丹车站因指挥系统失灵,两辆列车正面相撞造成毁灭性的颠覆,死难者达543人;1979年11月10日,加拿大一列满载易燃易爆化工产品的特长火车在密西索戈站倾覆,并引起爆炸,导致其中一节液氯(俗称"毒瓦斯")罐车爆裂,使当地24万人争相逃亡；1981年6月6日，印度比哈尔邦一列9节车厢的客车在通过巴格马蒂河的铁路桥时意外脱轨，7节掉入河中，2 000多人惨死河中，酿成了世界铁路史上最大的伤亡惨案；1985年1月13日，埃塞俄比亚一客车在首都以东的阿瓦什城外通过一座桥梁时出轨，4节车厢坠入河中，致使450人死亡，560人受伤；1989年1月15日，孟加拉国吉大港一列开往首都的列车在栋吉市附近与另一列车迎面相撞，17节车厢全部倾覆，共致400多人死亡，2 500多人受伤；等等。

在中国，由于铁路管理的落后和工作中的漏洞，加上前述中国铁路技术落后、路况差、客货运输严重超负荷运转等原因，铁路交通事故也不乏罕见，虽然还未发生过像上述国际上有名的特大型事故，但每年总有多次事故引起全国关注。1988年，铁道部长丁关根还曾因铁路事故频发等而引咎辞职。正因为铁路交通事故相对较少，而单案损害后果及社会影响又大，每当重大事故发生，上至中央政府，下至省一级政府的要员总要亲临灾变现场处理善后，这已经成为中国的一项传统。

中国的铁路交通事故，可以称为"20世纪的灾害"，这种灾害的发生总与人有着不可分割的关系。随着旅客与货物运输业务的剧增，中国的铁路交通承担着更大的责任，中国的铁路交通安全也面临着更为严峻的形势。

（二）铁路交通事故的特点

根据铁路交通的特点和铁路交通事故统计资料，我们可以概括出铁路交通事故的主要特征。它包括：

1. 地域局限性

作为铁路交通事故的标的——列车，必须在固定的铁轨上运行，铁路交通事故也就必然发生在铁轨上或其附近，换言之，只有通列车的地方才有可能发生铁路交通事故。铁路交通事故的地域局限性正是它与公路交通事故及其他运输工具事故相区别的重要特点。

2. 量少危害大

铁路交通事故每年大约发生3 000多起，但95％是发生在道口并损及机动车辆等的事故，纯粹的、重大的铁路交通事故数量极少，每年少则几起，多则几十起，从数量上讲，铁路交通事故比绝大多数灾种都要少。然而，每起铁路交通事故的发生，损害后果及震动性特大，故单案的危害远非一般公路交通事故个案可以比拟。

3. 致灾原因众多

引起铁路交通事故的原因是多方面的,从笔者搜集的灾案来看,就有以下几种:一是司机违反操作规程,导致列车闯红灯出事;二是铁路信号系统失灵;三是车站调度混乱;四是路、桥、隧洞年久失修酿成事故;五是乘客携带易燃、易爆危险品上车;六是所运货物尤其是化工制品等发生意外;七是道口上机动车辆或人畜的不当行为致使出事;八是自然灾害的影响如地震、崩塌、洪水的突发亦会致灾,这类事故十分罕见。除第八条属人力不可抗拒外,其他原因均属人力可以控制的,因此,铁路交通事故几乎都属于人为责任性事故。

4. 出事地点集中

铁路交通事故的发生地点,主要集中在道口与火车站附近,在其他地点发生的铁路交通事故却较少。

5. 事故种类多

在笔者收集的铁路交通事故个案资料中,列车成灾的灾种就有火灾、碰撞、爆炸、出轨、颠覆、车厢脱钩、其他意外等多种,其中又以火灾与碰撞最为常见。

(三) 列车火灾事故

不论是旅客列车,还是货运列车,火灾都是危害最大的灾种之一。因为列车运行速度快,一旦失火,风助火势、火借风威,迅速蔓延,很难扑救,从而容易造成较多的人员伤亡和较大的经济损失。据1983～1987年上半年北京、郑州、济南、沈阳4个铁路局的统计,仅其所辖旅客列车就发生过火灾事故27起,年均6起,其中构成重大火灾事故的7起,共造成6名旅客死亡、49人受伤、7节客车报废、5节客车大破;如果再加上其他路局的旅客列车火灾与同期全国货运列车的火灾,则年均列车火灾至少在20起以上。

列车火灾事故的直接原因主要有以下5个方面:(1)列车火源设备控制不当,如餐车炉灶、采暖装置的燃煤、燃油锅炉、烧水茶炉的设备不良、用火不慎、操作失误都易引起列车火灾,这类火灾约占列车火灾事故的20%;(2)车体电器设备不良,产生短路或局部过热,以及闸瓦摩擦喷射火星引起火灾，这类火灾约占列车火灾的 18%；（3）旅客、乘务员及车上其他人员吸烟引起火灾，这类火灾约占列车火灾的 30%，但因一般是易被及时发现的小火，容易扑救，只有少数情况下酿成大灾；（4）旅客携带或在行李包裹内夹带易燃易爆物品引起火灾，如旅客携带汽油、火药、鞭炮、酒精、香蕉水等均易酿成大火，不易施救，这类火灾约占列车火灾的 17%；（5）承运货物意外爆炸起火，这类火灾主要发生在货运列车上，一旦发生，因货物会引起连锁反应，极易酿成大灾，这类火灾约占全部列车火灾的 12%；（6）其他，如自然灾害发生和桐油制品自燃等亦会造成列车火灾，这类火灾约占全部列车火灾的 3%。

对列车火灾典型个案，将在本文第（五）部分集中介绍。

（四）铁路道口交通事故

铁路与公路在同一平面的交叉处叫道口，它是铁路运输和公路运输相互干扰并极易发生冲突的危险点。据统计，在中国 5 万多公里的铁路运营线上，道口有 2.8 万多处，其中无人看守的道口达 75% 以上，每年发生道口交通事故约 3 000 起，占全部铁路交通事故的 95%，平均每天发生 7~8 起，每百处道口的事故率为 10，每年因道口事故伤亡人数约 2 万人，损坏的机动车辆和铁路机动车辆近万辆，所造成的直接经济损失在 1 亿元以上。以 1993 年辽宁省为例，在 1~4 月份该省发生的 4 469 起公路交通事故中，发生在铁道道口的有 119 起，两起伤亡最大的事故均发生在铁路道口，死亡 100 多人。

造成铁路道口交通事故的原因主要是机动车辆驾驶员抢道。此外，铁路道口报警装置因故障不报警，道口工失职或技术业务不熟，以及道口秩序混乱等，也是酿成道口事故的重要原因。由于列车在事故中总是处于强势地位及特有的运行惯性，事故中受害最重的往往是处于弱势方的机动车辆等。根据现行法规，凡机动车辆通过铁路道口，发生撞车事故时由事故处理委员会（铁路、公路、交警等组成）处理，责任属于一方的，其损失费用责任一方负担；责任属于双方的，其损失费用由双方合理负担。由此可见，道口交通事故亦应归属于铁路交通事故。

（五）铁路交通事故的典型个案

铁路交通事故的危害包括人身伤亡、列车自身的损毁、机动车辆损毁及铁路设施的损毁等方面。笔者收集的部分典型个案有：

1960年4月7日，牡丹江203次列车开往佳木斯，途中因旅客携带易爆品爆炸，当场死亡旅客47人，伤多人。

1976年9月4日，4371次货车运行至京广线捞刀河至丝茅冲间九尾冲道口，由于前方浏阳河大桥护桥部队值班战士通知道口工"注意来车"过晚，长沙市9路公汽172号车又抢道，发生道口交通事故，造成30人死亡，17人重伤、5人轻伤，公共汽车报废、火车机车受损，直接经济损失10多万元。

1977年11月23日，2584次货物列车在运行到湖南醴茶线攸县至新市间无人看守道口时，与一客车相撞，造成死亡9人、重伤31人及汽车报废的恶性事件。

1979年，由长沙开往广州的403次旅客列车，在驶入株洲站时，由于旅客携带大量发令纸（火药），上车且因挤压摩擦起火，虽幸遇进站停车从车窗抢救及时，仍然造成22名旅客被活活烧死、多人被烧伤的重大事故；同年12月5日，由武昌开往贵阳的149次列车在怀化站因旅客携带的打火纸撞击起火，发生重大火灾，烧死旅客18人，烧伤9人。

1980年1月22日，长沙开往怀化的403次旅客列车，由于旅客携带易燃、易爆物品上车，在株洲车站时发生爆炸，当即死亡22人，伤多人；2月21日，湘黔线泵塘子车站东头无人看守道口发生91次旅客列车与汽车相撞事故，9人死亡、1人重伤、汽车报废。

1981年10月4日，广州局26次特快旅客列车，因餐车炉灶液化气漏气引起火灾，致使整个餐车烧毁，直接经济损失达13万多元；距这起列车火灾事故仅10天，北京局522次旅客列车又因硬卧车取暖锅炉烤着棚板起火，大火迅速蔓延至另一卧铺车，虽无人员伤亡，但烧毁两节客车车厢，造成直接经济损失20多万元。

1984年5月14日，济南局117次直快旅客列车在运行中，7号车厢旅客吸烟引起火灾，并波及第8号车厢，当场烧死旅客5名，伤22人，两节车厢报废，直接经济损失30多万元。

1985年8月24日，郑州局安康站待发的483次旅客列车，因车上电线短路引燃列车顶棚的可燃材料，烧毁客车一辆，如果这起火灾发生在运营中，损害后果将更加严重。同年，沈阳局465次、578次旅客列车均因列车闸瓦摩擦喷射火星引起列车火灾。

1986年8月15日，南昌铁路分局1314货物列车在行至长沙五里墩至羊石间时因爬坡不上，列车违规后退，致使列车在白关道口与白沙铁务局汽车相撞，造成汽车颠覆，当即死亡3人，伤9人。

1987年2月18日，由东北三棵树站开往加格达奇的373次旅客列车在肇东站停车时，因一旅客携带的夹克油洒在地板上，又被另一旅客点烟扔的火柴引燃，造成火灾，烧毁一节客车，烧伤19人，各种直接经济损失达10多万元；4月22日，由黑龙江双鸭山市开往齐齐哈尔的98次特快旅客列车在运行到松花江大桥235米处，因罪犯刘长山对社会不满制造了列车爆炸事件，当场炸死9人，在抢救途中和入院后又相继死去3人，伤残44人，罪犯本人亦当场炸死；同年8月23日，1818次货物列车在通过甘肃陇海线天兰段十里山2号隧道时损伤铁轨颠覆起火，报废车厢23节，中断铁路交通201小时56分，直接经济损失达240多万元。

1988年是中国铁路交通的多灾年，恶性事故接连爆发，1月17日23时19分，由广州开往西安的272次旅客列车到马田墟车站时，因4号车厢旅客携带易燃品着火，烧死34人，烧伤30人，中断行车46分钟。这一事故虽是旅客违规所致，但火车厢的全部端门没有开启是造成重大伤亡的更重要原因。1月24日1时22分，由昆明开往上海的80次特快旅客列车在贵昆线且午至邓家村间颠覆，当场死亡旅客88人，重伤62人，轻伤100多人，报废车厢7节，破损车厢7节，损毁线路225米，报废钢轨22根、枕木460根，经济损失惨重，铁道部长丁关根引咎辞职。3月24日14时7分，在上海匡巷站又发生重大铁路事故。311次旅客列车因司机周某、刘某等违反行车规定，导致列车闯过显示红色灯火的出站信号机，挤坏道岔，进入区间，尽管采用了制动措施，但为时已晚，与迎面开来的208次旅客列车正面相撞，造成29人死亡（其中日本游客28人），多人受伤，成为震惊世界的大事故，社会影响极坏。

1990年7月，在四川万源县花楼坝乡发生一起油罐列车爆炸燃烧事故，当场烧死4人、烧伤14人，累计经济损失8 000多万元。铁道部长李森茂亲至现场指挥救火。

1992年，铁路又进入多事之年。3月21日凌晨3时，在浙赣线湖南株洲五里墩车站，由南京西开往广州的211次旅客列车和株洲开往萍乡的

1310次货物列车正面相撞，造成11人死亡，8人重伤，30多人轻伤，211次列车5节车厢、1310次列车8节车厢颠覆，死者主要是铁路职工和家属，铁道部长李森茂等亲至现场指挥抢救。7月7日，北京朝阳区环形铁路道口汽车与火车相撞，导致2人死亡、2人重伤，中断行车2小时。7月1日凌晨5时，由湖北襄樊开往重庆的1605次货物列车在途经十堰市花果火车站时与停在67轨道上的1086次货物列车迎面相撞，当场死6人，重伤5人，4节电力牵引车厢和22节货物列车堆叠在百米范围内废损，直接经济损失达数百万元。9月15日4时58分，运载原油的084次油罐列车行至距西宁65公里处的18号涵洞时起火，烧毁油罐车17辆、原油846吨，中断青藏铁路行车3天零8小时。10月21日零时21分，陇海线由东向西开的170次货物列车在河南三门峡交口站颠覆，造成2人死亡，47节车厢报废。

1993年春节刚过，辽宁省新民县就发生一起恶性道口交通事故，致使65人丧命。从1~4月份，仅辽宁省就发生火车道口交通事故119起，道口尤其是无人看守的铁路道口成了吞噬生命的魔鬼。7月10日凌晨近3点，北京开往成都的163次旅客列车在河南新乡近郊撞上2011次货车尾部，当场死亡40人，重伤48人，京广铁路中断16小时。

笔者无法一一赘述众多的列车火灾、撞车、颠覆、爆炸事故，但上述铁路交通事故个案至少表明：中国的铁路保险系数并不高，铁路当局应当小心！旅客应当小心！道口行车及行人应当小心！

（六）铁路交通事故的防范

中国的铁路路况之差，为世界少有；而管理漏洞之多，也恐怕为世界少有。在铁路硬件、软件都是如此局面的现实条件下，要减轻铁路交通事故，必然要付出加倍的努力。笔者认为，铁路交通事故的防范之策宜软硬兼施，多方并举。

1. 打破垄断，中央与地方相结合，尽快改变铁路里程少、路况差的局面

如扩修铁路，淘汰旧轨，增加电气化铁路，更新铁路设施，等等。然而，现实情况是："一五"时期，中国交通投资占全国基建投资的17.4%，此后年年下降，到1981年降至10%以下；进入80年代以来，在投资比例下降的情况下，新建铁路干线每平方公里的平均造价又要比"一五"时期高 4 倍以上，建设工期亦相应长两倍，固定资产交付使用率也在下降，投资回收期从新中国成立初期的 8～10 年到 70 年代后已长达 20 年以上。如果按世界铁路平均水平算，中国应该有 30 万公里铁路，目前仅为 5 万多公里，不到 1/5。在这种严峻的形势下，如果继续坚持国家垄断、中央负责的投资、管理体制，中国的铁路交通将没有出路。硬件太差，软件也必受影响，铁路交通事故的严重局面将无以改变。因此，笔者建议打破铁路的国家垄断，在确保中央财政优先投资铁路、集中财力修大的干线铁路外，应鼓励地方集资修铁路，如广东、江苏等就具有修路的财力。这样，国家管干线、地方修支线，中央财政、地方财政及多方筹资必将加快全国的铁路建设。如果铁路状况得到了较大的改善，不仅为减轻铁路交通事故奠定了基础，而且会对全国的经济建设起到极大的促进作用。

2. 严格执法，加强纪律

铁路当局是铁路的管理者和列车的直接控制者，应当承担起主要的责任，况且，在铁路交通事故中有许多就是铁路职工的失职甚至违章行为造成的。如道口工失职、司机闯红灯、车站职工开后门让携带易燃易爆品的旅客上车、检查走过场、乘务员在运行中不提醒乘客、对列车上的电器、炉灶、锅炉等设施不检修，等等，均是直接致灾的原因。因此，仅有《铁路法》及一批铁路法规是不够的，重要的是铁路系统必须严格执法，加强工作纪律，并落实到每一个铁路员工的具体行动上，唯有如此，才能有效地避免铁路交通事故的发生。

3. 确定防灾重点，有的放矢地开展防灾工作

从铁路交通事故来看，车站、道口、桥梁是易发地点，这些重要地点必须有高效、负责的防灾系统，包括称职的值班人员、万无一失的信号系统、临灾应变的救急措施等等。管好了这些地点，铁路交通事故将减少 50%。

4. 改进客车装修

在前述笔者所列的铁路交通事故个案中，火灾事故大多是因车厢耐燃性能不够引起的，事故中的伤亡又与车厢的端门开启不便有关，往往使小灾酿成大祸。因此，应该对易起火部位座席、卧铺采用不燃材料或以不燃材料做夹层，对易燃部位喷涂防火材料，同时安装端门的应急开启装置等，这样，一旦客车失火，就容易扑救，使灾情得到有效的控制。

5. 树立人们的防灾意识

如向旅客宣传防灾知识，严禁携带易燃易爆物品上车，在卧铺车厢禁止吸烟；教育机动车辆驾驶员严格遵守道口"一停二看三通过"的交通规则；在火车站举办列车事故的图片展览；等等。

总之，近10年来中国的铁路恶性事件接连不断，铁道部长频繁换人，表明了铁路管理部门对铁路交通的安全问题负有沉重的责任。铁路交通应该是安全的，中国的铁路曾经有过"正点安全"的辉煌时期，部分路局所辖的列车亦有过千天无事故的记录，可见，铁路交通事故是可以避免和防范的，我们期待着铁路交通恢复"安全运输工具"的本来面目，中国的铁路交通在发展中再创辉煌！

五、海事灾害

（一）何谓海事灾害

据奥地利交通安全办公室1983年一份研究报告称，轮船是最安全的交通工具，每航行8.4亿公里才死亡1人。笔者不知这一结论的依据是什么，但据国内的海事灾害，死亡者与航行里程之比肯定要高，许多灾事将表明，水上运输与生产活动也并不是安全的，中国的海事灾害亦十分严重。

所谓海事灾害，是指发生在近海海域及内陆江河湖库的水上事故。由于船舶是一种古老的交通运输工具，故海事灾害也是一种古老的交通事故。海事灾害发展到今天，主要包括以下三类：（1）海洋航运事故，即海上运输，捕渔作业以及科学考察等因各种意外原因造成船毁人亡的灾难；（2）近海石油开发及石油运输事故，即在近海海域进行石油勘探、钻探、建设、生产及运输过程中因各种意外原因造成各类科学、运输、生产船只及钻井平台等的毁灭与人员伤亡以及海洋污染的灾难；（3）内河航运事故，即航行于内陆江河湖库中的船舶因各种意外发生导致财产损毁和人员伤亡以及水污染的灾难。上述三种灾难均发生在水上这一特定地域，故概称为海事灾害。

从中国海事灾害发生的原因来看，不外乎以下几方面：一是人为过错，包括船长、船员及其他工作者的疏忽、粗心或违反操作规程所致；二是船只本身不适航，包括船舶质量不佳、燃料不够、给养不足、有关仪器设备发生故障等；三是自然原因，包括恶劣气候、台风、海啸、海浪等自然灾害；四是其他意外原因，如失火、爆炸、触礁、搁浅、碰撞等；五是犯罪原因，如船东为了窃取货物、骗取保险金，勾结船员，制造沉船事故等。在上述原因中，又可分为海洋灾难和内河灾难，前者的发生既有人为原因又有自然原因，往往是自然原因与人为原因交互作用的结果；后者则往往是人为原因引起。因此，从海事灾害的起因上看，它在总体上仍应归属于人为事故灾害。对于一些纯粹由自然原因引起的海事灾害，亦将列入本文予以介绍。

在世界海事灾害中，船舶失事始终是主要的，尤其是本世纪以来，船舶趋向大型化、快速化，船舶造价日益高昂，一艘大轮船一旦发生海难，便会造成成百上千人的死亡，因此，海事灾害与公路交通事故相比，单案损失要大得多。据统计，全世界常年拥有100吨以上的商船7万多艘，总吨位达5亿多吨，每年平均损失（指沉没或完全损毁不能使用）大型商船约230艘，损失率占0.3%。1986年，全世界共损失大型商船300多艘，达261万吨，损失较轻的1988年也毁灭了231艘，达86.4万吨。如果再加上各国国内的船舶事故，近海石油开发事故和军事船艇海事等，全世界每年有1万余人死于海事灾害。此外，油轮事故还是当今最令人憎恶的海上事故，它死人不多，但原油污染海洋、江河湖泊，造成极大的后遗性灾害。70年代以来全世界每年平均发生油轮事故约300多起，其中20起左右是20万吨级以上超级油轮制造的，所泄油污对海洋资源与生态环境的破坏无法估价。海盗活动也严重威胁国际上的水上安全。1980～1985年间，仅泰国沿海就有1 376人被海盗杀死，2 283人遭海盗抢劫，593人被绑架，等等。例如，1904年，美国豪华游轮"斯洛卡姆将军"号在纽约曼哈顿岛启航后不久即失事起火，烧、淹死旅客1 021人，仅有200人逃生；至今曼哈顿岛的汤姆普金斯街心公园仍立着记录该次海难的纪念碑，永志这场忽视船上消防造成的人间悲剧。1912年4月15日，20世纪最大最豪华的英国"泰坦尼克"号远洋客轮在由英国横越大西洋至加拿大时遇冰山撞沉，共有1 513人葬身大洋，由于乘客多是富豪、贵族，仅佩戴的珠宝钻石就价值3亿美元。1916年2月26日，法国游轮"普罗旺斯"号在地中海沉没，3 100人丧生。1939年12月12日，前苏联"印迪吉尔卡"号轮船在驶往海参崴途中触礁，因当时日苏处于战争的微妙关系，日方救护船晚了一天才赶到出事地点，100多人遇难，402人生还。1945年1月30日，德国训练船"古斯特洛夫"号奉命装载伤员，后方人员和家属从波兰撤退，在途中被前苏联的潜艇疑为大型巡洋舰而采用鱼雷攻击，该起海事导致7 700多人死亡，成为世界航运史上单船死亡人数最多的一次海难。1965年，墨西哥湾一场飓风造成美国海上石油公司数亿美元的损失，仅伦敦承保人就付出了1亿多美元的赔款，等等。据统计，自20世纪以来，已发生过17起死亡人数超过1 000人的海难；还有日本"信浓号"航空母舰，美国"本宁顿"号航空母舰，美国"福莱斯特"号航空母舰、美国"尼米兹号"航空母舰等一批海军舰只在海上沉没或损毁，7艘核潜艇葬身海底。由此可见，海上运输、作业等并非没有风险，而是风险异常之大，中国的海事灾害亦不例外。

（二）海洋航运事故

中国有着1.8万公里的海岸线和渤海、黄海、东海、南海4大近海海域，中国的海洋运输业和海洋渔业在全国运输业、渔业中占有十分重要的地位，中国正在加速发展着海洋石油工业和一系列的海洋科学考察活动，700多万平方公里的海域为我们提供了水上通道和宝贵的资源财富；然而，我们在利用海洋、并向海洋索取的同时也不得不一次次付出沉重的代价。

在历史上，中国的海难是出海渔船的毁灭，渔民畏之如神。历史进入20世纪以后，沿海航运业、近海捕捞业以及国际海上运输业都得到了迅速发展，船舶的机动性日益增强，价格日益昂贵，一旦在海洋出事，带来的危害也就更大。

如1916年8月29日，中国轮船"新玉"号沉没在沿海水域，造成1 000多人丧生；1921年3月18日，"香港"号客轮在南海失事，亦导致死亡1 000多人；1948年12月3日，装满逃亡者的"江崖"号轮船在上海附近的长江口外爆炸沉没，3 920人遇难。这三起海难被列为世界级大海难。新中国成立以后，中国的造船技术和航海技术都显著提高，中国的造船工业已跻身世界先进国家行列，气象预报也有了长足的发展，这一些都为海洋航运事业避免或预防海难的发生提供了保证条件；然而，由于各种人为的原因和海上风险的变幻，中国的海洋航运事故仍不断发生，虽然没有再发生过类似上述使上千人丧生的特大型事故，但大事故依然不少，近10年来每年发生大事故均达数百起，对海洋航运业的威胁极大。例如：

1963年5月1日，中国第一艘自行设计制造的13 930吨级远洋货轮"跃进"号在从青岛港首航日本的途中沉没，不仅造成了重大损失，而且差点酿成了国际政治事件。当晚，日本"全亚细亚广播电台"在向全世界发布的新闻节目中，称"跃进"号是"因腹部命中三发鱼雷而沉没"，引起各国政府的关注。美国声明他们当时没有海军船只在出事海域活动，"跃进"号的沉没不像是潜水艇打沉的，而是中日战争时期布的水雷撞沉的；日本政府则赶紧声明出事海域是他们国家的渔场，根本没有水雷；韩国也声明：他们没有潜水艇，中国政府在周恩来总理的亲自过问下派海军营救船员，同时派出多批潜水专家找到沉船及航海日志，并对沉船进行了水下检验，不久，中国新华社发布一项声明："跃进"号是触礁沉没的。"跃进"号的沉没不仅是新中国成立后第一起大海难，而且毁灭的是中国自己设计制造的万吨轮船，随船装载的万吨玉米、及矿产、其他杂货等出口产品全部沉没在公海海底，经济损失巨大。

1973年10月16日2时，广州远洋运输公司所属"新会"轮从广州黄埔港驶往新加坡途中，由于驾驶上的过失发生搁浅事故后，在强台风的袭击下又触礁被淹，船上所载400吨水泥。1 000多吨杂货随船沉没，仅船舶的承保人就赔偿了140多万美元的赔款。

1981年9月，中国"莲花城"远洋轮在新加坡海域爆炸，仅货物损失一项就达2 100多万美元，中国人民保险公司付出了巨额赔款。

1982年，中国远洋货轮"嘉陵江""牡丹江""阳春"，"开平"号四艘船舶被封锁在两伊战区，直接经济损失达1 430万美元。

1987年2月11日，江苏东台县黄海海面11条船在风浪中翻沉，死亡31人，失踪7人，经济损失达千万元以上；10月7日，广州远洋公司"西江"轮在日本宫崎县日南市以东约20海里处被风刮沉，损失达1 000多万元；10月23日，福建晋江"晋机312"号轮船在舟山群岛失火沉没，直接经济损失达200多万元。

1988年，仅交通部属航运企业就发生海事196起，死2人。该年度长江干线海损事故达470起；广东乡镇船舶发生事故351起，沉船109艘，死亡103人。较典型的部分个案有：3月12日，福建轮船公司所属的"闽海105"轮在香港江联码头装完货,启航福州,途中与香港"广州"轮相撞,"闽海105"轮损失达300多万元;8月18日晚,广州莲花城航运公司所属的"卫东33"号轮船在广州起航后因避让渔网造成抛弃承运货物——进口原装的新西兰羊毛的事故,经济损失达100余万元。

据1989年《法制日报》报道,从1988年1月至1989年4月,在被称为"黄金水道"的上海至广州航道上,沉船达万艘,日均沉船达20.5艘,这一数据简直难以令人置信,但《法制日报》又断非作假。

1989年4月21日,浙江舟山市海运公司所属"浙舟59"轮在从广东汕头空放定海途中与巴拿马船籍香港华通公司的"金源"轮相撞,"浙舟59"轮当即沉没,7名海员死亡,直接经济损失1 000多万元。10月31日,上海港驳船运输公司"金山"轮在天津塘沽新港装载4 000吨煤炭返沪途经烟台海域时遇难沉没,30名船员无一生还,经济损失仅船舶一项就达230多万元。

1990年7月21日,台湾当局将大陆偷入境者钉入"闽平渔5540"号船舱遣返,该船在福建平潭县海域搁浅,有25人窒息死亡;8月13日,台湾当局又以同样方式遣返50名私自去台湾的福建省居民,载运船"闽平渔5202"在驶回大陆时被台湾军舰撞沉,50人坠海,21人遇难;10月29日,福建省轮船公司所属的"盖山"轮在途经舟山小龟山以南7海里附近机舱着火,虽经上海救捞局全力捞救,但仅船舶修复费用就达250万美元。

1993年5月2日,国家海洋局所属海洋科学考察船"向阳红16号"在北纬29°12′、东经124°28′处与塞浦路斯船籍的一艘17 670吨货轮"银角"号相撞,3人遇难,考察船沉入大洋底,直接经济损失达亿元。

上述海洋航运事故仅是新中国成立后发生的大海难中的少数例子,而实际上发生在海洋上的类似事故多达数百起,各种原因导致的渔船、小型轮船事故更是不可胜数。

(三)近海石油开发及石油运输事故

石油工业是国民经济的主要行业,石油的开发建设由陆地扩展到海洋则是近二、三十年来的事情。中国的近海蕴藏着丰富的石油资源,中国在60年代末开始进行近海石油勘探,70年代开始在渤海海域进行石油钻探工作,80年代随着改革开放的发展,中国近海石油开发也走上了多国合作开发的道路，国家成立了独成体系的中国海洋石油开发总公司，近海石油开发在渤海、南海已成现实，并在迅猛发展。与中国近海石油工业的发展相伴而来的是又一类海事灾害的出现，许多次海难事件再一次表明，向海洋要资源是要付出相当代价的。

近海石油开发的风险主要是自然灾害和意外事故造成钻井平台、钻井船等财物损失、人身伤亡以及井喷、运输船及管道失事造成海洋污染等。一般而言，一个较大的海上油田的投资额约需 20 亿美元，在近海钻一口油井亦需投资近亿元，一旦出事，损失是巨大的。据国际上有关研究报告称，近海石油开发每钻 7.5 口井就有一人死亡，井喷率为 $0.5‰\sim1‰$，而中国的事故率显然大大高于这一比率。

中国的近海石油工业走合资化开发的道路已经 13 年，在建设阶段遇到了许多起事故灾害。笔者收集的典型事例有：

1979 年 11 月 25 日，"渤海二号"钻井平台在渤海湾翻沉，不仅造成了 3 735 万元的直接经济损失，而且 72 名作业工人全部遇难，其原因既有自然方面的因素，更主要的是官僚主义的人为因素即调度失当所至。这一海难的"英雄"表彰会刚开完，全国上下的反响就十分激愤，人们不能容忍给遇难者一个"烈士""英雄"的称号来掩盖事故的本质，为此，对中国石油工业曾作出过贡献的石油部长宋振明被撤销职务，分管石油工作的老革命家、国务院副总理康世恩受到记大过处分，这是新中国为一起人为事故灾害所作出的对负有责任的最高领导者的严厉处分。

1983 年 10 月 25 日，中国南海莺歌海海域又发生了震惊世界的"爪哇海"号惨案。"爪哇海"号钻井船属美国环球海洋钻井公司所有。1982 年租给在中国进行石油合作开发的美国阿科（中国）有限公司，专门用于勘探中国莺歌海海域石油，一场飓风，不仅使价值 1 亿美元的"爪哇海"号葬身海底，而且在船上工作的 81 人全部遇难，其中美国 37 人、中国 35 人、英国 4 人、新加坡 2 人、加拿大、澳大地亚、菲律宾各 1 人。

1986 年 1 月 9 日，北部湾围州的一口油井在钻到 2 000 米深时发生井喷事故，情况不是很严重，但到 1 月 20 日才控制，仅控制费用就达 600 多万美元。

1991 年 8 月 15 日，在南海油田作业的大型铺管船 DB29 号遇台风，156.6 米长、60.96 米宽的铺管船在逃避台风中因重达 10 吨的巨大铁锚砸在船身，船破且迅速倾斜沉没；虽经香港、广州方面出动 17 架飞机和 17 艘船舶全力搜救，仍有 23 人不幸遇难，经济损失数千万元。

在海洋石油运输方面，也发生过多起海事灾害。如 1986 年 10 月，大庆 245 号油轮在青岛市黄岛码头爆炸，油轮沉没，码头上和海面上一片火海，不仅船舶、石油损失殆尽，渤海湾亦受到了污染。可以预料，在近海石油大规模开发中，类似事件还会发生。

（四）内河航运事故

中国的内河有 5 800 多条，支流有 5 万多条，湖泊数以千计，河流总长为 40 多万公里，其中通航河道为 25%。在 60 年代，全国内河航运里程有 17 万公里，到 1983 年只剩不到 13 万公里；长江作为中国的黄金水道，其运力应相当于一条 10 万公里的铁路线，而实际上只利用了 1/7，在多数河段，还是一片孤帆远影的清闲景致。然而，即使清闲的河道，航运事故的发生频率也不低，客运、货运乃至市内轮渡，均发生过不少灾难。

如果说海洋航运事故在一定程度上取决于自然因素的话，那么，造成内河航运事故的原因就几乎完全是人为因素了。一方面，航运管理体制不顺，港口又是多方割据，实际上内河航运处于失控的局面，没有权威、统一的管理部门和严格周密的内河管理制度。内河航运在混乱中焉能保证航行的安全？另一方面，近 10 年开放运输业，联户、个体运输户急剧增加，而航运部门又乘机把大量要淘汰的废船卖给农民，个体船舶的管理责任亦不明确，大量不适航船舶在超期或冒险运营，许多经不起风浪冲击，内河航运事故又安得不增？如果再加上船上工作人员的失职或违章，内河航运安全确实是一派令人担忧的局面。

有关数据资料及部分个案，也许能表明笔者对内河航运安全问题的担忧并非空穴来风。以内河航运业有代表性的湖南省为例，该省是水运事业较发达的省，全省有通航河流 285 条，通航里程 10 051 公里，占全国的 10%，形成了以洞庭湖为中心，外达长江，内通山区，干支直达，江湖相连的水运网络，拥有船舶 507 吨，（其中钢质船占 60% 以上，木质船舶占 25%，水泥船占 10% 以上）；在船舶中乡镇运输船舶 2.5 万艘，其中常年从事客运的约占 25%，从事货运的约占 50%；在该省四通八达的水运网上，就经常发生着大大小小的船翻人亡的悲剧。据统计，该省从 1977～1987 年间，共发生水上事故5 528起，死亡1 567人，直接经济损失为1 158.6万元。其中：国营航运系统的船舶发生事故3 962起，死367人，直接经济损失874.3万元，分别占全省内河航运交通事故的71.7%、23.4%和75.5%；乡镇船舶发生事故1 326起，死1 085人，直接经济损失235万元，分别占该省总数的24%、69.3%和20.3%；其他社会各单位船舶发生事故240起，死115人，直接经济损失49.3万元，分别占全省总数的4.3%、7.3%和4.3%。可见，国营系统的事故次数与经济损失数高居第一，而乡镇船舶事故的死亡人数却远非其他两类船舶可以相比。如果湖南作为中国内河航运情况的缩影还不够，那么，请看长江航线：

1984年长江航线发生航运事故366起，沉船103艘，156人葬身江中；仅该年1～5月间在长江上的翻船事故就达200起，月均40起，每天1.3起。1986年，长江航线发生重大航运事故199起。1987年，长江干线发生航运事故403起。1988年12月，恰逢长江枯水季节，而长江芜湖段500里的江面上塞进了800多艘船舶，百余艘被撞伤，数10艘被撞沉。1990年7月被称为"黑色的7月"，长江干线上竟有200多人在一月内命丧长江。依照上述数据资料类推，中国每年约发生内河交通事故5 500～6 000起，死亡人数1 500～2 500人左右，年均直接经济损失达2～5亿元。由此可见，中国的内河利用率低，但事故率极高，是一条充满风险的恶路。

笔者还可以摘录80年代后期的部分个案来佐证上述结论：

1985年8月18日下午3时，哈尔滨市"423"号渡轮从太阳岛驶往南岸市区时，因严重超载导致重心失稳，而驾驶员又擅离职守，一水手醉醺醺地站在船首甲板上挡住了代作驾驶员的轮机长视线，二人发生争吵，轮机长竟双手离舵，导致船舶遇难，底舱旅客161人全部遇难，不少是全家灭绝。如此管理，如此工作人员，不是为群众服务，而是索命判官。

1986年，在湖南仅乡镇船舶就发生了5起重大水上交通事故。其中4月12日发生在浏阳县南坑水库的船舶沉没案和12月11日发生在安化县江南乡的船舶沉没案，分别使9人、10人丧生。

1987年，湖南的乡镇船舶又发生了7起重大水上交通事故，其中，2月9日发生在黔阳县江市乡的沉船事故淹死12人；4月12日湘航长江轮船公司3601轮在经过江新船厂码头时，碰撞一新造军艇，直接经济损失为30多万元；5月16日发生的麻0025号渡船沉没事故使14人丧生；10月1日发生在宁远县湾井镇半山水库的沉船事故，死亡31人；11月2日发生在衡阳县樟木乡的沉船事故造成16人死亡，4人失踪；等等。同年1月11日，四川黔江县一定额42人的个体小机船，载客85人沉没，死亡40人；1月29日，贵州纳雍县一定额10人的水库工作船载客101人翻沉，当即死亡59人；5月8日，"江苏130号"客轮与长江1222033号拖轮于南通港1000米处相撞，江苏船翻沉，导致105人遇难，6人失踪。

1988年1月17日，江苏苏州大运河浒关发生一起沉船事故，阻碍了通航13天，压船万余艘，直接经济损失达4000多万元；7月10日，"浙温机2号"装载566吨盘元离开上海，因船员不懂装载方法，在甲板上乱堆乱放，造成船翻货沉，10人死亡，直接经济损失100多万元；9月25日，长江口南港水道装载535万元货物的"芒果"轮撞在一艘巨轮上沉没，死9人，仅打捞费就达405万元。

1989年4月2日，南京航运公司两艘油轮在湖北洪湖市新滩口搁浅碰撞引爆，焚船2艘，烧死8名消防战士；8月13日，上海宝钢主副原料码头引桥被巴拿马籍"大鹰海"号船撞断，宝钢主原料运输系统被切断，经济损失上亿元；同年，南通市一渡江轮船启锚后，由于严重超载，撞上了一条大客轮，死亡100多人，类似惨剧在长江渡口曾发生过数10起。

1990年1月24日，交通部长江轮船总公司南京长江迪运公司所属"大庆407"油轮与东至县杨桥乡集体经营的"东桂114"客渡船在安庆港区、长江干线上相撞，造成客渡船翻沉，死亡80人，失踪32人，直接经济损失达188万元。

1993年仅1～6月长江干线上就发生213起重大航运事故，其中沉船108艘，死亡87人，直接经济损失达8000多万元。该年度1月5日，长江上最豪华的"扬子江乐园"旅游船因随船医生一支蜡烛引起火灾，造成直接经济损失194万元，修复费用达7万元，3月19日；四川某航运公司的一艘拖轮在宜昌港区水域也发生了类似火灾事故，损失惨重；4月4日9时20分，四川省涪陵市仁义乡个体船"仁义8号"轮装载33吨农药，在由沙市开往涪陵途中，机舱突然失火，并迅速向全船蔓延，轮船经火焚之后又遭浪沉，导致3.5吨农药沉在水中，造成一起恶性污染事故；4月7日17时左右，江苏靖江挂0084号和靖江挂0313号分别载着80吨和60吨碳酒（化工原料）与空载的靖江挂口314号轮绑在一起，在南京扬子乙烯10

号码头外距北岸 150 米处抛锚时,靖江挂口 314 号突然起火爆炸,直延烧至次日下午,导致 1 人失踪,3 人重伤,5 人落水,经济损失惨重,还严重污染了港口环境。

(五) 海事灾害的防范

前述海洋航运灾害,近海石油开发事故及内河航运事故的数据资料及典型个案与分析,都表明防范海事灾害既必要又迫切。笔者认为,要有效防范海事灾害的发生,必须采取下列对策:

首先,必须理顺管理体制。水上运输归口交通部门管理,但交通部门管理并不力,许多河段、乡镇船舶等几乎处于放任自流的局面;而港航监督体制更是部门林立、机构重叠、多头领导、政出多门,长期处于混乱的被动局面,部分港监人员还兼管航运收费工作,更加削弱了港监力量。由于水上交通管理部门与地方形不成合力,加之缺乏现场监督管理,各种水上事故频发的局面就无法从根本上得到扭转。因此,必须树立起交通部门的管理权威,在地方及航运企业等推行安全责任制,加强港航监督队伍建设,让港监部门各司其职。只有理顺管理体制,对水上运输实行有效的统一的监督管理,才能为减轻海事灾害提供有力的组织保证。

其次,必须严格执法,做到违章必纠,违章必罚。许多海事灾害都是船舶违章造成的。在过去,违章不纠、以包代管的现象比比皆是,如 1988 年 9 月 7~22 日,沿海吴淞港监共检查进出口船舶 95 条,发现 64 条船有超载、超速、配载不当。航道抛锚、救生和消防设备配备不齐、无证或缺长(员)航行等 99 项次违章,违章船舶占检查船舶的 67.4%;换言之,只有 32.6% 的船舶是遵守水上交通规则的。在内河航运中违章船舶的比例绝不会低于沿海船舶违章率,如此松散的安全管理,灾事岂能少得了。因此,水上交通也要像对待其他交通工具一样,必须严格执法,定期或不定期抽查过往船只,对违章者必罚、必纠,对肇事者重罚、重责,用强制手段来恢复水上交通秩序,如果能减少船舶违章,水上交通的安全性就会大大增强。

再次,报废旧船。近几年来,沿海与内陆江河湖泊出现了多种经济成分运输业一起上的局面,一些个体、集体单位为了赚钱,用一些旧船、病船从事水上运输,致使海事灾害大幅度上升,死亡人数成倍增长。对此,国家应有强制旧船报废的政策，即超期使用和不能再坚持航行的必须交拆船厂报废，不允许这些船舶从事商业运营。如果中国的沿海和内河上旧船少了，没了，海事灾害也就会随之减少。

此外，加强海洋天气预报工作，努力提高船员素质，都会取得直接的减灾效果。

水是温柔的，常见似水柔情之喻；水又是粗暴的，故又有水火无情之说。人们在利用海洋与江河湖库为自己造福的同时，也面临着数不清的海事风险。但愿所有的国人，尤其是从事海洋运输的作业者、内河航运者、水上交通安全管理者牢牢记住这样一个自古使然的道理：水能载舟，亦能覆舟。

六、民航事故

（一）民航事业的风险性

在人类社会各种人为事故灾害中，最震撼人心的莫过于民航事故了。

几千年来，人们就一直幻想着能在蓝天上像鸟儿一样地翱翔。1903年12月17日，美国的莱特兄弟把第一架飞机送上了太空，人类的梦想终于实现了，飞机作为一种高速的现代化交通运输工具，给人类社会的交往、旅行、邮递、货物运输等带来了极大的方便。时代发展到今天，谁也不会否认民航事业是国民经济的重要行业和先行官。然而，无论是国际还是国内，民航界却接二连三地发生空难和劫机事件，尤其是随着航空器的大型化、快速化、大众化，民航事业面临的事故风险亦越来越大。尽管民航事故与公路交通事故、海事灾害等相比，真正机毁人亡的空难相当少，但对许多人而言，民航事故发生的突然性、原因的复杂性、过程的难预料性、人机的难救援性、多人遇难很少幸免的残忍性，往往令人不寒而栗；加之飞机的造价高昂、投资巨大，单起民航事故尤其是少数恶性空难的损害后果十分严重，劫机事件的政治、社会影响波及又广，因此，民航事业理应成为当今社会的重点减灾目标之一。

所谓民航事故，并非是机毁人亡或空难的代名词，而是指所有与民用航空事业及航空器有直接关系且造成了航空器、机上人员（机组人员及乘客)、第三者的直接损害（财产或人身）以及航空公司的利益损失的事件的总称。它包括民用航空器（各种飞机、飞艇、气球等）的坠毁、碰撞（机机相撞、撞山、飞鸟撞击等）、被劫持，以及火灾、爆炸、在地面上的被动受灾等，其后果既可能是机毁人亡的空难，也可能是机损人伤的事故，或人、机均不受损而只是航空公司利益受损的事故。因此，将民航事故简单地称之为空难或等同于机毁人亡是不妥当的。根据航空事故的起因性质划分，它可以分为一般民航事故与空中劫持两大类。

据统计，到1992年底，世界各国拥有客机总数为14 600多架，加上货机及其他民用飞机则在2万架左右，因此，无论是国际还是国内，民航主要是客运业务即载人飞行。与民航事业相伴而来的事故风险自40年代以来有逐步降低之势，如据国际民用航空组织（ICAD）报告，全世界定期航班按客运周转量计算，每亿客公里死亡率在40年代为2.8人，50年代为0.9人，70年代为0.15人，80年代为0.03～0.09人。可见，民航事故造成的死亡率随着飞机制造技术的进步和主机可靠性提高，以及救生手段的加强，在逐步减轻。但因民航事业的迅猛发展，其事故绝对数又在上升，其在社会上的反响大大超过了轮船、火车、汽车等事故。据不完全统计，世界民航事业迄今为止发生各种恶性事故约1 000多起，死亡人数达5万多人，年均约700多人；但自80年代以来，年均死亡人数上升到1 000人以上，其中1985年有1 800多人因飞机失事遇难；1988年全世界共发生恶性民航事故60多起，死亡人数达2 000人；1989年全世界共发生51起喷气式客运飞机坠毁事件，1 450人丧生。进入90年代以来，国际民航组织的统计资料表明：1991年，全世界发生民航事故65起，死亡1 047人，其中：民航班机空难事件为30起，死亡653人，非民航班机（如包机）空难事件26起，死亡385人，恐怖活动和劫机事件13起，死亡9人；1992年，全世界发生民航事故82起，死亡1 473人，123人受伤，其中：民航班机空难事件29起，死1 097人，非民航班机（如包机）空难事件44起、死366人，恐怖活动和劫机事件9起，死亡10人。上述数据还不包括蓄意破坏造成的人员伤亡及军用飞机等的损失。

在国际民航灾难史上，1937年5月6日，在德国至美国之间进行横越大西洋飞行的"兴登堡"号飞艇，在美国新泽西州莱克赫斯特着陆时爆炸起火，艇上36人遇难，这是飞行史上首次出现死亡几十人的民航事故。

1957年6月13日，美国"环球霸王"式喷气客机失事，机上127人全部遇难，民航事故首次突破单案死亡100人的纪录。1974年3月3日，土耳其一架"DC—10"客机从巴黎飞往伦敦，刚升入4 000米高空就因一扇货舱门的脱落扰乱了飞行控制秩序而坠毁，机上346人无一生还。1977年3月27日，荷兰航空公司一架"波音747"客机在未经调度室批准的情况下擅自起飞，在交叉滑行道上与美国泛美航空公司的一架"波音747"客机相撞，两机毁灭，共死亡583人，直接经济损失达4.25亿美元，成为世界航空史上最悲惨的一次事故。1980年8月20日，沙特阿拉伯一架"L—1011"客机在飞行中因尾部行李舱着火，迫降中发生爆炸，由于机门打不开，机上301人全部被活活烧死。1985年是世界民航史上的灾难年。该年度6月23日，印度一架班机"波音747"从加拿大多伦多飞返印度孟买，因恐怖分子放置了定时炸弹而在爱尔兰近海上空爆炸，残骸沉于2 000米深海底，机上329人全部死亡。8月12日，日航123航班为"波音747"特大宽体客机，又在东京羽田机场起飞13分钟后因失事撞山，机上520人无一幸免，仅该飞机承保人付出的赔款就达2.13亿美元。同年还发生了多起空难。据统计，全世界自1957年以来，单机死亡100人以上的民航事故已发生80多起，其中单机死亡200人以上的达13起。

即使是在香港，自1947年以来也已发生过14起严重的空难事件。1947年1月，菲律宾航空公司一架运金机在柴湾坳之柏架山坠毁，机上4名机组人员均受重伤。1948年12月21日，中航一架由上海来港的客机在西贡火石洲撞毁，机上35人死亡，其中包括当时美国总统罗斯福的儿子。1949年2月，国泰一架客机在鲗鱼涌太古水塘撞山，机上23人罹难。1951年3月11日，国泰一架客机在筲箕湾毕架山顶撞毁，机上25人死亡。1958年8月，一架美军飞机在启德机场爆炸，2人重伤。1961年，又一架美军飞机在毕架山撞毁，机上15人死亡。1965年8月，再一架美军海军飞机在油塘海面坠毁，21人死亡。1967年11月5日，泰航一架载有186人由东京经台北至港的客机，在启德机场跑道尖端坠海失事，机上仅有56人生还。同年11月，国泰航空公司一架客机在香港启德机场起飞时坠海，死亡1人，余者不同程度受伤获救。1977年9月，一架客货两用机在东龙洲海面坠毁，4名机组人员死亡。1982年8月16日，华航经港往台北的一架客机在起飞后受到气流振荡，1人死亡，17人受伤。1988年8月31日，中航一架载有 9 人的三叉戟客机由广州至港，在启德机场着陆时滑离跑道坠海，造成 7 死 14 伤。1993 年 11 月 4 日，华航一架波音 747 客机抵港降落时，滑出跑道坠海，23 人受伤。撞山与滑出跑道坠海，是香港空难事件的主要表现形式，以香港弹丸之地，尚且每 2～3 年发生一起空难，表明了风险的客观性。

中国大陆的民航事故亦较严重，进入 80 年代以来恶性事件更是不断。在 1982～1992 年 10 年间共发生单机事故死亡 100 人以上的空难 6 起，可见其风险不小。中国民航事故的具体灾情，将在本文第三部分予以介绍。

（二）民航风险分析

民航事业是一项风险事业，航空器与飞行员几乎全是用金子铸成的，乘客的安全又是人类普遍关注的焦点，故空难相对公路、海事灾害等而言，数量虽少，损失及影响却大。如 1985 年 8 月 12 日的空难，曾使日航一度面临严重困境，除直接经济损失外，不长时间损失营运收入达 40 亿日元；而保险人在航空保险中更是担惊受怕。因此，必须正视民用航空中的风险。

从民航事故的发生情况来看，一般民航事故大多发生在起飞和着陆阶段，劫机则发生在空中。据世界民航重大事故原因的分析和统计，其中 80％以上的事故是人为因素直接造成的；一般民航事故中的 75％的事故是因为飞行员的失误引起的；劫机事件几乎都是因机场管理松懈、检查不严格等原因所引起的。当然，上述划分是以事故发生的主导因素为依据，而实际上造成民航事故的原因并不是单一的，而是由许多条件促成，如空勤人员失误、天气恶劣、飞鸟撞击、发动机故障或失火、撞高地、结构破坏、阴谋破坏、劫机、被击落等等都是导致航空器失事的原因。

按照系统论的观点，航空活动是由人去完成的，所以离不开人；航空活动是以人与机器打交道来实现的，所以离不开机器；人驾驶机器在天空等自然环境和机场等人造环境中活动，所以离不开环境；航空活动又是有目的的活动，所以又与任务有密切关系。人、机器、环境、任务是构成航空事故原因的四项要素。

1. 人的原因

主要包括航空事业的管理、维护、使用人员。首先，飞机驾驶员是至关重要的因素，驾驶员的素质、体魄、机敏和应急能力，关系着飞机的安危,优秀的驾驶员即使在飞行中遇到意外情况也往往能使飞机转危为安;反之,若飞行员处置失当,发生一丝毫的误差都有可能导致机毁人亡的惨剧。如1986年2月27日,中国一架高速歼击机在训练中被一只老鹰撞出了一个长59厘米、宽39厘米的大窟窿,就幸亏飞行员机智果断,安全降落;1989年4月28日,美国驾驶员肖恩斯泰曼驾驶着机顶被掀去1/3并且一台发动机起火的波音737客机航行40公里后安全着陆。反之,中国民航史上的多起空难,均因驾驶员处置失当所致,由此可见驾驶员的重要作用。其次,机场管理者的指挥与管理正确与否,亦直接关系到飞行的安全。由于机场指挥塔的错误指令或机场管理失当,导致民航事故的案例不少(如1969年的南昌空难即是),甚至发生两机、多机相撞的重大惨案,这是因为当前喷气式飞机时速高、质量大,机动性能比轻型飞机差,再加上人的视野有限,等到驾驶员发现问题时,可能已经很难避免事故。此外,机场检查的松懈等又会为劫机者提供条件(如1993年11月发生的多起劫机事件等)。因此,管理者对飞机的合理指挥与对机场的科学管理、及严格按规章制度办事,是避免民航事故发生的有力保证。再次,航空器是否能得到精心维修,确保其完全适航亦是维系飞行安全的重要因素。

2. 机器原因

即航空器在设计、制造和维护方面的缺陷,如有些民航事故的原因就可以追溯到初始设计方案。优良、合理的航空器应具备故障自动保险特性和性能余度,同时还要考虑人的生理限度。航空器本身的缺陷不仅会直接酿成事故,而且在事故中往往扩大事故的危害后果。如飞机一出事,往往全体遇难,主要就是座椅不牢固,人随椅飞撞,堆叠压死;舱内装备起火,人在高温、浓烟和有毒气体中窒息而死;这两项若能改进,出事后的幸存者将会大大增加。

3. 环境原因

这可分为自然环境与人造环境。前者包括恶劣的气候及飞鸟等,云雾浓密、气候骤变、飞鸟撞击均可以造成空难。如1974年12月27日,台湾国民党陆军举行一次对抗演习,"陆军总司令"于豪章等13位将、校军官乘一架直升机升空后遇恶劣气候与气流失事,造成了国民党建立以来影响最大的空难事件。飞鸟撞击飞机全世界每天都要发生数10起,大约有10起以上能造成损害甚至是严重的损害后果。人造环境则包括空中管制、机场、导航设备、着陆设备、照明设备等等，如果人为的环境不符合客观要求，民航事故亦不可避免。

4. 任务原因

不同类型的航空任务难度不一样，从而也就存在着不同程度的事故隐患。如客运、货运、邮运及灭火、喷药等，就均有不同的风险。

5. 火灾及其他

据统计，从1964～1983年的20年间，全世界共发生客机火灾事故280次，年均14次。失火原因为：由发动机引起的199次，占71%，其余多是电路连线打火、油路漏油喷火、炊具过热起火、雷击起火、旅客吸烟不慎、行李货物中夹带危险品和狂徒故意纵火等；此外，空中劫持和恐怖主义等犯罪活动，均是致灾因素。

从上述分析可见，在民航事故中，人的作用是起支配力的，即使受自然环境的影响，人也应该努力做到趋利避害。

（三）中国一般民航事故及其典型个案

一般民航事故包括劫机外的一切民航事故。从中国以往的一般民航事故资料来看，它包括空中坠毁、地面碰撞、飞鸟撞击等种类。在1950～1993年间，中国民航共发生机毁人亡的空难事故50多起，报废飞机约60架，死亡人数达2 000多人，其中自80年代以来空难事故更加频繁，后果更为惨烈。

1958年，民航一架伊尔—14型632号飞机执行成都至西安航班任务，由于机长违反规定，在山区中飞行未确定飞机位置，就擅自降低高度，结果造成了机毁人亡的恶性空难。

1961年，民航一架运五型1816号飞机在湖北执行灭蝗任务，空中作业时由于螺旋桨的一片桨叶因脱胶而突然断裂，使飞机剧烈抖动而坠毁。

1968年12月5日，民航兰州管理局第8飞行大队一架伊尔—14型640号飞机从兰州飞往北京，在首都机场着陆时触地起火，造成恶性空难事件。

1969年，民航一架伊尔—14型618号飞机执行武汉至南昌的包机任务，由于南昌调度室在未确切掌握飞机位置的情况下，盲目指挥当时在山区飞行的飞机三次下降到安全高度以下飞行，结果飞机撞山，机毁人亡；同年一架飞机在辽宁辽阳境内执行灭松毛虫任务，由于机长麻痹大意而飞往计划外地区作业，低于安全高度飞行，使飞机撞上高压线，坠地毁灭。

1970年，是中国民航的空难多发年。先是一架运五型8201号飞机从西安飞往蒲城时，进入云层后找不到机场，机长请求返航，而地面指挥人员却抱着侥幸心理指挥飞机再飞2分钟就可"出云"，结果撞山失事；接着，一架伊尔—14型618号飞机由广州飞往贵阳，飞机飞临贵阳机场上空时未按规定程序穿云，偏离下滑航线，且提前下降高度，亦导致撞山，机毁人亡；同年11月14日，民航兰州管理局一架伊尔—14型飞机从成都飞往贵阳磊庄机场着陆时，亦撞在机场附近的摆平山上失事；此时，该年度还有一架直升机由于旋翼轴断裂在北京上空飞行时坠毁。

1972年，民航一架运五型8030号飞机由长治飞往太原，由于技术人员在安装发动机上的传动齿轮盒时对齿轮间隙没有调整好，飞机起飞后，齿轮盒的主齿轮折断，并磨穿了齿轮外壳上的滑油供油路，使大量滑油喷出，经过汽缸导航片喷到排气管上，引起失火，烧毁了飞机。

1973年1月14日，民航成都管理局第7飞行大队一架伊尔—14型644号飞机从成都飞往贵阳，在贵阳磊庄机场着陆时撞山失事；同年，民航一架运五型8079号飞机在山东省莱山机场执行林业灭火任务时，由于机长技术水平不高，操作失误酿至撞山，机毁人亡。

1977年2月27日，民航兰州管理局第8飞行大队一架伊尔—18型204号飞机由北京飞往沈阳，由于机场能见度较差，加之驾驶员处置不当，飞机着陆时撞高压线坠地失事；不久，一架运五型8107号飞机在南昌执行空投任务，天气不好，机长临时改变航线，仓促起飞，偏离航线，钻云撞山失事；同年还有一架直升飞机由于发动机离心增压叶轮断裂而在湖南飞行时亦遭坠毁命运。

1980年3月20日，民航成都管理局昆明独立中队一架安—24型484号飞机从昆明飞往长沙，在长沙大托铺机场着陆时，复飞过程中失速坠毁。

1981年4月21日，民航北京管理局第二飞行总队第二十飞行大队一架BO—105型763号直升机执行南海石油指挥部海上运输任务，因低于天气标准从海上4号平台起飞，旋即坠落失事。

1982年4月26日，由广州飞往桂林的一架三叉戟在飞行至距桂林45公里的慕城县上空时失事坠毁，机上104名旅客和8名机组人员全部遇难；同年12月24日，民航兰州管理局第8飞行大队一架伊尔—18型202号飞机从兰州飞往广州,在广州白云机场着陆时尾部起火,烧毁了飞机,死亡24人,重伤27人,仅10人幸免。

1983年4月4日,民航兰州管理局直升机公司租用法国道达尔公司的一架空中国王200号飞机执行湛江至广州至香港的往返飞行任务,在广州白云机场北面2公里处遇低空风切变和下沉气流影响等坠毁;9月14日,民航广州管理局第六飞行大队一架三叉戟型264号客机在桂林机场跑道上滑行,准备飞往北京,同一架降落下来的军用飞机猛烈相撞,两机报废,死亡11人,重伤旅客20人,机组人员伤2人。

1984年12月24日,中国民航一架客机在飞抵白云机场上空时,因旅客吸烟不慎引起火灾,烧死中外旅客25人,烧伤26人,飞机客舱严重损坏,直接经济损失达198万多元。

1985年1月18日,中国民航上海局一架安—24型434号客机执行上海→南京→济南→北京的航班任务,在济南机场上空穿云降落中因飞行员操作处置失误而坠毁,32名旅客和6名机组人员遇难,李鹏副总理亲往机场视察。

1986年12月15日,民航西安管理局从兰州中川机场飞往西安的一架安—24型204号客机在爬升过程中遇暴风雪天气被迫返航,返航时因操纵处置不当,客机同路旁树木、电杆相撞后坠毁在农田里,6名旅客遇难,余皆受伤。

1987年6月16日,民航一架波音737客机在福州机场降落时,与一架空军歼6型飞机相撞,军机被撞毁,客机重创,2人重伤;6月18日,黑龙江农垦总局一架空中农夫直升机在执行喷药任务时撞树坠毁;8月30日,民航沈阳局一架运五型飞机在吉林农安县执行农业任务中因飞机液化器加温管烧蚀并断裂,导致撞障坠毁,飞机报废,机组人员1死1伤。

1988年是中国民航的空难年。该年共发生一等飞行事故5起报废飞机5架,死172人。其中1月28日22时17分,中国民航西南航空公司222号客机,执行4146航班,从北京飞往重庆,在距离重庆白市驿机场5公里处坠毁,机上98名乘客和10名机组人员全部遇难;5月30日12点左右,中国民航一架运五8167号飞机在湖南沅江县完成专业任务后调机回长沙,途中在长沙市郊望城县骨山乡金甲村撞山失事,3名空勤人员与6名地勤人员殉难,这是一起典型的违章飞行,为此,中国民航局撤销了湖南省民航局局长王立的职务；8月31日，由广州飞往香港的中国民航一架三叉戟客机冒雨在香港启德机场降落时冲出跑道，机尾部分起火，坠入飞龙湾海中，机身折成两截，机上有乘客78人和机组人员11人，其中6名机组人员和一名香港乘客当即死亡；10月7日13时21分，山西民航一架伊尔—14型客机在该省临汾市城区坠毁，除4名乘客幸存外，其余44名乘客和机组人员全部遇难。

1989年5月5日上午，中国海洋直升机公司天津分公司租用的日本朝日航洋株式会社一架贝尔—412型直升机执行从塘沽至渤海8号海上平台运送采油工人任务，在天津新港集装箱码头因机械故障坠毁，2名机组人员和8名乘客全部遇难身亡，直升机四分五裂；5月22日，中国海洋直升机公司租用的英国布列托国际有限公司一架美洲豹式飞机在执行深圳至南海5号平台送人任务返回时，因机组人员擅自改变原计划航线和飞行高度，导致误入云中，撞山失事，3名机组人员遇难身亡；同年8月15日下午3时46分，民航江西飞行中队一架安—24型客机由上海虹桥机场飞返南昌，在起飞过程中亦因机械故障瞬间坠毁在机场北端的一条护场河中，34人不幸罹难，6人重伤。

1992年是中国民航的又一个灾难年。该年7月31日，中国通用航空公司一架由南京飞往厦门的"雅克—42型"GP7552次航班2755号飞机在南京机场起飞时失事，当即死亡106人，26人重伤，被送往医院急救，朱镕基副总理亲飞南京处理善后事情；8月11日上午11时许，北京联合航空旅游公司一架米—8型7802号直升机在执行游览飞行任务时，在北京昌平和延庆交界处失事，15人遇难，9人重伤，无一幸免；10月8日下午，武汉航空公司一架苏制伊尔—14型客机在甘肃定西坠毁，机上14名法国乘客9死5重伤；11月4日，首都国际机场停机坪上一辆京华大客车撞上一架待飞的麦道八二飞机，直接损失近80万美元，该机停飞54天，停飞损失达600多万美元；11月5日，河南一架米—17型直升机在原阳上空为某商场做广告宣传，撒宣传品时因超低飞行撞毁，死亡33人，重伤46人；11月24日，中国南方航空公司一架波音737型2525号客机从广州飞抵桂林时撞在阳朔县杨堤乡土岭村后山粉碎性解体，机上来自国内及港澳台、西班牙的133名乘客和8名机组人员无一生还，在1992年中国空难史上写下了最惨痛的一页，国务院秘书长罗干亲临桂林处理善后事情。

鉴于1992年的6起大灾难，中国民航界在1993年初进行了彻底反省，停飞了一些飞机与航线，凡天气不好、飞行员不适等一律停飞，延班误点之事见怪不惊。即便如此，仍有多起航空事故发生。如4月6日，中国东方航空公司583航班在飞往美国洛杉矶途中因遇强气流袭击，不得不在美国阿留申群岛的空军基地迫降，当即死亡1人，约40名旅客骨折，另有约100名旅客受到不同程度的挫伤和擦伤。7月23日下午2时，中国民航从银川至北京的2119航班在银川机场加速跑道上未飞起来而是冲向一片湖水中，飞机断成两截，死亡60多人，重伤抢救40多人，邹家华副总理亲赴银川机场处理善后事情，银川机场当即被迫关闭。10月26日，中国东方航空齐鲁有限公司一架MD—82型2103号飞机执行深圳至福州的5398航班任务，11点50分，飞机从深圳机场起飞，13点零4分在福州机场着陆时冲出跑道，致使旅客2人死亡、12人受伤，机组人员中1人受伤。11月13日下午，北方航空公司一架MD—82型2142号客机执行沈阳—北京—乌鲁木齐的6901航班任务，坠毁在乌鲁木齐机场，当即造成12人死亡，7人重伤，余皆受伤。上述事故加上该年度发生的多起劫机事件，使1993年的中国民航安全问题成为公众关注的焦点。

上述空难事故个案，表明了航空事业的风险性。尤其值得指出的是，自1958年中国民航首次发生客机坠毁以来，到80年代后更趋巨型化，1988、1992年均是一年发生多起机毁人亡的惨剧，令人震惊。

（四）空中劫持及其典型个案

空中劫持是一种严重的犯罪行为，它轻则造成民航公司的利益损失，重则造成机毁人亡的惨剧，是一种完全由犯罪原因导演的民航事故。据有关部门公布的资料，1969年全世界共发生劫机事件87起，此后逐年下降，到1987年为6起；但1988年上升为8起，1989年为9起；1990年以后劫机事件急剧增加，仅俄罗斯一国在6月8～30日中就有5架飞机被劫持。由于劫机分子的行为是犯罪行为，且往往拿飞机与乘客作人质相要挟，甚至炸毁飞机等等，空中劫持已构成了对民航事业的严重威胁。

中国的劫机事件在50年代就发生过，但真正构成对整个民航事业的潜在威胁的还是自80年代以来多起劫机事件的发生，有的还造成了震惊世界的巨型灾难。例如：

1982年7月25日，西安至上海的2505航班被劫，劫机者孙云平等5人在空中引爆炸药，造成1人受伤，飞机受损。

1983年5月5日，中国民航沈阳管理局一架三叉戟型296号6501航班飞往上海，被卓长仁等6人强行劫持到韩国的春川机场，飞机受到了损伤，两名机组人员被击伤，机上乘客无伤亡，经济损失达269万余元，劫机犯被判刑后获特赦并送交台湾当局。

1988年5月12日，中国民航厦门航空公司8397航班2510号"波音737—200"型客机被张庆国（27岁）和左贵云（26岁）劫持到台湾中清泉岗空军基地，未有人员伤亡，劫机犯被台湾当局判处了半年徒刑。

1989年4月24日，一名梁姓男子于浙江宁波劫持飞往厦门的中国东方航空公司5568航班的一架"运七"客机，欲转飞台湾，但在福州降落，劫机者引爆炸药身亡。同年12月16日，张振海劫持中国民航由北京飞往上海再到美国的"CA—983"班机，在日本福岗市迫降时，劫机犯被制服并引渡回国，被判处8年徒刑。

1990年10月2日，厦门航空公司一架波音737型2510号飞机8301航班由厦门飞往广州，途中被歹徒蒋小峰劫持，劫机犯将其他机组人员赶离驾驶室，驾驶员在油料不足的情况下于9时4分在广州白云机场紧急降落，劫机犯对驾驶员施以暴力，致使飞机失控，偏离跑道，撞上停在客机坪上的两架飞机后，8301航班油箱起火爆炸而被烧毁，另一架有乘客的飞机被撞毁，一架无乘客的飞机严重受损，共导致死亡乘客132人，重伤53人，报废3架飞机，直接经济损失达5亿多元，保险人付出了9 000多万美元的赔款。这起劫机案成为世界民航史上劫机后果最严重的民航事故之一，国务院总理李鹏亲飞广州处理善后事宜。

1993年是中国民航劫机事件的多发年。4月6日，中国南方航空公司3157航班B757—2811号飞机在由深圳飞往北京途中（江西赣州上空）被黄树刚（29岁）、刘宝才（23岁）劫持至台湾桃园机场降落。同年6月24日，厦门航空公司一架B—2501波音737型客机在由江苏常州飞往厦门途中被张文龙（20多岁）劫持抵台，在台湾桃园中正机场降落，机上3人被劫持者刺伤。8月10日上午，国际航空公司一架波音767型2554号客机在执行北京—厦门—雅加达的航班任务时，被歹徒（姓名不详）劫往台北桃园机场，这是中国大陆首次劫持北京起飞的班机。9月30日，四川航空公司一架图—154型客机在执行济南至广州的3592航班任务时,被杨明德等人劫往台北桃园机场。11月5日晚,厦门航空公司一架波音737型客机执行广州至厦门的8302航班飞行任务,起飞不久即被江苏南京籍人张海劫持飞往台湾桃园机场。11月8日,浙江航空公司一架波音737型客机在执行杭州至福州的5903航班途中,被王志华劫往台湾桃园机场。11月12日,中国民航又一架波音客机被劫往台湾,劫机者姓名不详。11月26日,东方航空公司一架福克100型2231号飞机在执行南京至福州的航班任务时,途中被歹徒高光凯劫持,机组人员在确保人、机安全的条件下经过努力将劫机犯制服,劫机未遂。短短7个月时间,中国民航发生8起劫机事件,其中11月份3个星期内发生4起劫机事件,虽然未至造成机毁人亡的恶性惨剧,但在国内外造成了极坏的影响,给广大乘客带来了恐怖感。

劫机事件的频发,除与大陆民航尤其是机场管理的漏洞或松懈有关外,还与政治对立有关。过去,中国民航的劫机事件多是劫往台湾及韩国、日本等,待中日、中韩建交后,劫机者害怕被遣回,不再劫往这些国家,而是集中劫往台湾,这与台湾当局的宽容乃至纵容有关。

(五)民航事故风险的防范

飞机应是安全的交通工具,因为按乘坐国际航线班机的乘客与失事丧生者的比率计算,旅客安全着陆的希望是99.999 92%,但0.000 08%对于不幸者而言却又是100%的风险。在国外,1981年埃及国防部长巴达维元帅与14名高级军官同机遇难;1986年莫桑比克总统萨拉莫空中丧生;1987年黎巴嫩总理卡拉米空中丧生;1988年巴基斯坦总统哈克及10多名将军、美国大使及军援团长同机遇难。在中国,北伐名将叶挺、中共要人王若飞均于40年代死于空难,特务头子戴笠也死于空难;1974年台湾国民党13颗将星空中陨落;1976年大陆福州军区皮定钧司令员空难丧生;1993年11月沈阳市长武迪生在以色列访问期间亦遇空难丧生。可见,民航事故毁灭了许多杰出的政治家、军事家和科学家。

目前,中国民航已有空中航线500多条,其中国际航线50多条,通航30多个国家的近50个城市。拥有包括波音747—400、MD—11、空中客车等世界最先进机型,共340多架大、中、小齐全的运输机队。1990年全国民航固定资产总值比1980年增加6.7倍，其中飞机资产增加9.1倍，但地面资产仅增加2.8倍。1991年，中国民航完成运输总周转量32亿吨公里，是1978年的10.7倍；运送旅客2 180万人，是1987年的9.5倍。中国民航以20％的年增长速度发展，中国民航的位次已由1978年的37位上升到1992年全世界第15位。这一切都表明了中国的民航事业正在大发展之中。

然而，前述资料也表明，自80年代以来，中国的民航事故是较多、较严重的。民航事故是人为灾害，航空管理部门与航空公司对此负有不可推卸的责任，正如1988年重庆"1.18"灾难后，当时的副总理李鹏在国务院常务会议上指出的那样："1.18空难事件暴露了民航存在着管理不善，规章制度不严，劳动纪律松弛，人员素质差，设备管理、维修跟不上等问题。"1993年11月，朱镕基副总理亦指出"民航的管理太松了，太不严格，真令人胆寒"。在前述民航事故风险分析及典型个案中，均表明了民航事故与人及其管理的关联性。因此，要减少中国的民航事故，必须从管理上下工夫，把人的因素放到首要的位置上。

首先，所有与飞行有关的专业人员都要认真钻研业务，刻苦训练，努力提高技术和积累飞行经验。如1985年8月9日，中国民航一架波音747宽体客机载着279名中外旅客从阿联酋国的沙加飞往法兰克福，起飞后16分钟第4发动机突然放炮起火，经机组人员41分钟抢救（关车、灭火、切断供油线路、防止飞机倾倒、放掉油箱内多余的油等），安全返回沙加，出色的技术与应变措施避免了一场巨大的空难。1989年7月16日，美国联合航空公司一架DC—10型喷气式客机在执行丹佛至芝加哥航班任务时，发动机爆炸、三条液压系统全部失灵，由于机长海恩斯的冷静操纵，并提醒乘客系好安全带，飞机着陆时翻了两个滚后冲进附近一块玉米地，使这起重大空难生还186人。1991年10月12日，东方航空公司一架由广州飞福州的客机在起飞后，落架右外侧轮胎突然爆炸，并引发右发动机故障，在飞行员及机组人员的努力下终于安全返回地面。1992年元月11日，由济南飞往北京的3601号飞机起飞后发生严重故障而失控，但在机长等人的冷静排障下经1小时后安全着陆了。上述实例证明，飞行技术、飞行经验及应变能力与民航事故有着密切的内在联系。

其次，严守规章制度。1982年5月14日，国务院就颁布了《中华人民共和国民航航空器适航管理条例》，民航部门又据此制定了一系列的适航标准与程序，机场管理等均有严密的规章制度。1992年，全国人大常委会又制定了《关于惩治劫持航空器犯罪分子的规定》，等等，均是将飞机与乘客的安全置于首位。遗憾的是总有一些空勤或地勤或代班人员不严格执行。如1993年4月6日的南方航空公司飞机被劫持一事，深圳市长厉有为就承认该市刚启用的黄田机场在机场安全检查方面存在漏洞。因此，严格遵守规章制度应当成为中国民航安全工作的关键措施。如空中与地面的配合协调，从售票手续、地面安全检查（包括行李、人身两部分）到登记、起飞、飞行、着陆等，均要经过严格的程序，按规章制度办事。

再次，搞好保障。即场务、油料、气象、航管、通信、导航、警卫等各个方面的工作均要为安全飞行服务，严格履行自己的职责。

此外，对付劫机事件还有赖海峡两岸的合作和台湾当局对劫机犯的依法处置。

（六）结束语

中国的民航事业在大发展，而接二连三的民航事故又是并不遥远的刺耳的弦外音。近几年多起重大空难和众多大大小小的民航事故及劫机事件已经向人们尤其是民航部门敲响了警钟，我们真诚地希望民航部门吸取教训、强化管理，将空中航线变成真正安全的吉祥通道。中国的航空事业有过全年安全飞行纪录，如1991年发送乘客2 100万人次，运输总周转量为32亿吨公里，无一人伤亡。中国的腾飞需要中国民航更快、更大的发展，但同样也急切地呼唤着安全；在超负荷的膨胀和市场经济的冲击下，在硬件迅速发展的同时，只要软件尤其是航空管理紧紧跟上，我们就有理由相信民航事故是可以得到减轻的。

在本书付印时台湾与大陆又各发生一起重大空难。即1994年4月26日，台湾中华航空公司一架编号B181空中巴士客机，在由台北飞抵日本名古屋时爆炸起火，机上271人除7人幸存外，其余264人全部遇难，成为台湾民航史上最惨重的一次空难。1994年6月6日，中国大陆一架西北航空公司的图154客机在执行从西安至广州的飞行任务时，在西安东南约30公里处坠毁，机上146名乘客和14名机组人员全部殉难，中国民航灾难史上又写下了沉重的一笔。

七、公共场所事故

（一）公共场所事故概述

1986年，美国出现了一则轰动一时的新闻：兰湖市市旗倒挂！随后，有40多座中、小城市纷纷倒挂市旗。原来，是当地保险机构与市政部门因公众责任保险费率存在分歧，宣布不再为市政工程及公共场所承保责任风险所致。由于各公共场所缺乏责任保险保障，这些城市的旅游娱乐业一落千丈，政府财政蒙受了巨大损失。这则发生在美国的故事反映了公共场所的风险之大，保险已成为必要的保障工具。纵观各发达国家，公共责任保险业务都十分发达，原因亦是公共活动场所具有很高的风险。例如，1964年5月24日，秘鲁首都利马的国家体育场因裁判不公而导致球迷起哄，一些出口又被反锁，人们挤来挤去，竟踩死320人，伤1000多人，制造了全世界震惊的球场惨案；1982年10月20日，莫斯科列宁体育场足球赛事中，因提前退场的观众重返观众席与出场观众发生挤撞，共挤死340多人；1990年7月2日，从世界各地赶往沙特阿拉伯圣城麦加朝觐的近5万人通过一条长500米、宽20米、高8米的公路隧道时因洞内空调失灵，气温骤然升至42℃，人群急相争取快出洞口，谁料洞口有7人摔倒，后面的人不明真相，继续往前挤，这场混乱致使1426人死亡，成为20世纪以来公共场所事故的最大惨案。

在中国，公共责任保险并不发达，但这并不意味着公共活动场所没有风险，恰恰相反，这类风险是太多了，以至于人们已培养成了见怪不惊的习性，只有特严重的伤亡事故发生才能稍微震惊一下人们麻木的神经。例如，公园出现挤哄事件，风景点出现意外灾祸、游乐场所发生骚乱、公共建筑物崩塌等等，都会造成灾难。总之，各种公共场所包括公园、游乐场、体育场、车站、码头、风景点、展览馆以及各种大型活动等均有着发生灾难的风险，世界上没有绝对安全的地方。

根据公共场所事故的起因，它基本上可以概括为公共场所设施有缺陷、少数人蓄意破坏或起哄闹事、组织者的管理马虎致使局面失控，以及公众不明真相乱中出事四种情况，其中组织者的管理马虎致使公共场所出事是最主要的原因。在公共场所事故中，受害者是普通的公众。因此，公共场所事故完全是人为的灾难。

（二）公共场所事故的危害

由于公共场所事故在过去很少公布，国家对这类事故也从未归类统计并列入有关部门的定期公布项目之中，其资料搜集相当困难。笔者不可能像其他灾种一样从总体上概括出其灾情，但所收集的典型个案仍具有代表性，基本能反映公共场所事故的概貌。

在车站、码头。1980年10月29日，北京火车站因一北京知青对社会不满引爆炸药而发生爆炸事故，当场炸死旅客9人，伤害81人，引爆者自炸身亡。1988年12月10日，上海黄浦江陆家嘴渡口因大雾发生人群拥挤事件，踩死16人，伤210多人。1992年7月31日14时5分，汉口新火车站售票大厅团体售票处门前水泥天花板突然坍塌，致使12名旅客受重伤，多名旅客轻伤。

在游乐场所。1987年2月12日，黑龙江省双鸭山市万千市民拥入北秀公园游园，乐极生悲，人行天桥爆满，超量的人群挤垮了桥栏，300多人摔落桥底，经抢救后仍有47人身亡，多是老弱者和儿童。1993年1月13日5时30分，哈尔滨市旅游城"历险宫"离正式开业还差2天，就发生一起重大爆炸事故，当场炸死8人，6人重伤，2人轻伤，这起事故完全是旅游部门不按消防部门的要求施工所致。同年3月28日上午，江苏无锡市二泉公园游乐城一个由小学生组成的氢气球方队中突然800只气球同时爆炸，致使53名小学生受到不同程度的灼伤、炸伤。

在风景区（点）。华山之险曾使数10名大学生命丧此山，其他名山大川也多次出现过非正常死亡事件。如1937年秋，四川富顺县香客70多人到峨嵋山进香，来到山腰三霄洞时因大敲其鼓，声波冲击岩洞深处缝隙引出了"瘴气"（有毒瓦斯），致使70人毙命，从此岩洞被封闭，无人再敢进入。1990年1月28日，在贵州兴义市新辟的马岭峡谷瀑布游览区，瀑布下方的峡谷两岸之间架了一座吊桥，这一天游客如鲫，一些游客不听劝阻，超量挤进吊桥，桥栏不胜其负，一段断裂，46名游客从缺口坠落，从30多米高处掉入河中，当即死亡3人，重伤11人，轻伤13人。1993年10月3日12时，闻名天下的钱塘江潮一声怒吼，将在钱塘江南岸的浙江萧山市观潮的 100 名观潮者卷入波涛，其中 59 人死亡、27 人重伤，还有多人轻伤，酿成了震惊全国的观潮悲惨事件。

在高层建筑、旅馆、饭店、办公楼，仅电梯事故就层出不穷。据《中国减灾报》1993 年 11 月 23 日报道，年初济南市立四医院的电梯门厅开关失控，一位老同志见电梯门开着，一脚踏进去却坠落底层，当即死亡。同年 7 月，青岛某医药大厦就发生了一起因电梯质量不过关而发生的电梯挤死人的事故；类似事故在各地不乏罕见。

在体育场所。国内的体育场所惨剧包括骚乱、球场起火、看台倒塌、球迷斗殴等事件甚多。如 1918 年 2 月 28 日，香港赛马俱乐部的赛马场看台坍塌并失火，共压死、烧死、踩死 604 人；80 年代中期，北京发生"5·19"骚乱，因球迷不满中国足球队在赛场上一败涂地，扔汽水瓶等引起骚动，数 10 人受伤。知名作家刘心武还为此专门写了一篇"5·19 纪事"的长篇通讯文学。

在公共活动场所。最严重的恐怕还要算节日的大规模游园或集会活动。例如：1957 年元宵节，在湖南长沙市从南门口到青少年宫聚集了数 10 万观灯的市民，越往市中心走就越拥挤，进去的人身不由己，很难再出来，后面的人群又直往前涌，街道上的人群完全处于失控状态。这时，突然下了一场急雨，秩序顿时大乱，据不完全统计，当晚被踩死者至少有 20 人（多为妇女与儿童），挤伤、踩伤人数以千计，事后清理街道时仅鞋子就打扫了几卡车；1988 年 3 月 2 日，青海西宁市举办元宵灯展，四方人流拥向市中心十字街头。晚 9 时半，在人流"漩涡"中心挤倒一片观众，后面人流又呼啸而上，将挤倒者踩于脚下，当即踩死 18 人，重伤 119 人，直接经济损失 10 多万元。同一天晚上，河南兰考的中原油田举办灯展和施放焰火，驻地群众 2 万多人观看，晚 9 时半，群众蜂拥出场，挤搡踩踏致使 7 人死亡，7 人重伤。1991 年 9 月 22 日中秋节，山西太原市举办全国的"煤海之光"彩灯展，因门票无时限、售票无限额、入园观灯人数失控以及有关领导的官僚主义，致使发生重大挤叠事故，有 105 人在事故中丧生，108 人重伤，多人轻伤，酿成了中国节日游园活动最大的惨案，国家监察部等部门联合调查结论定为：这是一起严重的责任事故，在事故中负有重要领导责任的山西省副省长李振华被撤销职务。

（三）公共场所事故的特点

从前述公共场所事故的分析及个案资料出发，我们可以概括出如下特征：

1. 公共场所事故都发生在特定的公共场所，且大多与娱乐活动有关

一般而言，公共场所有两种：一种是有明确的所有者或管理者如公园、影剧院、游乐场、体育场等等；另一种则无明确的管理者，如城市主要街道、十字路口等。人们在公共场所聚集，大多是为了娱乐，故公共场所事故的发生，又是一种乐中生悲的灾害。

2. 公共场所事故以人群集结为条件，故节假日或大型文体活动期尤多

一般时日，由于人们都要上班，公共场所人数稀少，即使发生意外，也构不成大灾难，但节假日就不同，大多数人均有时间拥向公共场所，尤其是春节、元宵、中秋、国庆等节日，人们更愿意去公共场所，如果当地还要举行各种大规模的灯展、焰火晚会等，则公共场所人数会更多，人多往往会酿成意想不到的灾难。

3. 公共场所事故往往由公众造成，又危害公众，但责任却应归于组织者或管理者

一般而言，除建筑物缺陷等少数公共场所事故外，大多数公共场所事故均是由群众自己的拥挤、混乱和无秩序引起的；然而，由于群众在公共场所无所适从，其组织者、管理者就必须负起组织、管理的责任，以往的大型公共场所事故无一例外地表明，组织者与管理者的失职是公共活动混乱、无序的关键因素。因此，尽管公共场所事故在形式上由群众造成，实质上却是组织者、管理者的失职所至。

4. 公共场所事故受从众心理与恐慌心理的影响

许多公共场所事故都是拥挤所至，而拥挤又是人们受从众心理的影响盲目随大流所造成的；一旦拥挤失事，人们又立即恐慌起来，争相逃离出事现场，从而加剧事故的危害性。如节假日拥往公共场所、拥往热闹中心、热闹风景点等等都是从众心理的表现。

5. 公共场所事故容易失去控制

由于公共场所人多且杂，一旦出事，就会失控，往往只有等造成严重损害后果后才能使事故停息。如在前述几起游园活动中，人们知道前边有人倒下了，但后边的人群拼命的往前赶，前边的人就会身不由己的继续前行，人的洪流使倒下者无法重新站起来，其后果必然是成片倒下、成批伤亡。这一特点决定了对公共场所事故的防范必须做在各种活动之前。

（四）公共场所事故的防范

由于公共场所事故是人为的，故防范公共场所事故又是完全可能的，毕竟绝大多数公共场所及许多大型公共活动如北京的亚运会等等都是安全的。在防范这类事故方面，我们既不缺乏教训，也不缺乏经验。

鉴于公共场所事故的心理因素影响和容易失控，对公共场所事故的防范工作必须重在预先防范。如完善公共场所的设施，避免人群过于密集，在危险地点树立警醒游人的标志，告诉人们的应急出路与措施，对大型活动调配警力协助，以及事先拟订除险救灾方案，等等，都会有效地减少公共场所事故及其危害。

防范公共场所事故的主要措施在于科学的管理与组织的有序。一方面，狭窄的街道、闹市不宜举行各种集会，险要地点必须有专人管理；另一方面，节假日及有组织的大型活动，必须按一定程序和规则进行。实践已经证明，科学的管理与组织的有序是公共场所各次活动安全的保证，而管理的混乱与活动的无序必将酿成灾难性的恶果。因此，对公共场所及各种在公共场所进行的各类活动，均必须明确其管理者，组织者，并明确规范其应负的责任，对官僚主义者决不姑息。唯有如此，才有可能杜绝公共场所事故的发生。

公共场所事故无论是什么原因引起的，都是责任事故，因为公众到公共场所理应有人身安全保障，公共场所的所有者、管理者或公共活动的组织者必须保障公众的人身安全。

在发达国家，对各种公共场所的损害赔偿责任都是由法律规范的，且都采用严格责任的原则，即公众在公共场所受到的伤害只要不是其自身故意行为所致，公共场所的所有者、管理者等就必须对伤害后果承担责任，故责任者在明确自己的责任并尽可能采取措施避免事故发生的同时，往往将公众责任保险作为转嫁风险、保障公众权益的一种必要手段；以至于没有公众责任保险不得不采用倒挂市旗来警醒人们的办法。然而，在中国，公共场所责任事故却缺乏应有的法律规范，有许多人在公共场所如公园、游乐场、风景区受到伤害而得不到权益保障、责任者得不到法律与经济上的制裁。法律的真空和对责任者惩处的偏轻（如对恶性公共场所事故一般只对直接责任者撤职了事，而公众却要付出生命的代价）实质上助长了官僚主义和公众场所事故的发生。对此，笔者呼吁尽快制定公共场所安全法，用法律来调整人们在公共场所的行为，并保障受益者的权益。

总之，公共场所是公众欢度节假日和进行各种文娱、旅游、体育活动的场所，人们在参与或开展活动时有权力要求得到安全保证。公共场所给予人们的应该是生活中的锦上添花，而不是制造乐极生悲故事的场所。

八、建筑物事故

（一）建筑物及其危险性

人类告别游牧时代而进入居室，社会由农业文明向工业文明发展，长途跋涉和肩扛手提为车、船运输所取代，等等，是与建筑技术的进步及建筑工程的发展密不可分的。城乡居民住宅、工厂厂房、学校、办公楼、道路、水坝、桥梁、港埠以及市政工程等各种土木建筑都是我们生活中不可分割的重要组成部分。随着现代建筑技术的发展，居民住宅、办公楼在向高层建筑发展，道路、水坝、港埠在向大型化、高等级标准发展，各种建筑物都在趋向巨型化和现代化。

然而，在各种建筑物背后，又潜伏着多种危险，如房屋、桥梁、港埠、水坝的崩塌等就往往造成灾难性的后果。有人甚至断言：地震不会杀人，杀人的是房屋建筑物。虽然此话讲得太过，但无论建筑物如何现代化，其危险性仍然存在着却是客观事实。因此，建筑物事故仍是一种大量存在并危及人身与财产安全的人为事故灾害。需要指出的是，为避免与其他灾种重复，本处的建筑物事故主要是指因建筑物自身的原因而崩塌造成的损害事故，造成建筑物事故的原因，不外乎以下几种：

1. 建筑物所处的地理环境不良。如选址时未经科学勘测或虽经勘测但有失误，土层不好、有地质灾害威胁均会酿成建筑物事故。

2. 建筑物的设计有失误。如建筑物承载力测算不准确、结构不科学，亦易发生事故。

3. 建筑物原材料有缺陷。如所用钢筋、水泥不符合标准等。

4. 建筑物的施工质量有缺陷。如施工单位施工马虎、偷工减料，均会留下建筑物事故的隐患。

5. 建筑物的等级低劣。建筑物的等级低劣，抗灾能力就弱，从而容易发生事故。

6. 建筑物的自然磨损和消耗。如陈旧的建筑、危房等都有着巨大的风险。

以上种种原因，都是人为的，在个体上完全可以避免，但在总体上又是难以杜绝的。在国际上，建筑物事故不断传来，越是巨型建筑，损害后果就越是严重。如1907年8月29日，由美国著名建筑设计师库帕为加拿大魁北克市设计的"世界上最长的桥"——魁北克大桥因忽略了对桥梁承荷力的精确计算，在即将完工的时候垮塌，1.9万吨钢梁桥面连同86名建筑工人落入河中，75人遇难，造成了设计大师设计有误的重大科技事故，10年后第二次兴建才得成功。1981年7月17日，美国堪萨斯城的海厄特·里真斯饭店走廊上方的横梁断裂，当场压死113人、重伤200多人，这一惨案亦是设计有误所致。1991年3月14日，日本广岛市佐南区交通工程施工现场，一个铁制建筑物构件从8米高处坠落，当即砸死14人、重伤9人，砸毁汽车11辆。除了这类由建筑物崩塌直接造成的灾难外，还有许多由于建筑物的结构不科学、不合理而造成其他灾害的扩大化的实例，如高层建筑上缺乏必要的消防设施，一旦失火，小灾就会变成大祸；公共建筑物缺乏必要的安全门和相应的应急路线标志，亦会在其他灾变的引发下酿成巨灾；这类事故在世界灾害史上不胜枚举。

在中国，建筑物事故虽不定期公布，无法从总体上加以概括，但有关个案的报道却是不断传来，广告牌塌落、桥梁断裂、房屋倒塌、厂房陷落、水库垮坝等等，与其他人为灾害事故一样触目惊心。尤其是农村中小学校教室倒塌压死学生的惨案更是时有所闻，以至于国家最高领导层也多次发布指示要淘汰学校危房、保证学生安全。因此，在建筑技术进步和建筑物向巨型、现代化发展的今天，建筑物事故依然不容我们小视。

（二）建筑物事故及其危害

中国的建筑物事故主要发生在学校、工厂、桥梁、办公楼、广告牌、宿舍楼的事故亦时有发生。造成建筑物事故的原因大多是设计有误和建筑工程质量低劣，而学校事故则多是危旧房屋年久失修所致。

中小（幼）学校的建筑物事故是最令人悲哀的人为事故，天真活泼的孩子们瞬间伤亡，不是由于自然灾害，也不是由于意外，而是由于校舍的陈旧。许多地方可以兴建大批的楼堂馆所，添置豪华轿车，就是对校舍的陈旧和危房视而不见，以至于学校建筑物坍塌惨剧不断上演。例如，1986年6月9日，山西襄垣县一小学因课堂塌陷，当场死2人，重伤12人。1987年1月16日，江西会昌县水东小学因厕所楼板塌陷，82名小学生落入粪池，28人死亡。1988年仅1～4月，全国公开报道的中小学校、幼儿园校舍倒塌事件就达14起，直接死亡64人，重伤168人。1989年9月10日，福建连城第一中学灯光球场墙报顶盖因站人太多而塌落，当场压死学生30人、伤25人，省长王兆国亲赴现场处理善后事宜。1993年3月27日，湖南新化县西河镇鹅塘联小学二楼录像厅横梁突然断裂，砖墙与屋顶倒塌，砸死18人，重伤住院者14人。同年6月7日，陕西宝鸡县晁峪乡初级中学两间住有17名女学生的宿舍平房因房梁断裂突然塌顶，当场砸死1人，砸伤5人。据统计，近几年来各地虽对中小学校危房进行了检查和整修，但全国仍有15%以上的校舍属于危房，这些危房正在威胁着代表祖国未来的孩子们的生命安全。

工厂是建筑物事故的又一集中处所，全国工矿企业每年因建筑物事故造成的直接经济损失至少在5亿元以上，许多还造成重大人身伤亡。例如，1990年2月16日下午，辽宁省大连重型机器厂计量大楼4楼会议室324平方米的顶棚突然塌落，正在室内学习的309名学员被压在预制板和钢梁之下，当场死亡42人，重伤130人，其责任就在大楼的设计与承建者的施工质量存在问题。同年3月12日早晨8时左右，甘肃酒泉钢铁公司容积为153立方米的特大高炉—1号高炉突然崩塌，当即砸死19人，伤10人。1992年12月3日，位于广州濂泉路的广州皮鞋厂一幢三层厂房倒塌，压埋数10人，死亡3人，19人重伤，20多人轻伤，事故原因是厂房装修改造未架足够强度的支撑架。1993年仅1～4月，广州地区就接二连三地发生建筑物倒塌事件，近200人伤亡。如1月份广州海珠区某厂房施工中有30米围墙倒塌，导致11人重伤；4月1日广州增城一石场塌方，造成7死5伤，等等。据调查统计，广西目前有危险厂房100多万平方米，贵州有64万平方米，天津有1.6万平方米，一些"三线"企业的破旧厂房，随时都有坍塌的危险。可见，工厂建筑物事故的隐患还相当大。

在城乡居民区，建筑物事故也接连不断。如1988年5月10日，武汉陆家街因超量采取地下水，造成地陷事故，陷进民房10多间。1993年2月21日广州市南方医院民工棚倒塌，伤13人。4月3日广州市黄埔区厦园采石民工一栋二屋宿舍倒塌，造成11人死亡、38人受伤，这起重大建筑物事故是因违章加建第三屋所致。再以西北地区的窑洞为例，1981～1983年间仅陕西淳化县就塌窑16 843孔，死亡65人、牲畜104头。1984年10月2日铜川南头崩塌房屋23间、窑洞3孔、死亡50人。1985年陕西长安县等坡乡300户农民窑顶塌坍，农民无家可归。

办公楼及桥梁断裂事故屡有报道。例如：1983年3月23日，湖南安化县官仓大队会议室屋架突然垮塌，压死12人、重伤28人、轻伤80人，这是设计错误导致的重大恶性建筑物事故。同年发生在湖南永顺县的一座拱桥倒塌事件，亦使8人丧生、6人重伤。1985年10月14日，湖南永州市一座拱桥因设计错误在修建中垮塌，当即死亡7人、重伤2人、轻伤24人。1987年9月14日，湖南沅江县建委新建的三层办公楼突然崩倒，掉落湖滨水中，造成40人死亡、1人重伤的特大惨案，原因是主管建筑业的县建委让不具备设计资格的人设计，让偷工减料的乡建筑队承建所致，5名有关责任人被判处徒刑。1988年，湖北汉川县一座造价30万元的桥梁试车一天就断裂报废，所幸未造成人身伤亡。1993年5月29日下午，四川天全县城郊一座跨度90米的石拱大桥突然坍塌，导致在拱桥面上施工的人员死亡7人、重伤4人、轻伤15人、下落不明4人，直接经济损失达150多万元。

在公共场所，建筑物崩落事故影响极坏。例如，1984年1月21日，湖南南县八百乡政府俱乐部因设计错误导致屋顶垮塌，压死5人、重伤24人、轻伤51人。1992年7月31日下午2时许，武汉新建的汉口新火车站售票大厅团体售票处门前水泥天花板突然坍落，致使12名旅客身负重伤，多名旅客受轻伤。同年10月21日上午，成都市蜀都大道一个长40多米、高10米、重数吨的广告牌居然经不住5级风的袭击，从20多米的高空坠落在人行道上，当场砸死2人、重伤1人、轻伤多人。1993年3月广州市郊宝岗球场围墙倒塌，造成3人死亡、4人受伤。

在水库工程建筑方面，全国自新中国成立以来修建38.3万座大、中、小型水库，但病库、危库占 30% 以上。1954～1980 年的 27 年间，全国共计发生水库垮坝事件达 3 000 多起，年均 110 多起，其中 1975 年 8 月河南两座水库垮坝造成 3 万多人死亡的罕见灾难。同一时期，湖南省发生水库垮坝事件 256 起，年均 95 起；其中施工期垮坝 5 座，占 25.4%；运行期间垮坝 191 座，占 74.6%。该省 1981～1987 年间又垮坝 23 座。由此可见，在水利工程建筑方面，事故风险确实不小。

如此众多的建筑物事故，就发生在我们居住的空间、工作的地方和公共场所，给人身安全与财产安全带来严重威胁，而各种建筑物又是人自己建造的，这种灾变真是对人类社会的一种嘲讽。不负责任的图纸设计无法杜绝、偷工减料的建筑单位又比比皆是，不合格的宿舍楼、办公楼及劣质的各种土木工程项目越来越多，建筑物事故恐怕还未到高峰时期。

（三）建筑物事故的防范

建筑物事故无论发生在哪一环节，都是人为灾祸，因此，要减少建筑物事故，还得从人抓起，确保建筑物的质量是避免建筑物事故的关键。笔者认为，要确保建筑物的质量，就必须做到：

1. 各项建筑物的建筑应通过招标来确定经政府管理部门批准成立的设计、承建单位。这样，就可以通过公开的竞争来选择技术优良、经验丰富的设计和承建单位，避免一些不合格的设计、承建单位包揽工程、埋下事故隐患；同时，也有效地防止了以损害工程质量为代价的各种幕后交易。目前，在全国各地，凡重大建筑项目均实行招标，实践证明效果极好，越是大型建筑工程，事故率就越低，建筑物质量的好坏与设计单位、承建单位的水平成正比；反之，私下交易，收受回扣，损公肥私，将使建筑单位付出沉重的代价。因此，建筑物是设计单位、承建单位制造的"产品"。作为建筑物所有人应该尽可能地找到出色的"生产厂家"，而公开招标设计者与承建人就是实现这一目的的最好的途径。

2. 必须加强对建筑业的管理。改革开放以来，各种经济成分都渗入到建筑业领域，给中国的建筑业注入了新的活力，其推动作用是巨大的；然而，在建筑业大发展的过程中，大量不合格的建筑公司与农村建筑队也进入了市场。相当多的建筑公司与建筑队并不具备承建建筑工程的技术实力、资金实力和施工能力，有的甚至是个别人的皮包公司，但通过各种手段也能揽到建筑项目尤其是宿舍、办公楼房,从而制造了众多的劣质建筑物。这些建筑物轻则渗水、渗雨、堵塞,重则崩倒致死人命,近几年类似的灾案不乏罕见,教训也是十分深刻的。因此,管理部门应该加强对建筑施工单位的管理,定期考核,不定期抽查,严禁不合格的承建单位进入建筑市场包揽工程。如果管好了建筑物的"制造者",建筑物事故就会大大减少。

3. 健全法规,完善监督机制。一方面,对建筑物尤其是大型土木工程及公共场所建筑物的建设程序、设计及承建单位的条件、建筑单位与设计及承建单位的法律关系、建筑物事故中的法律责任等问题应有明确的法律规范,以使有关各方明了自己的责任;另一方面,应建立对建筑单位、设计单位、承建单位等的资信审查与反担保制度,建立独立于建筑单位与承建单位之外的设计师事务所和建筑师事务所,每项工程的竣工均由设计师事务所、建筑师事务所进行考核与检查,让建筑物接受有力的外部监督,将起到安全保证的作用。

4. 对于危旧房屋,尤其是中小学校、幼儿园及公共场所中的危房,应无条件地限期拆修,并对领导者实施相应的责任、惩处措施,以确保师生员工及公众的人身安全。

5. 建立建筑物事故的赔偿制度。即制定相应的法律与法规,对在建筑物事故中的受害者除非是其自身故意行为所致,否则,责任者不仅应承担相应的行政与刑事责任,而且应承担对受害者的民事损害赔偿责任。

市场经济的发展带来了中国建筑业的繁荣,而建筑物事故的大量存在又表明在这一领域开展减灾活动已刻不容缓。如果不从现在就做起,建筑物事故的隐患将日益积累,最终给我们的事业造成极大的损害。我们不应该为建筑物的建造与使用付出血的代价,合格的建筑物也不需要我们付出血的代价,因为建筑物是保护人类的主要工具。

九、工伤事故

(一)工伤事故概述

工伤事故是指在工作时间内因发生各种意外造成人员伤亡的事故的总称,它是随生产的产生而产生,随生产的发展而发展的。它包括工业、采矿业、建筑业、交通运输业、商业等领域一切导致人员伤亡的事故和职业病，是一大类人为事故灾害。由于采矿事故、交通运输事故及职业病等均单独列章予以阐述，故本章只是研讨工业、建筑业中的工伤事故。

在手工生产的条件下，工伤事故只能造成个体的死亡，损失也很小；但随着社会进步和生产力的发展，生产趋向大规模化，劳动安全问题也就更为突出。一个螺丝钉的松动、一只小阀门的损坏、一点火星的触发、一次突然的停电、一丝一毫的马虎大意都有可能酿成巨大的灾难。早在1844年，恩格斯在描述当时工业革命导致的机器生产的劳动条件时，就揭示了曼彻斯特地区有如此多的残废人，以至那里的人们好像刚从战场上撤下来的军队一样，工业生产是在付出生命与健康代价的条件下迅速发展起来的。尽管西方发达国家早在20世纪就颁布了各种有关安全生产的法律与法规，科学技术的发展进步为工业生产又提供了多种多样的防范事故的工具，但工伤事故仍然在发展之中。据国际劳工组织统计，全世界每年发生各种工伤事故约5 000万起，使10多万人丧生，150万人受伤致残而丧失劳动能力。每年因为工伤事故和职业病造成的各种经济损失相当于各国国民生产总值的5%（含职业病导致的间接生产损失），即1万亿美元；换言之，平均每5分钟就有1人死于工伤事故，15人因伤致残。相当一部分事故不仅使受害者丧生或致残，而且给受害者家庭带来极度困难或给家庭生活带来灾难性的影响。

工伤事故的严重性，可以通过回顾过去来加以说明。在第二次世界大战的6年期间，全世界工伤事故伤亡人数远比在战争中伤亡的人数多。例如：第二次世界大战期间，英国军队的月平均伤亡情况（不包括商船船员）为3 462人死亡、752人失踪、3 912人受伤，总人数为8 126人；但同一期间，英国仅在制造工业月平均死亡人数为107人，受伤者为22 002人，总数为22 109人。同一时期在美国，军队月均死亡6 084人、失踪763人、受伤15161人，总数为22 008人；而1942~1944年间，美国工业部门月均死亡1 219人、永久性全身丧失劳动能力121人、永久性部分丧失劳动能力7 051人、暂时丧失劳动能力者152 356人，总数达160 747人。尽管近几十年来劳动安全取得了一定进步，但世界仍在为生产付出沉重的代价，目前，美国工业部门每年共有1.1万人死于工伤事故，占世界的10%，工伤事故造成的直接经济损失达150亿美元。

中国的工伤事故更为严重，即使剔除职业病及其他行业事故死亡者，仅工矿伤亡率1989年每万人因工死亡者就达9.7人、重伤致残12.1人；1991年在比1990年下降的情况下，仍有14 686人死于工伤事故，重伤致残者达10 809人。其中国有企业及大集体企业职工因工死亡7 855人、重伤致残9 117人，乡镇企业职工因工死亡6 831人、重伤致残1 692人。不仅如此，由于"三资"企业与乡镇企业的迅猛发展，加之这类企业大多只重经济效益不重安全，全国的工伤事故还在呈大幅度上升趋势，损害后果也越来越严重。如1991年仅广东深圳市宝安县18个镇的"三资"企业就发生工伤事故投诉456宗，至少有456人残废。而广东的"三资"企业达130多万家，是国有企业的60倍；全国的乡镇企业达1 800多万家，"三资"企业也达1 000万家，工伤事故的风险焉能不急剧扩大。

在各种行业中，工伤事故风险最大的是采矿业，其次是建筑业，再次是冶金业。据1986年统计，建筑业的工伤死亡人数占全国工伤死亡人数的12%，冶金行业的工伤死亡数占全国工伤死亡人数的10%，近5年来全国建筑业工伤死亡者增长幅度为15%左右，超过冶金等行业的工伤事故增长速度。以湖南省1987年为例，建筑业因工死亡人数占该省因工死亡人数的比率高达14.8%。

（二）工伤事故的性质与类型分析

工伤事故是工作中的不安全行为和不安全状态造成的，通常是许多因素共同作用的结果。这些因素主要有三个：技术设备、工作环境和工作人员。例如，工厂可能缺少安全设施、机械设计欠佳及安全装置不完善；在工作环境方面，可能由于噪声使人听不到安全信号，通风不良可能使有毒气体聚积从而导致事故；工人没有受到良好培训或缺乏工作经验，违章作业，酒后上岗，心理疲劳等等，均是导致工伤事故的重要因素。尽管事故产生的影响因素多，但所有的工伤事故最终都能直接或间接地归咎于人的失误。失误者可能是从事设计、建筑、安装、管理、监督、维修和在工厂内工作的任何人。最常见的工伤事故表明其不是发生于最危险的机器（如圆锯等）或最危险的物质（如炸药等），而是发生在十分普通的行动中，如绊倒、坠落、搬运和使用手工具以及物体下落打击造成的伤害。据英国对工厂的事故分析，搬运货物发生的事故占全部工伤事故的30%，坠落事故占16%，机械事故占14%，与此类似，对同时期的建筑工程事故分析表明，30%以上是由坠落引起的，而搬运货物中的事故占全部事故中的25%以上，所有这些数字都说明了工伤事故的日常性质。同时，从前几年国内部分省市4 258起触电事故统计资料来看，缺乏电气安全知识导致的事故为1 370起，占全部触电事故的32.2%；违反操作规程导致的事故为1 158起，占全部触电事故的27.2%；设备不合格导致的触电事故为965起，占全部触电事故的22.7%；维修不善导致的触电事故为730起，占全部触电事故的17.1%；偶然原因导致的触电事故为35起，占全部触电事故的0.8%。前述四项原因都是人为的，只有偶然原因除外，人为原因引起的触电事故占全部触电事故的99.2%。由此可见，工伤事故不是天灾，而是实实在在的日常的人祸。

从工伤事故的性质来看，它可以分为电伤、烧伤、炸伤、跌伤、物体打击、撞伤、挫伤、擦伤、割伤、刺伤、撕脱伤、扭伤、倒塌压埋伤等多种伤害类型。不同的行业所遭受的伤害类型又有差异，如化工厂的工伤事故多为烧伤、炸伤等事故；机械制造业的工伤事故则多为挫伤、擦伤等伤害事故。从建筑业工伤事故来看，常见的事故除了设计错误引起的事故外，主要的类别则是高空坠落、机械和起重伤害、触电和物体打击，每年发生这4方面的事故约占全部建筑业工伤事故的70%，其中高空坠落约占30%，机械和起重伤害占15%左右，触电占15%左右，物体打击占10%左右。以湖南省益阳地区前几年统计的60起建筑施工企业工伤事故资料为例，在事故起数方面，高空坠落占33.3%，机械起重伤害占20%，触电占18.3%，物体打击占10%，设计错误占8.4%，其他占10%；在死亡人数方面，由设计错误引起的事故死亡占51.7%，高空坠落死亡占16.4%，机械起重伤害致死者占10.3%，触电死亡占9.4%，物体打击死亡占5%，其他伤害死亡占7.8%。

按照工伤事故对受害者的伤害程度，工伤事故可以分为以下四类：

1. 暂时丧失劳动能力伤害

它又可分为暂时性全部丧失劳动能力和暂时性部分丧失劳动能力两种，前者是受伤害后完全失去了从事工作的能力，只能接受医疗或休养；后者是受伤后部分丧失劳动能力，但还能从事轻工作。两者的共同点在于身体状况都存在好转的希望，一经治愈可以完全恢复工作能力，重返原岗位工作，但这并不意味着伤害很轻。这一类工伤事故在整个工伤事故中占有最高比例。

2. 永久性部分丧失劳动能力伤害

它表现为工伤受害者肢体的缺残，或内部器官的损坏，造成人体功能的丧失。虽经治愈，但留有终身残疾。这一类伤害大部分属于重伤范畴，但也有小部分属于轻伤，如小指被切断就属于永久性部分丧失劳动能力，但属于轻伤。

3. 永久性完全丧失劳动能力伤害

它表现为工伤受害者伤势严重，虽经治愈但人体主要功能丧失或全部丧失，生活需要有人护理，是恶性工伤事故的必然后果之一。

4. 死亡

即工人在工伤事故中被伤害致死。

在上述四类伤害事故中，永久性完全丧失劳动能力和死亡是恶性工伤事故带来的严重后果。

(三) 工伤事故的防范

避免和减少工伤事故的关键在于预防，事先纠正一切可能导致事故发生的不安全行为和不安全习惯，防患于未然。要做到这一点，就必须采取下列措施：

1. 建立健全的安全生产管理制度和安全监察制度

如在建筑业事故中，农民建筑队事故占的比例就极高，农建队发生的死亡事故占整个建筑业工伤死亡事故的60%以上，这种建筑队设备简陋、民工亦工亦农、技术素质与安全意识都差，而许多建筑企业对此不闻不问，只让其干脏活、累活、危险活，故民工的死亡人数约占全部建筑业工伤死亡人数的70%。按目前发展态势，到本世纪末，仅建筑业工伤死亡人数每年就将达1.8万多人，伤残3.9万人，类似情况随着乡镇企业的迅速崛起，在其他行业也存在。因此，笔者认为政府各行业主管部门在转变职能的过程中，应该把安全生产管理当做自己的主要职责来加以实施，制定行业安全生产管理条例、实施标准和安全操作规程，定期检查督促各企业开展安全生产，并实行安全生产责任制，对安全管理不力、事故频发的企业领导严加惩处；同时，劳动部门作为管理全国劳工的政府部门，也应担负起安全生产的监察责任，对各行各业实施行政监督。总之，对安全生产的管理与监督不能流于形式，也不能由形同虚设的松散组织（如目前的安委会）来管理和监督，必须切切实实地把它作为政府各有关职能部门的一项基本职责，贯穿到日常工作中去。

2. 树立全员安全生产意识，将安全管理工作的重点放在班组

据湖南省湘潭钢铁厂对建厂以来工伤事故的统计分析，班组发生事故的概率在 0.9 以上，即 90% 的工伤事故发生在班组，且人为因素占事故直接起因的 75% 以上。因此，企业安全管理工作的主要对象应该是全体工人，尤其是生产第一线的工人，因为各行各业的生产活动均在班组进行，如果班组安全生产抓不好，即使是设备最好的工厂或生产环境最佳的车间、班组，也难免不发生工伤事故。反之，如果全体员工都有安全生产意识，并掌握防止工伤事故发生的基本知识，就必定取得良好的防灾减灾效果。

3. 抓住主要矛盾

在工伤事故中，往往由许多因素相互促成，但其中必定有一个主要因素，只要解决了主要矛盾，就完全可以避免工伤事故的发生。例如，某厂一名工人在缺一梯凳的梯子上干轻维修活，不小心摔下来而成为残疾人。在这起工伤事故中，缺一梯凳的梯子、工人用此干活、工作时他没有记住梯子有缺陷是造成事故发生的三个因素，只要其中一个因素不具备，该起事故就不会发生。在这三个因素中，工人干活时没有注意不应当作为事故原因，因为他在工作时不可能分散注意力；而工人使用坏梯子干活虽可以建立禁止使用坏梯子的制度来处理，但如果车间没有其他的梯子，而活又必须干，这样的制度不一定有效；因此，这起事故的原因应该是车间里存在坏梯子，管理部门应该命令维修部门随时维修每一个坏梯子，并使这些命令得到执行，这样，才有可能从根本上杜绝事故的发生。

4. 配备必要的防护设施和防爆防火器材

例如，建筑工人必须配戴安全帽，必须有牢固可靠的脚手架；化工厂则必须配备有先进的防爆防火设施，等等。防灾设备或劳保用品的配备，不仅能及时控制事故的发生，防止事故灾害的蔓延扩大，而且能保障工人的人身安全。因此，各企业尤其是危险性较大的采矿、建筑、化工、冶金、机械制造企业等应有远见，舍得这方面的投资，努力完善自己的安全防范机制和防灾设施。

总之，安全问题与生产活动是不可分割的，只要从事生产活动，就必然存在安全问题，但工伤事故又是人为的，通过人的努力也完全可以避免。因此，无论是企业还是个人，都必须确立安全生产是一个有机整体的观念，把工伤事故的发生视为最大的浪费，努力争取在安全生产中出效益。

十、采矿事故

（一）采矿事故概况

采矿事故，是指在采掘煤炭以及各种金属矿产与非金属矿产等生产活动中发生的工伤事故，唯其灾情特重，笔者才给予其单独列章，独立于工伤事故之外。

人类社会发展到今天，采矿事业的发展有着莫大的功劳，如采煤工业是中国主要的燃料与能源供应部门，金属与非金属矿产采掘业为各种工业提供着原材料。可以这样说，如果没有采矿业，中国的工业将失去存在与发展的基础。采矿业作为国民经济基础产业，是与自然界直接打交道的，是人类向自然界索取资源的专门行业，由于绝大多数矿为井下作业，井下生产作业场所的劳动条件较其他行业普遍要差，在生产活动中，既潜伏着各种难以预料的自然风险，又潜伏着各种意外的人为风险。如冒顶（顶部塌落）、瓦斯爆炸、透水、煤尘、火灾等都随时威胁着矿工的生命安全和健康，自然风险与人为风险的交叉作用，极易酿成惨重的灾难。在美国各工业部门，采矿业每10万名全日制工人的死亡率是44.3人，是建筑业、农林渔业的1.56倍，为金融保险业的17.8倍，采矿业被称为最危险的行业。在中国，采矿工业的发展史同时也是一部留有成千上万人鲜血的灾难史。

在采矿业中，煤矿作业又是危险性最大的工作。以美国为例，煤矿事故中的死亡人数占所有工业部门死亡人数的30%、重伤人数占75%。中国的比例比美国还要高。瓦斯爆炸、冒顶塌方、透水、矿尘、火灾是采煤面临的5大灾害，其中瓦斯爆炸约占全部事故的1/3；而金属或非金属矿产开采中主要是塌方或引发泥石流灾害等。

据有关部门统计，中国生产百万吨煤死亡率是美国的50多倍、印度的5倍。1988年仅11月份，全国就因煤矿事故死亡477人。1990年，中国煤矿行业因采矿事故伤亡人数占整个工业建筑业的60%；而10万个个体及乡镇煤矿因安全生产条件差，事故更是频繁而严重，该年度个体、集体小煤窑就死亡6 183人，一次死亡10人以上的特大事故56起（占全国煤矿特大事故总数的66%），全年直接经济损失在10亿元以上。危害之烈，损失之大，表明其虽然局限于采矿部门，但又确实不是小灾种。

值得指出的是，采矿事故在部分地区还在恶化，因为个体、集体、合作、合资、地方国营等各种形式的采矿者还在增加，它们作为采矿事故的多发区，短期内还无法从根本上改善安全生产条件。目前，隐患严重的地区主要有四川、湖南、河南、贵州、山西、山东、陕西等省，而煤尘与瓦斯突出的矿井则主要集中在中南和西南地区。以湖南省为例，该省矿井井型小，省属68对矿井平均生产能力每年只有15.9万吨；开采深，平均深度为300多米。由于资金短缺，欠账多，要改造成现代化的安全矿井根本不可能；而数量更多的个体、乡镇矿井问题更加严重。河南省乡镇煤矿死亡人数在1983年为252人，1984年增加到585人。1989年，湖南省仅辰溪县丧生于个体、集体采煤事故中的民工就达138人，人们说"小煤窑挖出的煤炭是带血的"。由此可见，采矿事故灾害的深刻化已经成为采矿业生产发展的重要制约要素。

（二）瓦斯爆炸事故

瓦斯是矿井下包括沼气（甲烷）、二氧化碳、一氧化碳、硫化氢等在内的有毒有害气体的总称，其中伴随煤炭生成的可燃性沼气含量约占其中80%，它随着煤炭的开采而不断地释放出来，无色、无味、无臭，很容易积聚在巷道上方和掘进上山工作面。沼气是易燃易爆气体，再加上其他有毒气体，就构成了对采矿业的极大威胁，被称为采矿事故灾害之首。

一般而言，瓦斯事故分为一般瓦斯中毒事故与瓦斯爆炸事故。据全国煤矿1983~1986年选择85起重大瓦斯事故分析，爆炸事故占57.6%，死亡人数占总数的80%。瓦斯爆炸作为采矿事故中危害最大的一种灾害，要在沼气与空气混合到一定浓度并遇火的条件下才能成灾，当浓度不够时，遇火也不会爆炸；反之，当浓度达到临界点时，明火、电气火花、吸烟火、撞击摩擦火花及爆破火焰，甚至化纤衣物产生的静电火花均能引起瓦斯爆炸。因此，要避免瓦斯爆炸事故发生，矿井应用较好的通风系统使沼气达不到燃烧和爆炸的浓度；同时严禁带入火源。然而，个体、乡镇煤矿半数以上是独眼井生产，根本构不成通风条件，或者是虽有两个井却不用局扇而采取自然通风，风流不稳定就易造成沼气积聚；加之许多个体、乡镇或国营煤矿不按安全规则施工，将不符合安全规定的设备材料带下井，不按规定要求放炮，甚至井下吸烟等等，造成了瓦斯爆炸事故频频发生的惨剧，其发生次数亦占全部采矿事故的1/3。例如：

1978年5月24日零时30分，甘肃兰州市西北的窑街矿务局三矿三采区北大巷在掘进放炮时崩落岩石和煤矿1050立方米，一股有毒气体从地下冒出，并迅速蔓延至一、二、四采区，致使在井下作业未及时逃出的90名矿工身亡，87人严重中毒住院治疗。

1979年11月23日，吉林省通化矿务局松树镇煤矿领导人追求高产指标，违章乱采，破坏了通风系统，造成瓦斯爆炸事故，波及940米长的巷道，死亡矿工52人，重伤6人。

1980年6月8日，山西省洪洞县办地方国营煤矿发生瓦斯爆炸事故，当即死亡30人。

1984年7月9日，河滩沟煤矿瓦斯检查员失误，未检查瓦斯，放炮员盲目放炮引起瓦斯爆炸，死亡25人，重伤18人。

1985年3月14日，湖南省龙山县瓦房乡煤矿作业区瓦斯本已高度积聚，而工人姚某竟违章划火柴吸烟，烟未吸成，却引发了瓦斯爆炸，当即死亡26人。同年8月24日，安徽淮南市新庄煤矿44采区由于没有严格按照放炮操作规程装药，"拨炮"引起瓦斯爆炸，当即死亡28人。

1986年10月，贵州省六盘水市二塘乡安乐村办小煤窑发生瓦斯爆炸，2人死亡，多人受伤。

1987年8月30日，广州第四大煤矿发生瓦斯爆炸，死8人，伤多人，300多米深的巷道及设施被炸毁。12月9日，安徽淮南市潘一矿绞车轧皮产生火花导致特大瓦斯爆炸事故，炸死矿工45名，10人受伤。

1988年是瓦斯爆炸频发年。该年1月26日8时45分，山西省大同市南郊区平旺乡青沙洞煤矿瓦斯爆炸，死12人，伤4人。2月26日下午7时半，湖南邵东县高桥煤矿发生瓦斯爆炸，死8人、伤12人。2月28日，黑龙江鸡西矿务局穆棱煤矿瓦斯爆炸，38名矿工死亡，直接经济损失15万元。4月12日3时，湖南溆浦县钩坪镇大井坪小煤窑因吸烟引起瓦斯爆炸，死5人，重伤4人。5月6日，贵州省六盘水市二塘乡安乐村办小煤窑，又因非法在独眼井中开采，发生瓦斯爆炸，死亡49人，另有4人负伤垂危，直接经济损失20多万元。5月19日，湖南省辰溪县一小煤窑发生瓦斯爆炸，系盲目滥采造成，当即死亡14人，重伤7人。5月27日13时，四川叙永县营山乡小煤窑由于瓦斯积聚，死亡7人，伤4人。5月29日，山西霍县矿务局圣佛煤矿发生瓦斯爆炸，死亡49人，重伤1人。6月18日，山西太原市古交区铁唐沟煤矿发生瓦斯爆炸，死亡40人。6月21日，山西交城县岭底乡沟口煤矿发生瓦斯爆炸，死亡5人，伤多人。8月5日上午10时，甘肃两当县地方国营煤矿发生瓦斯爆炸，在场作业的48人有44人死亡，4人负伤。11月26日，黑龙江省鸡西矿务局平张矿发生瓦斯爆炸，死45人，伤22人。一年之中，因人为原因导致多起特大惨案，采矿业安全从何而来？

1990年7月13日午夜23时55分，山东新汶矿务局潘西煤矿发生瓦斯爆炸，死亡矿工45名，受伤多人，山东省长亲往现场组织抢救。

1991年4月21日16时5分，山西洪洞县三交河煤矿因生产管理十分混乱，井下没有防尘洒水设备，发生特大型瓦斯爆炸事故，当时在井下作业的147名矿工全部遇难身亡，另有4人受伤。据调查，该矿90%以上矿工是不懂安全规程的临时工，对这起震惊中外的特大型采矿事故，国务院总理李鹏作了重要批示，矿长等4名有关责任人被判处3～6年徒刑。同年11月11日，安徽淮南市谢二矿放炮后煤尘突出，高浓度瓦斯（有毒气体）当场使9人窒息而死。

1993年是煤矿事故的重灾年，仅1～3月河南一省就发生瓦斯爆炸事故4起。1月20日，安徽省淮南市潘集一矿西三采区发生瓦斯爆炸，39名矿工在春节前夕丧生于井下，另有2名矿工重伤、11人轻伤。2月13日，河南省鲁山县梁桂矿务局自营煤矿公司东山一矿二井发生一起瓦斯中毒事件，在井下的7名矿工全部窒息死亡，有关责任者事故后逃跑。3月15日，河南省禹州市苌庄乡铜瓷窑村个体联办小煤矿才生产9天，就因井下作业工人擅自关停风机，造成瓦斯积聚，加之带电作业引起火花造成瓦斯爆炸事故，当场死亡10人。4月17日晨，黑龙江省鸡西矿务局发生一起瓦斯爆炸事故，当即死亡28人。5月8日凌晨，河南省平顶山矿务局11矿7采区因风巷部分风筒漏风和放炮火花引起瓦斯爆炸，共有39名矿工遇难，10人重伤,作为煤矿"安全第一责任者"的矿长被撤职。

(三) 透水事故

透水事故是采矿业中的又一主要灾害,它主要发生在采矿过程中。一般而言,矿井透水事故的发生均有诸如矿井空气变冷、滴水等先兆现象,然而,由于人们对此掉以轻心,往往酿成水淹矿井、工人死伤的恶性事故。例如:1935年5月13日,山东淄博的北大井煤矿,一股特大高压地下水冲破隔水层涌入矿井,每分钟流量达443立方米,气浪凶猛,1小时内就封死了井底大门,78小时内淹没了这座有30年开采历史的所有矿井,正在井下作业的530名矿工全部遇难,成为中外采矿史上最悲惨的事故之一,该座煤矿在1972年重新治理,直到1978年12月才恢复生产。

新中国成立后,采矿业中的透水事故随着采矿业的发展,尤其是近10余年来小煤窑的发展日趋严重,造成了众多的人员伤亡。例如:

1982年7月6日,湖南省湘潭市王家山煤矿杨家桥矿井发生老窿穿水事故,矿井淹没,死亡9人,停产半年多,直接经济损失近30万元。

1983年10月25日,湖南省怀化市中方乡黄金坡煤矿,在发生多次穿水预兆的情况下仍未采取措施,致使放炮中引起老窿穿水,淹死矿工21人。

1989年8月7日,湖南某县一小煤窑因违法违章开采,造成了严重的透水事故,淹死矿工57人。在事故发生前,该县煤炭局、矿管办曾3次下令封闭矿井,就在事故发生前3小时有关部门还到该矿下达第4次封井通知,但采矿者们置若罔闻。而事故前一天,采煤工作面就出现了顶板滴水、煤潮等先兆现象,出事当天,又有几个炮眼向外流水,但这一切并未引起矿里及矿工的重视,也未采取任何措施。这起本该避免的事故却使该矿付出了57条生命的代价。

1993年3月16日,河南省鲁山县梁洼镇段店村矿又发生一起井下透水事故,由于井下巷道充塞物多,抢救工作速度慢,致使井下14名矿工全部被淹死。

(四) 其他采矿事故

在采矿作业中,还面临着冒顶塌方、泻流、煤尘、火灾等多种危险,这些危险的发生，轻则毁坏矿井、造成损失，重则致人丧命。

在上述危险中，冒顶塌方是常见的采矿事故灾害，其所造成的损害后果十分严重。从理论上讲，在开矿之前，地下岩层相互挤压，处于一种平衡状况，当掘进坑道或采矿开始时，原始的平衡状况就被破坏，工作面上面的岩层由于失去支撑而逐渐变形、破坏，为此，采矿者必须对巷道和工作面周围的岩石进行支撑和维护，以保持工作区间的顶板不冒落等。然而，尽管人们采取多种方式维持其平衡，而冒顶塌方的事故仍是层出不穷。据统计，70%～75%的冒顶事故发生在回采工作面，20%～25%的发生在巷道掘进和维修中，至于塌方则在采矿中的任何险段均有可能发生。例如，1988年4月5日，甘肃西和县太石河乡崖湾锑矿麦楞开采矿点塌方，造成15人死亡，11人重伤；1993年3月19日下午4时20分，广西南丹县龙山矿发生塌陷，死亡6人、重伤3人、轻伤21人，陷落汽车7辆，直接经济损失达100多万元。

泻流则是矿渣堆积等因积水或暴雨导致的意外事故灾害，它在各种采矿作业中都有可能发生。从总体上讲，泻流事故次数相对较少，但一旦发生，往往后果十分严重。如1988年4月13日，陕西省金堆城钼业公司栗西尾矿发生严重的泻流事故，洛南县12个乡4万多人受害，剧毒物质污染了大面积的土地和水源，直接经济损失900多万元，停产损失达3 000多万元。同年7月19日，广东省高要县河台镇金矿因数千人自1985年以来一直滥挖乱采，致使大地开膛破肚，废石尾矿到处堆积，三年间出现洞口245个、氯化池290口。矿渣奔流，顷刻间使4人丧生、30人受伤，摧毁陂头27座、桥梁3座、河堤1 400米、民房142间、农田1 200亩，死亡牲畜1141头；直接经济损失达180多万元。

煤尘被称为采煤作业中的5大灾害之一，它是致使矿工患尘肺病的罪魁祸首，全国每年尘肺病患者多达数10万人，死亡者数以万计；不仅如此，煤尘还能燃烧、爆炸、直接置人于死地，如1989年河北唐山市某煤矿因放明炮炸柱窝，引起煤尘爆炸，当即炸死22人。

火灾在采矿业中也是后果严重的灾害。人在井下作业的活动余地不大，一旦发生火灾，空间的有限使人们无法逃生。如1990年5月8日上午11时35分，黑龙江省鸡西市小恒山煤矿矿井下发生特大火灾，造成80人死亡、重伤23人，国务委员邹家华等受国务院总理委托前往现场处理善后事宜，大火延烧 3 天，至 10 日才扑灭。

此外，在采矿作业中还有其他意想不到的灾难发生。如 1989 年 5 月，青海省在西部高寒无人区可可西里发现金矿，省政府未经国务院同意，擅自批准格尔市开办集体采场，在缺氧的 40 平方公里内集结 1 万人试采。有关贪官污吏勾结把头，滥发采金证，采金人数迅速增加到 3 万多人。5 月 25 日，该地区下了一场罕见大雪，400 辆车被困，8 000 多金农途中受阻，人们饥寒交迫，虽经空投食物、寒衣，仍然有 42 人冻死，救灾费直接支出达 142 万元。为此，格尔木市有关领导与公安局长被撤职并追究刑事责任。

（五）采矿事故的防范

采矿作业是危险性最大的工作，采矿工人从事的是最脏、最累、最危险的工作，前述事故个案就是全部采矿事故中的一个个缩影。因此，抓好安全生产和事故防范应当成为采矿行业头等重要的大事。具体而言，宜采取下列措施：

1. 健全法制

严格执法仍是减少采矿事故的关键性措施。1982 年国务院曾颁发过《矿山安全条例》和《矿山安全监察条例》，起到了积极的作用，但由于采矿业的完全放开，采矿者蜂拥而上，遍地开花，而各地又缺乏相应的更为具体的管理措施，法律制度并不完善。在中国的采矿事故中，前述多起采矿事故、广东高要金矿泻流、青海采金饥冻事故等等都是违法行为造成的。据 1991 年 7 月《中国劳动报》报道，湖南乡镇煤矿一哄而上，个人开采更是不依法，行政干预仍无法整顿，致使事故不断。再据 1993 年 7 月 6 日《中国减灾报》报道：河南鲁山县梁洼镇共有大小煤矿 89 个，其中国营矿 2 个、军办矿 1 个，其余 86 个全是乡、村、个体矿。全乡 17 个村中 12 个村有小煤矿，最多的北店村有小煤矿 14 个。在这些矿中，有 72 个是没有经过批准的无证开采矿，其民工的 90% 是来自外地的民工。法制如此不健全、管理如此不力、秩序如此混乱，采矿事故岂能少得了?! 因此，要减少采矿事故，就要先整顿采矿秩序，健全国家和地方的各种采矿法规制度，严格按照 1992 年实施的《矿山安全法》进行管理，禁止非法开采者采矿，唯有依法办矿，才有可能将事故源头控制住。

2. 正确利用舆论的引导作用

在 20 世纪 80 年代以前，采矿是国家的专利，事故也较少发生。80 年代以后，政策允许个体、集体等多种经济成分参与采矿，舆论界也是一片赞歌，结果全国各地一哄而上，一些地方还严重损害了国营矿山利益。由于乱开滥采者甚众，管理部门和当地政府也无法可施，有的地方政府甚至为了局部利益而放任自流。对此，必须有正确的舆论导向，笔者主张务必摒弃过去对多种经济成分参与采矿业一片赞歌的舆论宣传，代之以客观地评价中国的采矿业，至少对目前的采矿事故的严重性和乱开滥挖对矿产资源的破坏性应加以公开揭露，以逐步把人们开矿发财的心态引导到开矿既能发财亦会成灾且必须依法开采的正常心态上来。

3. 严格纪律，加强矿工的安全生产教育

缺乏纪律，不懂安全生产是酿成事故的最大因素，在前述各例采矿事故中，井下吸烟、明火放炮就是严重却又大量存在的违纪现象；而对事故先兆视而不见、连起码的采矿的安全知识都不具备又使矿工无法摆脱本来可避免的灾难。因此，采矿者应严明工作纪律，禁止违章作业，同时开展矿工上岗前的安全知识培训，将防止事故的知识与技能交给矿工，对纪律松弛或不具备上岗条件的矿工禁止上工，应该成为各类矿山的管理法律。

4. 有的放矢地开展防灾与减灾工作

例如：为防止瓦斯和煤尘爆炸，应保持通风导流可靠和各采掘面独立通风，同时，加强机电管理，严格放炮制度，禁止携带烟草和点火用具下井，并给井下人员配备自救器。为防止冒顶塌方，应根据矿山的围岩性质等正确选择支架和支护方式，支护强度，加强对顶板的检查和对矿渣堆放的管理，等等。应该说，采矿业已经经历了漫长的历史，现代采掘业对各种风险事故均积累了丰富的处理经验，杜绝采矿事故的发生并非没有先例。如湖南省邵东县张家岭煤矿也是一个小矿，由于从管理到技术等方面都注重防灾减灾工作，20多年没有发生过死亡事故，先后被评为全国、省、地（市）的安全生产先进单位。

中国的采矿事故是所有工伤事故中最为严重的，其造成的死亡人数仅次于公路交通事故而在全国各种人为显性事故灾害中居第二位。这种严重的后果是乱开乱采、只重金钱不惜生命的生产方式造成的。因此，我们有必要从思想认识上把禁止乱挖乱采与发展乡镇企业等区别开来，把违法违章开矿与农民合法致富、搞活地方经济区别开来，将安全生产摆到采矿工作中的首位。采矿业是风险最大的行业，矿工做的是最苦、最累的活儿，

政府和社会有责任和义务为其提供一个安全的工作环境，用法律的强制手段来维护采矿秩序和作业纪律，教给职工以安全自救知识，唯有如此，才能告慰成千上万的采矿者的亡灵。

十一、医疗事故

（一）医疗事故及事故等级

医生是专门与病人打交道的职业，医院是治疗病人的地方，医院的管理和医生的技术与责任心可谓重矣。就是在这人命关天的地方和行业，由于医务人员的失职或过错以及医疗器械和设备的缺陷，也制造着无穷无尽的事故，使本来就在病痛中挣扎的各种病人还要经受更严重的灾难。这种发生在医疗过程中且主要是由于医务人员的过错而造成病员伤亡、功能障碍或延迟恢复健康的事故即是医疗事故。

在各种医疗活动中，医疗事故是经常发生的。在发达国家，由于损害赔偿法律的严厉，医生若没有专门的医疗责任保险就不敢开业，因为一旦发生医疗事故就可能导致责任者的倾家荡产，故而形成了将风险转嫁给保险公司的惯例。在中国，还尚未建立起医疗责任保险制度，但这并不意味着中国不存在或很少发生医疗事故，本章披露的有关资料将表明，中国的各种医疗责任事故不仅经常发生，而且特别严重，人们在向医院求治的过程中还要警惕医院或医生加重你的灾难，这绝不是危言耸听！

根据调查资料，医疗事故多发生在诊断、治疗、抢救、用药、手术，理疗、护理等环节。造成医疗事故的原因主要是医疗人员的过错所致，如诊疗方法的选择不当、药物的选择不当、护理水平不高、手术中不负责任、技术水平低劣，甚至故意犯罪；此外，还有因医疗器械缺陷及病员个体差异因素所致的医疗事故。例如，1961年西欧一些国家的医院采用"反应停"治疗妊娠反应，结果使1万多名孕妇生下了怪胎。1989年4月被揭露的奥地利维也纳莱茵茨医院的"死亡天使"案，4名夜班护士在1983～1989年间用极其残忍的手段（如注射过量的镇静剂、捏住病人口鼻让其窒息而死）杀害住院老人48人以上。而1992年被揭露的发生在法国输血中心的丑闻案同样震惊了整个世界，该中心曾将明知带有艾滋病毒的血液输给1 200名血友病患者，造成一半人感染上了艾滋病，已有200多人死亡。这种极端的医疗事故案虽然不多，但一般过错酿成的医疗事故却不乏罕见。

根据医疗缺陷程度，医疗事故可以分为三类：（1）轻度缺陷，尚未造成不良后果；（2）中度缺陷，造成较轻的不良后果，有损害事实存在；（3）重度缺陷，造成严重后果，导致病人功能障碍、残疾或死亡。而根据中国卫生部门的划分标准，医疗事故又可根据病人所受伤害的程度分为三级：一级事故造成病人死亡；二级事故造成病人残废、完全丧失劳动能力或严重功能障碍，生活不能自理；三级事故造成病人组织器官损伤、导致功能障碍，或部分丧失劳动能力，影响生活自理。

（二）医疗事故的危害后果

近几年来，报刊对医疗事故常有披露，医生失职、护士失误、药员失职，甚至见死不救，炒买病人的事件时有所闻。中国的医疗事故状况如何，笔者不便先行下结论，还是用数据资料（个案太多，还是用总量指标为宜）来加以说明，让读者自己去判断吧。

据1950~1985年间仅经省级以上卫生行政部门处理的775起医疗事故案统计，导致病人死亡451人，占统计范围内医疗事故中受伤害人数的58.2%；致残的病人50人，占6.5%；损伤及受到其他伤害的病人274人，占35.3%。这种统计是不完全统计，即大量的由省级卫生行政部门以下机关处理的医疗事故案，农村的医疗事故案以及实际上造成了病人伤害而病人未申诉的医疗事故案均未包括在内，而这一部分医疗事故案至少是上述数字的若干倍数。

1989年8~12月间，仅广东省就连续发生7起药物中毒事故，计造成374人中毒，有60人死亡，13人双目失明。

1993年初出版的《误诊学》（刘振华等著）中的文献资料表明：从1912年以后的60余年里，临床误诊率始终在40%左右；进入80年代后，医院临床诊断与病理诊断不符率为32.5%，其中青年人直肠癌误诊率高达76.7%，肺癌误诊率在30%~70%之间。

据1993年3月9日《服务导报》报道：卫生部药品不良反应监察中心报告称，近几年来，在我国住院病人中，每年有19.2万人死于药品不良反应，药源性死亡人数竟是主要传染病死亡人数的10倍；1990年全国有聋哑儿童182万人，其中因医生滥用抗生素造成中毒性耳聋的患儿逾百万，并以每年2万～4万人的速度递增，这一数字是何等的触目惊心！

1993年6月29日，《中国减灾报》在头版一篇题为《血之祸》的长篇文中介绍：由于医院血库的血液和血液制品不洁，中国输血后肝炎的感染率为7.6%～19.7%；在全国肝炎易感人群中，有2%左右的人是通过输血感染上肝炎病毒的；一位产妇因为输血不仅自己被传染上肝炎，而且殃及无辜的孩子；一名很有前途的大学毕业生因车祸需输血，却因输入了带有性病梅毒的血液而结束了自己的生命。在英国、法国等国家，甚至还有幼儿染上艾滋病毒而夭折的实例，等等。

据河北省卫生防疫站对固安县3 936名献血者调查表明，献血者肝炎患病率高达17.4%；北京市红十字血液中心等单位的一项调查表明，固安、永清两县的职业献血者丙型肝炎抗体阳性率分别为16.4%和13.9%，单采血浆检查阳性率分别为50%和56%；重庆市綦江县通过对三个医院890件医疗器械的检测，表面检出乙型肝炎表面抗阳性率为0.66%，其中有已经灭菌的注射器；厦门市防疫站对某卫生院和某大队医疗站病人和预防接种的注射器残留液做乙肝表面抗原检测，阳性率竟高达12%和7%，他们使用的针筒有的竟连续使用1天或6～7天后才消毒一次；面对这些令人难以置信的材料，医疗单位的责任能推卸得了吗？

见死不救，视病、伤员生命为儿戏的消息还在不时传来：某位解放军干部被车撞伤，人们将他送到某医院后，值班医生竟不闻不问，让其在医院挣扎长达5小时而悲惨地死去。1993年3月5日晚，22岁的大学毕业生赵冬岩被歹徒刺伤后送进哈尔滨第一医院，由于首诊医生邓某对生命体征（血压、脉搏）没有记录，对病情估计不足，加之医院科室布局不合理，延长了运送医院时间，使病情急剧恶化，抢救无效死亡，这是发生在大医院的死亡责任事故。类似新闻在近几年的报端已有不少披露。

1993年6月，从徐州市更是传出了令人费解的奇闻：徐州市卫生界的"四大家族"第一、二、三、四医院院长联合签名印发4万份《告病员书》，呼吁病人参与公开办院、抵制"炒卖"病人的歪风。报端公开承认有的病人在被医疗人员"炒卖"过程中贻误了治疗的良机，损害了病人的合法权益。所谓"炒卖病人"，就是一些医院采取给市里几家大医院的医生付"好处费"，然后由这些大医院的医生在门诊室诱导病人转到其他医院门诊、住院或去做CT等收费较高的检查项目。这哪里还像"救死扶伤"的医院，活脱脱是"炒卖"病人的黑店！

1993年9月7日，《湖北日报》披露出武汉市青山区武钢第一职工医院住院部儿科婴儿室当班护士牟某于7月28日在给一出生仅二周的女婴加注吊瓶药水时，竟误将酒精当葡萄糖输液，致使女婴夭折。类似医疗责任事故虽不能断言蓄意杀人，但结果与杀人又有何异呢？女婴不是直接死于酒精当药的注射中吗？

在医院病毒感染方面，由于院方消毒不严等原因，造成病员病情加重甚至死亡的事例经常发生。据卫生部组织134所医院参加的"全国医院感染监控系统"提供的资料，住院病人医院感染率为9.7%，而全国每年住院病人为5 000万，按这一感染率估算则全国每年约有500万病人发生医院感染；在医院死亡病人中，有约25%～35%的病人直接死于医院感染。例如，1993年11月4日的《中国青年报》报道：1992年9月10日，云南昆明市延安医院，因消毒隔离不严，一种痢疾杆菌感染，致使10名婴儿死亡，责任者处理不详；1993年3月底，安徽黄山市人民医院因消毒隔离不严，柯萨奇病毒感染婴儿，致使9名婴儿死亡，直接责任者妇产科主任胡锦荣仅被免职、院长周光被停职检查；同年9月11～25日，广西中医二附院因卫生制度不健全、消毒隔离不严、环境卫生差等原因引起院内交叉感染葡萄球菌，造成4名男婴死亡，10多名新生儿陆续发高烧，责任者却处理不详；9月中旬至11月2日，辽宁沈阳市妇婴医院亦因柯萨奇病毒感染，夺去了15名健康活泼的婴儿的生命，其他经抢救过来的婴儿也部分患上心肌炎和脑膜炎，留下了后遗症，该医院被停止收治新生儿等。婴儿的无辜死亡，是令整个社会痛心的事件，在上述事件及无数起医疗事故中，无论院方，医疗人员出于何种心态，都不应当推卸自己的责任。然而，现实却并非如此，如1993年天津医院收治的34名患者，均置接"多孔人工髋关节"，术后却感染化脓，甚者卧床难起，而医院、研制单位、生产单位却均有"充分理由"免除自己的责任，病人求治中又添新的痛苦，还不知向谁投诉？

（三）医疗事故的分布

医疗事故除少数是由于医务人员的故意行为或劣质服务（如见死不救）造成的外，绝大多数还是医务人员偶然的失误造成的，从而具有偶然性的特点；同时，由于病人在医疗事故中所受伤害大多并非立即显现，故医疗事故又具有延迟发生的特点。根据1950～1985年间经省以上卫生行政管理部门处理的775件医疗事故案，我们可以对偶发性的医疗事故分布情况做一些分析。

在775件医疗事故的性质方面，属责任事故的有392件，占50.4%；属严重差错的有50件，占6.4%；属医疗意外的81件，占10.5%；属并发症的26件，占3.4%，属其他的226件，占29.2%。由此可见，医疗事故主要是由于医疗人员的过错所致的。

在775件医疗事故的医院分布方面，发生在省级医院的341件，占44%；发生在地市级医院的217件，占28%；县（区）医院126件，占16.3%；县以下医院86件，占11%；乡村医生5件，占0.6%。这一统计分析结论有点出乎人的意料，似乎越是大医院，医疗事故就越多，这里必须作些辅助说明才能从总体上把握医疗事故的医院分布。影响这一统计结果的因素有：大中型医院接收病人多，且重病人及疑难杂症者多，其事故风险也就大；而小型医院或乡村医生因技术水平与医疗器械等所限一般将重危病人及疑难杂症者转给大中型医院，且小型医院或乡村医生造成的医疗事故统计不全。因此，每个医院都有着医疗事故的风险。

在775件医疗事故的科室分布方面，外科251件，占35.75%；内科125件，占17.81%；妇科104件，占14.81%；护理科85件，占12.11%；儿科34件，占4.84%；药剂科32件，占4.56%；麻醉科30件，占4.27%；耳鼻喉科23件，占3.28%；X射线12件，占1.71%；传染科6件，占0.86%。可见，外科发生医疗事故的频率最高，内科、妇科、护理科的医疗事故亦多，其他科室则较少。需要指出的是，这里所录的医疗事故只是显现的医疗事故，对于诸如前述因抗生素造成儿童中毒性耳聋的未计入内，而这种事故受害者每年以2万～4万人的速度递增。因此，儿科的医疗事故率客观上并不低于内科等科室，只是因为受害儿童在受害中不知受害而已，因而这种医疗事故更具有隐蔽性和悲剧性。

根据392例纯属医疗人员过错造成的医疗事故资料，可以看出各类医务人员的失职规律。在392例责任事故中，医师241件，占61.5%；护士58件，占14.8%；药剂人员24件，占6.1%；麻醉人员20件，占5.1%；行管人员和进修实习生各13件，分别占3.3%；检验人员9件，占2.3%；

X射线人员6件,占1.5%;血库人员4件,占1.0%;病理人员3件,占0.8%;其他人员1件,占0.3%。由此可见,医师与护士造成的医疗事故最多,药剂人员与麻醉人员的医疗事故也不少,而其他任何医务人员均有可能因过错造成对病人的伤害。

在392起医疗责任事故中,属于违反规程引起的146件,占37.2%;失职引起的8件,占20.7%;误诊引起的65件,占16.6%;误治引起的59件,占15.1%;异物引起的21件,占5.4%;其他过失引起的20件,占5.0%。这表明,医疗事故主要是违反规程和失职、误诊、误治所致。

(四) 医疗事故的防范

从前述分析中,我们已经看到了医疗事故的严重性、危害性及其分布规律,因此,防范医疗事故并非没有依据与目标。笔者主张:

1. 建立医疗损害赔偿法制,树立公众的损害索赔意识最为关键

从医疗事故的原因来看,绝大多数是医疗人员的违反规程、失职、误诊、误治所致,这实质上是拿病人的身体与生命作儿戏,要改变这一现象,仅从思想教育的角度出发是实现不了的,还必须加以强有力的社会监督。在国外,如果因医生的失职造成了医疗事故,医院或医生就必须承担损害赔偿责任,法院可以根据事故性质来加重罚款。1975年一名美国小学生(11岁)在校园玩耍时,头部被击伤,被送入一家医院诊治,因该医院诊治及手术失误,致其变成了哑巴(严重的功能障碍致残),小学生的家属向当地法院控告该医院及其医务人员的严重失职行为,法院根据法律最终判决该医院赔偿受害者402.5万美元。在国内,还没有制定相应的医疗损害赔偿法规,即便是被确认的医疗责任事故,院方也只承担象征性的赔偿责任,对个体医生造成的医疗伤害,更是无法可治。如根据国家卫生部门1986年颁布实施的《医疗事故处理试行办法》,对一级医疗事故的赔偿额最高为4 000元,婴幼儿最高为1 000元;对二级医疗事故的赔偿额最高为5 000元,婴幼儿为1 000元;对三级医疗事故的赔偿额最高为2 000元,婴幼儿为800元;一条人命或健康的躯体只值如此贱价,难怪有些医院、有些医生不怕出事故了。这种畸形的赔偿价格反映了病人在医疗活动中的极端弱势地位。因此,必须在严厉打击医疗界的犯罪行为的同时,制定严厉的医疗损害赔偿法律,并借助各种宣传工具来改变许多受害人没有索赔观念的传统习性，唯有在严厉的法律处罚制度和公众保护自我意识增强的条件下，才有可能改变目前普遍存在的医务人员工作失职或治疗马虎的现象。

2. 教育医务人员，严格执行制度

医务人员尤其是医生、护士是与病人直接打交道的，其工作的性质是人命关天的大事，医生一丝一毫的失误导致的将是病人100%的伤害，容不得半点马虎。因此，政府与医院应加强对医务人员的教育，卫生行政部门的重要责任就是树立起医务人员的敬业精神，培养医务人员救死扶伤的崇高职业道德。这种教育应该是实实在在的，而不是过去政治年代里流行的空泛无物的政治教育，医德与技术应该成为衡量医务人员的两个标志。同时，改革目前医院的体制，建立起按医师配备医务人员并由医师充当管理责任人的制度，将有利于减少医疗事故。在国外，由医师收治病人，护士及其他医务人员在医师的领导下工作，病人进院治疗自始至终都在收治医师的直接治疗下，其责任明确，分工明确；在国内，医院一般分为若干平行科室，护士及其他医务人员与医师是平行的，各自为政，病人进院后面对的不仅仅是医师而且还有护士、注射、检验、药剂等一大批医务人员，环节既多，责任如何能明，医疗事故又岂能少得了。因此，在医院必须由医师负责、由医师领导、由医师管理，医师对治疗工作的绝对领导是防控医疗事故发生的必要措施。

3. 建立健全的监督机制

一位哲人说过，"没有监督的权力带来的必然是腐败"，同样，在卫生界若缺乏健全的监督机制，医德沦落、医风败坏还会继续下去，医疗事故还会趋向恶化。因此，建立健全权威的中立的监督机制十分必要。一方面，卫生行政管理部门不应直接管理医院，让医院成为独立的法人，卫生行政部门则从外部实施监督，即卫生行政部门的职责应该是充当病人的保护神，而这种天然的职责因其与许多大、中、小型医院的直接领导关系实际上要大打折扣。要改变这一局面，卫生行政管理部门就得割断与医院的"父子亲缘"关系，对各类医院实施一视同仁的有力监督，将维护病人的正当权益摆至至高无上的地位。另一方面，建立医疗方面的监察机制，如建立社会的、中立的医疗事故鉴定委员会取代隶属卫生行政部门与医院的鉴定委员会，将血员健康监测和执行抽血分离，等等。此外，还要重视并加强舆论监督，不断揭露和打击恶性医疗事故，宣传医德高尚的医务人员，使医风好转，正气上升。实践证明，在医疗事故的防范方面，舆论工具是大有可为的。唯有建立健全的监督机制，才可能真正改变病人的弱势地位，有效地防范医疗事故的发生，保护病人的权益。

医生，是高尚的职业，应该具备高尚的医德；医院，是救死扶伤的地方，应该树立良好的医风。医疗工作中应尽量减少直至杜绝失误，因为医生的失误即使是其行医史上的万分之一，但对于一次失误中的受害病人而言却是百分之百。国家与社会应该加强对医疗部门的监督，医院与医生应该努力采取措施减少医疗事故的发生。笔者真诚地期望，完备的刑事法律制度、民事损害赔偿法律制度以及医院体制的改革和医务人员的良知，将能极大地减少病人在诊治中可能受到的来自医院方面的人身伤害风险。

十二、中毒事故

（一）中毒事故概述

中毒事故，是自古就有的事故，但20世纪以来，却已成为对人类自身的身体与生命造成严重威胁的人为灾害。它主要包括化学污染物中毒事故、农药中毒事故、药物中毒事故及食物中毒事故4大类。

造成中毒事故的原因，既有动植物自然要素和人为过失原因，又有人为故意甚至严重犯罪行为的原因。具体而言，它主要有：一是化学污染物的乱排放及意外事故导致泄漏等；二是农药残留物及急性中毒；三是医疗部门的失职；四是食物被污染或变质；五是假冒伪劣产品；六是罪犯投毒或联合犯罪。中毒事故作为一种主要的人为灾害，轻则毒害动、植物并损害人的身体健康，重则直接导致人、畜、植物死亡等。近几十年发生在世界尤其是发生在国内的无数次恶性中毒事故，均表明了其危害后果的严重性。对此，笔者将分类加以研讨。

（二）化学污染中毒事故

所谓化学污染中毒事故，是指因为化学污染物的泄漏引起的中毒事件。化学污染物包括：汞、铅、镉、砷等重金属及其化合物，苯类、酚类有机物，硫酸类、胺类恶臭物，酸、碱、盐、石油产品四大类。据统计，随着化学工业的发展，目前全世界已有8万多种化学品，其中有毒有害的化学品达3.5万多种。

化学污染物中毒事故，大多发生在生产与运输环节，一般与意外事件有关，故而带有突发性特征；同时，由于污染物的泄漏属偶发事件，侵害的对象往往是公众，而不似其他中毒事故那样带有群体特色。例如，农药中毒一般限于施用农药的农民；药物中毒限于接受治疗、服用药物的患者；食物中毒者限于食用者，而化学污染物的毒害对象却要广泛得多。如1984年12月3日，印度博帕尔市的一家美国联合碳化物公司地下储气罐中的剧毒气体异氰酸甲酯由于压力过大而泄漏，曾使数千人死亡，12.5万人中毒，其中5万多人可能终生失明。1987～1989年间，法国巴黎东部贫民区因铅颜料作墙面涂料，先后使500多名儿童严重中毒，等等。

在国内，化学污染物导致的中毒事故屡见不鲜。据统计，全国每年发生急性中毒事故就达1 000多起，中毒者达2 000多人，而漏报率高达70%。运输中的中毒事故亦同样惊人，例如：1985年，广东连南县大麦山一个土法炼砒点的41名炼砒工人中，有11人中毒身亡，该炼砒点被政府封营，但500多吨被封存的土砒却被偷运出境销售，结果在1986年11月17日，又发生重大污染。这天上午7时，一辆满载三氧化二砷（即砒霜）的东风牌货车从粤北开往广州，途经清远县城南沙溪古台桥时，翻入稻田，造成严重的污染中毒事故。

1987年7月25日，河北石家庄市一个体运输户驾驶机件失灵的东风汽车，超载9.2吨三氯化磷在行驶到济南黄河大桥时，因汽车左前轮脱落造成翻车，9吨多三氯化磷外溢，毒气大量扩散，造成40多人严重中毒，30多亩稻田绝产或严重减产；如果翻车在主桥，这么多的三氯化磷倾入黄河，其危害将无法估量。同年，据有关部门统计，全国仅因煤气恶性中毒事故死亡的人数达160人。

1988年5月4日，四川南溪县国营红光化工厂污染水外溢，造成18人中毒，损失5万多公斤粮食，死鱼3.8万尾，全城停供自来水64小时，3万多人停止工作学习，直接经济损失达数10万元。6月4日9时30分，武汉油脂化工厂外溢发烟硫酸25.5吨，造成多人中毒，对周围环境造成了严重危害。

1991年9月3日，一辆移动式槽罐车自上海市装运2.4吨一级甲胺

（一种易燃、易爆且有毒的气体），运往江西贵溪农药厂作为制造农药的原料，在行驶至江西上饶县沙溪镇新生街时，人行道旁一棵树上一碗口粗的树杈擦到汽车上槽罐的进气阀门，阀管断裂，毒气外泄，造成191户家庭受害，死亡35人，轻重中毒者650多人，该镇的耕牛、生猪、鸡鸭等家畜、家禽大量死亡，附近的水稻和树木一片焦黄，严重污染区达500平方米，轻度污染区达2万平方米，直接经济损失达200多万元。同年，仅据上海市医疗救护中心站统计，该市因煤气急性中毒而呼救者共86例，其中有24例死亡。

1992年6月22日，设在大连的日本独资企业——万宝至马达公司因三氯乙烷和羰基铁两种有毒化学物质浓度升高而导致1 100多名职工急性中毒生病。据大连市劳动卫生研究所提供的资料，在该市已投产的108个外资企业的近2万多名职工中，有1 000多人接触工业毒物，其中又以铅、苯、氨和高分子化合物居多。

1993年，《辽宁青年》第2期披露，辽西某县水泥厂生产线的储煤仓漏煤环节不畅通，上料工房某某下仓处理故障，因一氧化碳中毒晕倒。其他工人知悉并在厂长带领下纷纷下仓抢救，先后15人下仓，有11人因一氧化碳中毒死亡，4人经过抢救脱险。由此例可见，企业与职工不知化学污染中毒的严重性，其自我保护、科学抢险意识之差也是导致恶性中毒事故的一个重要原因。

化学污染物所致的类似上述急性中毒事件不胜枚举，而一些化学污染物所致的慢性中毒事故更为严重。以氟中毒为例，据卫生部有关部门介绍，中国的氟中毒有饮水型和燃煤型两种类型。饮水型氟中毒在29个省、市、自治区的1 187个县有不同程度的流行，病区人口近1亿人；燃煤型氟中毒主要流行于云、贵、川、湘、鄂等14个省的200个县，受害人口达5 000万人。全国现有氟斑牙患者4 000多万人，氟骨症病人260多万，有的因此丧失劳动能力甚至终生残废。慢性化学污染物中毒灾害的危害性由此可窥一斑。

对急性化学污染物中毒事故的防治，关键在于安全生产和安全运输。许多中毒事故的发生都是生产中不讲安全管理或运输中不守规则造成的，如发生在江西上饶的化学物泄漏造成震惊全国的事件就是司机违反化学危险品运输不能走人口稠密区的规定等而引起的。因此，化工厂必须将安全生产放在首位，交通运输部门及其管理部门必须严格教育司乘人员，让从事危险品运输的驾驶员知法守法。如果把好了生产关与运输关，急性化学污染物中毒事故将会从根本上得到有效控制。对于诸如氟中毒之类的慢性中毒事故，应加强全国普查工作，增加改水工程投入，倡导受燃煤型氟中毒之害的居民改炉改灶（如改明火为暗火，并在炉灶上安上烟囱）等，都会取得良好的减灾效果。

（三）农药中毒事故

农药也属化学物品，是农业生产中的必需生产资料。农药在促进增产、造福国民的同时，也酿成了无数的中毒事故灾害。据世界卫生组织报告，全世界每年约发生250万起严重农药中毒事件，有6.2万起事件有人员死亡。

目前，人工合成的农药已达5000多种，在农业上用于杀虫、灭菌、除草，但在使用中只有10%覆盖目标作物，40%落入土壤，余者进入大气。其中用有机磷、有机氯和汞、砷、铜、铅等重金属制成的农药，毒性最大，难以分解，施用后长期残留于环境中，如六六六、滴滴涕、艾比剂、1605等即为长效高残留毒物，发达国家早在70年代就禁止使用，但发展中国家却还在继续使用。因此，发展中国家的农药中毒事故及其危害后果十分严重。

从农药中毒的性质来看，亦有急性中毒和慢性中毒两种。急性农药中毒一般是指接触农药后4小时内发病的，多半是误食农药或吃了被农药污染过的食物或农药突发性泄漏等造成的，也有的是因身体表皮有创伤使农药通过伤口进入神经或血液引起的。在农药中毒事故中，由于有机磷农药种类最多，应用范围最广，有些品种是剧毒、高毒类型，因而导致的中毒事故亦最为普遍。近几年来随着化学工业的发展，农药的使用总量、使用次数、使用浓度都在增加。农村生产组织形式大多是单一化的以家庭为单位承包，有些地方老人及孕妇也在田间施药，农药中毒事故更惨、更严重。据统计，近几年全国每年平均农药中毒人数达10多万人，最多的年份达几十万人，每年因农药中毒丧生者少则数千人，多则上万人。

除了农民在使用农药过程中发生中毒事故外，农药生产及运输中的中毒事故也屡见不鲜。如上述1991年江西上饶一级甲胺泄漏造成的重大事故，实际上也是农药原料导致的中毒事故。1992年8月3日，发生在安徽省安庆的"1605"农药恶性中毒事故，亦是某运输公司在运送"1605"剧毒农药后将汽车简单冲洗又为一小吃店拉面粉，酿成重大食物中毒，死亡21人，受伤害者多人。

发生农药中毒事故，首先，必须采取急救措施，如让受害者马上脱离现场，然后把一切裸露在外的皮肤都洗净，再给其喝些凉开水；如受害者神智清醒，应尽早迫其呕吐；同时，尽快送医院进行抢救和治疗。其次，农药中毒不仅与农药本身的毒性大小和施药季节的气温高低有关，而且大多与违反操作规程、药械年久失修滴漏等有关，因此要求施用者必须严格按操作规程施用，政府卫生部门亦有责任在施药季节加强卫生安全指导和检查工作。再次，加强低毒、无毒农药的研究和应用工作，逐步淘汰那些剧毒、长效残留的农药，应当成为我国农业科技工作者和农业部门努力的方向和国家减轻农药中毒事故灾害的治本之策。

（四）药物中毒事故

药物中毒是自古以来就有的现象，而药物中毒事故的普遍化和严重化，则是随着化学合成药物大量发明并临床应用而带来的。20世纪20年代以前，全世界能够供医生使用的有效化学药物只有几种；30年代以来大量化学合成药物问世，如今每年化学合成药物的销售量达1 500多亿美元，几乎没有人不跟化学药物打交道。然而，化学合成药物在有疗效的同时又大部分有副作用，有些未经动物反复试验和临床验证的药物、不合标准的药物、危险的劣药等对病人而言无异于"服毒自杀"。

20世纪20年代以来，国际性的药物中毒灾难达10多次，如20年代的头癣药醋酸铊，病人用后就会引起脱发、瘫痪甚至死亡；20年代使用金盐治疗肺结核，不仅毫无效力，而且破坏病人的粒细胞；1935年欧美国家用二硝基酚减肥，结果使1万多名胖女成了瞎子；1954年用二碘二乙基锡治疗疥疮，有案可查的直接死亡者达110多人；1961年欧美国家用"反应停"对付妊娠反应，结果造成了1万多例缺手短腿的怪胎；1966~1969年用乙烯雌酚治先兆流产，服药的母亲生下的女孩多患阴道癌；1981年利而利制药公司的劣药行销世界，每年因至少造成三、四千人死亡，而遭到英国、美国等许多国家医院的控告，等等。

从中国的药物中毒事故来看，称十分严重并不为过。例如：

1985年6月1~4日，四川省成都市第三人民医院发现6例怪病，病人突然双目失明，头痛欲裂，4天内死亡4人，系假药、劣药所致。

1986年10月11日，吉林省齐齐哈尔市农牧车辆制造总厂职工医院，6名患者使用该省某药厂生产的"胞二磷胆碱注射液"后发生严重中毒事故，1人死亡，5人死里逃生；时隔二天，无锡市第四人民医院5位病人注射无锡市某制药厂的天冬钾镁注射液后，亦发生中毒事故，1人死亡，4人侥幸抢救脱险。

1989年8~12月，广东省连续发生7起恶性药物中毒事件，总计有374人中毒，60人死亡，13人双目失明。

1992年5~6月，江西宁都县湛田乡湛田村儿童误食口服长效避孕药"18—甲"约400多粒（系该乡一位干部扔出的），导致96名儿童中毒，凡食用者乳房增大三四公分、硬结，男孩生殖器增大，女孩阴道出现假月经和白带，大部分儿童眼睑浮肿、发烧、昏睡、恶心、呕吐、肝肿大，有的还发现了乙型肝炎。这一事件发生后，当地政府极不负责，认为应由孩子们自己负责，致使96名儿童家长不得不集体签名向上申诉，成为惊动全国的恶性中毒事故。

据1993年3月中国卫生部药品不良反应监察中心报告，近几年来在全国住院病人中，每年有19.2万人死于药品不良反应；1990年全国有聋哑儿童182万人，其中因医生滥用抗生素造成的中毒性耳聋的患儿逾百万，并以每年2万~4万人的速度递增。

纵观药物中毒事故的发生，其原因不外乎有三：一是药物本身有副作用，尤其是部分药品还是假冒伪劣产品；二是医生的不负责任，许多医生在治病中乱开、滥开抗生素药物；三是疏于管理，导致人们尤其是儿童误食。因此，要防范药物中毒事故，还必须从以上三个方面入手：一方面，努力研制高效安全的新药，淘汰副作用大的药物。对生产、销售、使用假冒伪劣药品者绳之以法，从药物上对中毒事故加以控制。另一方面，制定医疗事故责任法规，树立医生的崇高职业道德和责任心，从药物的使用环节上把好关。此外，对于有毒性的药物还要严加管理，并教育儿童不要乱食东西，自小树立防止中毒的习惯等，都将有效地减轻药物中毒事故的发生及其危害。

(五) 食物中毒事故

在各类中毒事故中,食物中毒的影响最大,其中既有只伤害个别人的小型中毒事故,也有伤害多人的重大中毒事故。食物中毒的来源有三:一是存在于某些动植物体内的自然毒素;二是污染食物的化学毒素;三是微生物及其毒性分泌物。多数急性食物中毒事故是由沙门氏菌、葡萄球菌等引起;污染食物的化学品有汞、铅、砷、镉、锑等,多由农药转移而来;防腐剂、着色剂、调味剂、营养素添加剂等食品添加剂,若使用过量或不得当,亦可致病、致癌甚至导致死亡。至于罪犯投毒、奸商造假等,危害更大。

在国际上,每年均会发生无数起恶性食物中毒事件。如1900年,英国曼彻斯特一家啤酒厂误用含砷(砒霜)的葡萄糖发酵,酿出了大量毒酒,结果致使7 000多名饮用者中毒,死者逾千人。1942年日本浜名湖畔一些人吃了当地养殖的蛤仔,严重中毒者达334人,其中114人死于非命。1956年夏,日本西部各地吃过森永公司混有三氧化二砷的奶粉的婴儿,有12 131人中毒,130人中毒死亡许多婴儿畸形残废。1967年8月上旬,一架从维也纳飞往伦敦的民航客机发生严重食物中毒事件,致使380多人因沙门氏菌严重中毒。1981年初,西班牙首都马德里市场上将渗了润滑油的工业用油作为食用油出售,致使2.5万人中毒,6 000多人死亡。类似个案不胜枚举。

在中国,每年因食物中毒者10万人以上,年均死亡1万人以上。如1983~1988年间,有据可查的假酒中毒杀人案就达20多起,中毒者数以万计,死亡者300多人,失明或终生残废者数百人。再如,1987年,全国各地发生较大的食物中毒事故1万多起,中毒人数达10万人,其中第一季度有记载的较大的集体性食物中毒事件就达375起,平均每天发生4起,中毒人数达8 932人,平均每天有100人因食物中毒。

中国食物中毒事故灾情,可以80年代后期以来的资料为例:

1986年,全国因酒精中毒的临床患者为2.67万余人,死亡者9 832人,是10年前的10.9倍。

1987年4月,广西横县百合镇粮新酒厂用工业酒精掺水,冒充米酒出售,造成7人死亡、3人双目失明、89人住院抢救、1927人不同程度中毒的严重后果，主犯闭克法被枪毙。6月，福州郊区新店中心小学因该市鼓楼"美和雅佳点店"女职工林月榕泄私愤将剧毒农药甲胺磷倒在年糕上，造成185名师生食物中毒。10月3日晚，上海市东风饭店因嗜盐菌引起食物中毒，中毒者达762人。同年，贵州省贵阳市又发生奸商余正刚等人用工业酒精（甲醇）兑水冒充白酒出售事件，致使近1 000人中毒，其中435人住院治疗，23人不治身亡，5人双目失明，7人病危，主犯余正刚等6人分别被判处死刑或长期徒刑。

1988年1月，上海、浙江、江苏甲肝大爆发，主要原因就是食用了被甲型肝炎病毒污染了的毛蚶，上海市发病者达31万多例，江苏359万人，浙江省达7万人，有40多人死亡。同年上半年，笔者收集的典型食物中毒事件还有：1月25日，上海麦淇淋厂生产的麦淇淋混有桐油，造成400多人食物中毒。1月13日，北京石油化工厂科学研究院幼儿园儿童食用不熟冻扁豆，有95名儿童中毒。3月11日，四川南充地区到河北三河县某工地施工的民工误食亚硝酸钠，致34人中毒，3人死亡。4月3日，辽宁锦州市园林处某请客，因错拿"1605"农药的空瓶子去装豆油，造成14人死亡、食用者全部中毒的恶性食物中毒事故。5月下旬，西安红星乳品厂出厂近7 000公斤掺碱牛奶，中毒者达1 000人。6月23日，浙江温岭县城关镇居民食用了含有毒化学原料氟硅酸钠的馒头，造成160多人食物中毒，其中5人死亡。

1989年，仅4～5月，经报刊披露的发生百人以上的食物中毒事故或食物中毒致死人命的事故就达16起，中毒人数1 362人，死亡47人。同年6月19日，山东金乡、鱼台、嘉祥县阴雨连绵，农民上山采摘蘑菇，结果造成食用中毒事故，入院治疗者达210多人，其中有14人不治身亡。8～12月间，仅广东一省就发生假酒中毒案7起，中毒者374人，60人死亡，13人双目失明，其中：11月1～2日，广东陆丰县甲西、碣石等5个乡镇和肇庆市，同时发生严重酒精中毒事故，致使21人死亡，78人住院抢救，原因是中毒者喝的是个体户办的"酒厂"生产的甲醇含量超过国家标准100倍以上的假酒。12月6日，广东宝安县沙井镇又有6人饮用假米酒中毒，其中3人死亡。

1992年6月18日，河南省财税专科学校受处分的女生李云报复学校，而在午餐面粉中投放了砒霜，致使780多名进餐学生中毒，738人住院救治，其中62例生命垂危，此事惊动了中央和李鹏总理，国务委员李铁映等亲赴郑州处理此事，并经上海空运急救药品才使学生免于丧命。9月14日，山东农业大学发生食物中毒事件，中毒学生达314人。11月7日，上海虹口区中心医院因护士失职，致使13名婴儿服用了混有消毒液的牛奶而中毒，一名男婴死亡。11月15日，地处四川温江县城的成都市政府第三招待所因早餐的馒头、包子里含有砷化物，致使128人食物中毒，全部被送往医院抢救得以脱险。

1993年2月24日，古城西安又发生一起重大恶性投毒事故，投毒者竟是年已78岁的恶棍任继轩，原因是他在收个体饮食户的房租时未及时收到，这点小事居然使这个恶人在饮食店的发面盆内洒上"1605"剧毒农药，结果使3名食用者中毒，其中7人死亡，24人重度伤害。7月25日，贵州遵义市发生一起因人为地在鸭儿糕内渗入钾胺磷农药所致的食物中毒案，中毒者达176人，幸省、地、市三级医疗卫生部门通力协作抢救多日，才使中毒者幸免于难。9月16日晚，湘南汝城县附城乡中心小学师生200多人集体中毒，原因系食用了村民用农药毒鱼污染了的水源。9月21日，陕西西安地区十里铺小学有596名师生食物中毒，其主食来源于无照无卫生许可证和健康证的夫妻个体豆腐点，系加工不洁引起的特大食物中毒案。10月8日，浙江杭州市第一人民医院举行庆典宴会，因无头对虾烹炸不透，副溶血性弧菌作怪，导致132人急性食物中毒，健康赴宴、带毒终席，真是对医院的一大嘲讽。10月5~17日，四川省什祁县云西乡槐树村酒厂（承包）刘某等，制售工业酒精兑水而成的"白酒"，造成5人死亡、4人双目失明、9人严重视障碍，而该厂剩余"毒酒"达2 000多公斤，等等。

食品中毒，恶人投毒，奸商制毒，使许许多多的无辜者在饮食中付出了生命与健康的沉重代价。而究其原因，这些中毒事故作为人祸又并非不可避免。对食物中毒事故的防范，笔者认为只有严格法纪与加强监督管理双管齐下才会取得减灾效果。首先，完善立法，严格执法，对制造假冒伪劣食品、饮料及嗜好类食物如酒等的企业及个人在经济上严厉处罚，在刑事上按伤人者判刑、致死人命者偿命的原则重处，并让经销者承担连带责任，唯有这样，才能从根本上抑制奸商害人。其次，必须加强食品卫生监督，提高消费者的自我保护意识和防范能力，在食物中毒事故中，许多就是由于食品的供应、经销部门不负责任甚至由带病原的职工制造食品所引起的。如1989~1992年4年间，各级卫生食品监督机构就在饮食行业检出传染病、病原携带者及其他有碍食品卫生疾病患者近60万人，肉类及其制品、冷饮、酱油、乳及乳制品等11类食品的不合格率为20%以上，而街头食品卫生合格率仅为47.3%。可见，对食品卫生的监督管理任务还十分艰巨，而消费者亦有必要提高自我保护意识和防范能力，行政管理与群众监督相结合，才会取得好效果。再次，对有毒、有害物质的管理必须从严。近2年多起重大恶性事故的发生，就是因为有毒农药可以任意购买所致，如河南税务专科学校学生中毒事件、西安七旬老人投毒事件等，都表现许多单位对有毒物质管理的失职。对此，应建立全国性的有毒物质管理制度，对失职者应该按章罚处，对造成严重后果的责任者还应负刑事责任。可以设想，如果消除了奸商、加强了食品卫生监督和对有害有毒物质的管理，食物中毒事故必定会从根本上得到控制。

（六）结束语

化学污染物中毒、农药中毒、药物中毒、食物中毒、意外中毒、疏忽中毒、罪犯投毒，等等，夺去了成千上万人的生命以及数以万计人的健康，在有毒有害物质面前，前述文字在告诫每一个人：小心中毒！

十三、传染病

（一）传染病概述

疾病当属人类生存与发展的大敌，而各种有传染性的疾病因其流行的大范围性和死亡人数众多，更是制造了许许多多的比战争后果还要残酷的悲剧。因此，尽管癌症、心脏病、脑溢血排在当代人类致死疾病统计表上最前列，但笔者仍认为各种传染病仍然危害最大、最广。

从医学的角度讲，人类面临的传染病有50多种，许多烈性传染病被称为瘟疫。其中已被消灭的只有天花一种；20世纪以来逐步得到控制的有鼠疫、霍乱、麻疹、麻风、斑疹伤害、流行性乙型脑炎等；至今依然在肆虐人间的有流行性感冒、病毒性肝炎、疟疾、结核病、性病等；血吸虫病在50年代得以控制后，近几年又死灰复燃，并有向大范围发展的趋势；新发现的艾滋病为害更烈，正在成为一些国家的新的瘟疫，而且在恶性蔓延。据统计，全世界每年约有6亿人患各种传染病，每年新发生的传染病人在2亿人左右，90%的传染病人分布在发展中国家。

发生传染病的致病因子，是有生命的物质，包括病毒、细菌、螺旋体、寄生虫等病原体；传染病的流行却又与环境有关，如气候、地貌、植被、灾害等自然因素，战争、迁徙、卫生条件、环境污染、生活水平等社会因素，以及人的相互传染和各种动物的传播等。因此，传染病的发生与流行是多种原因综合作用的结果，其中又与人类自身的不当行为密切相关，因而亦可归之于人为灾害。

在国际上，20世纪以来已发生过多次瘟疫，如20世纪初期发生于中国、流行于世界的鼠疫曾夺去1 000多万人的生命。同一时期印度的霍乱和疟疾共计夺去约70万人的生命。1917—1920年，俄国流行的斑疹伤寒使300万人丧生，超过了前苏联国内革命战争期间作战阵亡的人数，以至列宁在第10次全国苏维埃会议上谈到与斑疹伤寒作斗争时说"革命消灭不了虱子（传染源），虱子就会消灭革命"。1939—1945年，欧洲第二次世界大战战场流行的斑疹伤寒使50万人丧生。1987年，非洲马达加斯加岛流行疟疾，死亡30万人。1991年，秘鲁等地的霍乱使40多万人染疫，数万人死亡。而艾滋病在1981年以来已经夺去了30多万人的生命，其中美国为10万人，到2 000年将有176万人爆发艾滋病，其中84万人活不到21世纪。在非洲、南部亚洲还分布着1 200多万麻风病人。全世界有疟疾患者3亿多人，每年在100个国家要增加1亿新疟疾患者、每年死于疟疾者在100～200万人之间。流行性感冒自1510—1930年的420年间，在全球范围内曾发生30次大流行，1918～1919年间的流感大流行曾使7亿人染疫，死亡2 164万人，等等。

在中国，每年至少有1亿人患各种传染病，每年新发病例达2 000万人，几乎各种传染病都给中国人民造成过或正在造成巨型灾难，以霍乱为例，新中国成立前的100多年，世界6次霍乱大流行都殃及中国，从1820～1948年的128年中，全国大小霍乱流行近百次，死亡人数在100万以上，其中1932年流行期登记患者就达10多万人、死亡3万多人。1937～1946年登记患者25万多人，死亡10多万人。1942年霍乱流行12省、市的288县，仅贵州一省就死亡7.5万人。以斑疹伤寒为例，1850年上海最早记录了该病病例,到1934年间因水旱灾害、饥荒、战争导致的全国性流行达15次,其中1938～1942年仅上海市发病者就达4 000多人,病死率达18%。麻风病在中国流行2000多年,1948年有患者50万人,经过新中国成立后几十年的治疗及老麻疯病人的死亡,至今还有7万多麻疯病人在病中挣扎。中国流脑的第一次报告是1896年武汉发现的4例,此后每3～5年小流行一次,8～10年大流行一次。1937～1938年、1948～1949年、1958～1959年、1966～1967年、1976～1977年都是流脑大流行年,其中1966～1967年因红卫兵免费"大串联"引起流脑大流行,仅登记病例就达304万人,死亡16万多人,绝大多数为青少年和儿童。疟疾亦曾是令人畏惧的一种疾病,在中国越南,疟疾就越严重。湖北宜昌在1900、1911、1919年曾三次大爆发。1918～1948年间,云南思茅因疟疾流行由4万多人减至1 000多人,成为疟疾死亡城。1952～1953年,辽宁西部爆发疟疾,患者18.6万人,死亡268人。1976年福建沙县疟疾发病率仍占总人口的49.7%。流感曾于1957年流行于贵州并扩散到全国,后又从香港出境扩散于世界,共死亡数10万人。1968年中国南部亦流感爆发,死者数以万计。曾被列入已控制了的小儿麻痹病,在近三四年间又有扩大流行的势头;等等。

在人类传染病死亡名册中,上述资料不过是其中一小部分。对中国而言,结核病、肝炎等仍在大范围危害着许多人的健康与生命,新中国成立后曾被控制的鼠疫、血吸虫病、性病近几年又死灰复燃,正在泛滥成灾。因此,中国对传染病不应该掉以轻心,否则,将会酿成比战争还可怕的严重后果。

(二) 鼠疫

鼠疫,曾给人类带来过无数的灾难,如公元610年,中国就有过鼠疫大流行的记载(见巢元方《诸病源候总论》);公元652年,药王孙思邈的《千金方》中亦有记载。

在14世纪世界鼠疫第二次大流行时期,中国死于鼠疫者竟达1 300多万人。

1894年,鼠疫在广州、香港爆发,20年内蔓延全世界,中国死于鼠疫者达100多万人。

1910～1911年东北肺鼠疫流行夺去6万多人的生命;1920～1921年东

北第二次肺鼠疫流行,死亡近万人。

1945～1946年,内蒙古乌兰浩特发生腺鼠疫,后蔓延至沈阳等地,共20余县感染鼠疫,死亡者5 387人。

1947年5～9月,内蒙古通辽县又发生鼠疫,并迅速蔓延至东北29个县市,患者达3.7万人,死亡3.1万人;其中通辽县患者1.8万人,死亡1.3万人。一些疫区出现"万户萧疏鬼唱歌"的可怖景象。

1948年,东北地区又有29县408个疫点发生大鼠疫,虽该地区已解放,防疫队艰苦工作,仍有7 091人丧命于鼠疫。

1901～1949年,福建泉州市鼠疫流行50年,遍及城乡各地,死亡者在5万人以上,泉州市陷于死亡恐怖之中。

除东北地区鼠疫严重外,在新中国成立前后,南至雷州半岛,北至东北地区,西至青海等地,东至山东地区,均发生过鼠疫,通辽更是世界著名的三大鼠疫源生地之一。经过新中国成立后的治理,中国于1955年有效地控制了人间鼠疫。

然而,中国在通辽之外的10多个省近200个县仍是鼠疫自然源地,储存疫源的家鼠、沙鼠、田鼠、仓鼠、黄鼠等没有消灭,随时都有可能爆发流行鼠疫的可能,况且局部地区的鼠疫仍在发生。

例如,1971～1979年间,仅安徽、浙江、江西三省的流行性出血热(鼠疫之一)累计发病就达14万例;1980～1985年间,全国共计发病41万例,年均近7万例;1983～1987年间,仅湖北省发生出血热、钩体病(均为鼠害引起)就达10.8万例,虽有抗菌素进行有效抑制,仍有256人丧生。

这些资料表明,鼠疫仍在危害着人类健康与生命,对鼠疫保持警惕是十分必要的。

(三)血吸虫病

血吸虫病,曾被称之为瘟神,它作为一种寄生虫病,是由血吸虫寄生人体引起的慢性传染性疾病,多见于卫生条件较差和滋生钉螺的水滨、沼泽地、灌溉渠区等农村地区。据世界卫生组织估计,全世界有74个国家的2亿多人患有血吸虫病。

中国的第一例血吸虫病是1905年在湖南常德县确诊发现的;而1975

年在湖北江陵县凤凰山168号墓出土的西汉男尸肝组织内检获的血吸虫卵却表明,早在2100多年前就有人患有血吸虫病。可见,血吸虫病是种古老的流行病。新中国成立前,血吸虫病遍及长江两岸和华南13个省、市、自治区的373个县(市、区),其中湖北、湖南、安徽等省是重灾区。

1930~1949年间,上海青浦县任屯村血吸虫病患者占全村人口的97.3%,20年间全村死绝121户,死剩1人的有28户。

1938~1948年10年间,湖北潜江市因血吸虫病死绝1.33万户,死亡3.84万人,有520个繁荣兴旺的村落毁灭,其中仅一个太平乡就毁灭76个村,死亡895人,遗留下246个寡妇。

1931~1949年间,江西余江县血吸虫疫区有42个村被毁灭,2万多亩良田沦为荒野,蓝田坂有3 000多人死于血吸虫病,到处是触目惊心的"棺材田""寡妇村",18年间不闻婴儿啼哭声(没有生育)。

1950年,据当时统计资料,全国有血吸虫病患者1 000多万人。

1956年,湖北监利县在征兵时,有8个重疫区乡的173个应征青年无一人入伍,均有血吸虫病。

1961年,湖北江陵县仅虎桥乡就有81个寡妇、68个孤儿、孤老无人照料。

自1955年毛泽东号召"一定要消灭血吸虫病"以来,中国的血吸虫病曾一度得到了有效控制。到1977年,全国9 000多平方公里土地上的钉螺已被消灭,占有钉螺面积的70%;800多万患有血吸虫病的患者经治疗后恢复了健康。1985年,中国政府宣布,全国372个流行血吸虫病的县(市、区)已有112个消灭了血吸虫病,162个基本消灭了血吸虫病,共治愈血吸虫病人1 000多万,占全部血吸虫病患者的90%以上。

然而,由于思想麻痹,近几年血吸虫病又在部分地区迅速回升。1989年,血吸虫病又在370多个县(市、区)重新蔓延,全国新增血吸虫病人100多万人,其中晚期病人达4万多人,受血吸虫病威胁的人口1亿多。疫情回升最为明显的是湖北、湖南、安徽、江西、江苏5省的110个县内的江湖洲滩地区和大山区。

在湖北江汉平原,20条主要水系中有钉螺水系13条,占65%;20个主要湖泊中有钉螺湖泊12个,占60%;全省有5个地(市)、44个县(市)、494个乡(镇)、102个农场、5 222个行政村流行血吸虫病。到1992

年，新查出的累计钉螺面积达 22 亿平方米（湖沼型占 98% 以上），新查出的累计血吸虫病人达 244.95 万人。其中：潜江市近年新增血吸虫病人 1.4 万人，该市和平村平均每户人家有 3 个血吸虫病患者，420 名劳力无一幸免；公安县新增血吸虫病人 2.6 万人，在校中小学生有 4 000 多人；仙桃市一所小学中竟然有 75% 的学生感染上了血吸虫病；江陵县跃进村中已有 85% 的人患上了血吸虫病，祁渊村第三村民小组因血吸虫病近年留下 8 个寡妇（有的寡妇也肚大如鼓）；该县一个名叫孙中贵的老人三代同堂 19 口人，4 个儿子近几年相继被血吸虫病夺去生命，儿媳携孙儿不得不改嫁他乡，现在只剩下一人孤苦伶仃。

在江西，鄱阳湖沿线地区的居民感染血吸虫病率平均为 20%～40%，有的地区高达 70%；该省 1987 年发生急性感染 2 253 例；每年因血吸虫病造成的直接经济损失达 4 000 多万元。

在湖南，"血防"早已达标的汨罗市、华容县等地区，近几年由于螺情回升，病情反复，又被国家重新划为血吸虫病流行区。

在江苏，12 年前曾基本消灭了血吸虫病，但近年来钉螺面积也以每年 36% 的速度在增长。

瘟神重返，人类遭劫。在疫情局势日趋严重的今天，各级政府只有及时采取决断措施并重视综合治理，才能避免"千村薜荔人遗矢，万户萧疏鬼唱歌"的人间悲剧再度上演。

（四）结核病

结核病被称为"痨病"，是流行最广、死亡最多的慢性传染性疾病，其病原体为结核杆菌，传染源主要是结核病人和牛、猪等动物。

在国际上，结核病曾多次广泛流行，18 世纪工业革命后更加猖獗，由于当时无药可治，患者十死其九，故又被称为"白色的瘟疫"。1850 年，全世界死于结核病者达 500 万人。1945 年发明链霉素等特效药后，全球结核病才受到控制，死亡率逐渐下降。如 1860 年，伦敦结核病死亡率为 0.87%，即一年内每千人中有 3.7 人死于结核病；到 1945 年，美国结核病死亡率降低至 0.04%，1969 年下降至 0.002 7%。然而，由于许多患者生活贫困，得病后无法医治，目前全球仍有数千万结核病人，每年死亡 300 万人左右，全球结核病死亡率为 0.06%。

中国的结核病,经过新中国成立后40余年的综合防治,结核病死亡率已由1950年的0.2%下降到1990年的0.032%,每年死于结核病的患者从100多万人减至35万人左右,结核病从占死亡原因的首位降到了七八位,但由于人口众多,结核病患者及因此而死亡者的绝对数仍十分惊人。

据统计,目前全国约有结核病患者570多万人,其中具有传染性的恶性病人(必须隔离者)达160多万人。中国的结核病死亡率是日本的10倍、美国的40倍,与发达国家的差距巨大。每年死于结核病者为35万多人,每天死亡近1000人,是全国其他传染病死亡总和的两倍,结核病的危害性由此可窥。全国虽有75%的县、市、区设有结核病防治机构,但50%以上没有按要求开展工作,对患者不建档,不随访,对必须隔离的结核病不采取隔离措施,结核病仍在中国肆虐。

对结核病的防治,重在通过普查查清病况,建立患者档案并进行链霉素等特效药治疗,对恶性病人必须采取严格的隔离措施,杜绝传染源。这样,既能有效治疗结核病患者,又能杜绝传染源,双管齐下,持之以恒,必定能减轻结核病的危害。

(五)病毒性肝炎

在中国各种传染病中,病毒性肝炎波及的人口最多,并极容易造成大范围的恶性后果。

从医学角度出发,病毒性肝炎是由病毒引起的急性肝脏传染病,又称为传染性肝炎或流行性肝炎。依病毒之不同可以分为甲、乙、丙、丁、戊五种类型,主要症状是食欲减退、恶心、上腹部不适或肝区痛等,部分患者有发热和黄疸,肝脏肿大并有压痛,伴有肝功能损害,发作期间使人丧失劳动能力。爆发型重症病人在10天内可能死亡,幸存者转为慢性,造成肝脏坏死硬变而致死亡。据1986年的一个统计,在全世界2.5亿乙型肝类病毒携带者中,中国为1亿,占40%,大大超过中国人口占世界人口20%的比例,近几年来,肝炎病毒的恶性流行局势并未得到有效控制。

甲型肝炎的潜伏期为14～40天,它通过饮食、粪便等途径传播,一旦发生,往往来势凶猛,常在整个居民区甚至大范围地区流行。如1978～1979年浙江宁波曾经由于食用泥蚶发生甲肝流行,患例达3000多例;1983～1984年上海市居民因食用毛蚶发生甲肝,患者达3万多人;1988年

1~3月，上海居民又因食用毛蚶爆发甲肝，酿成震惊全国的事件，并随即向外辐射，波及浙江、江苏、福建等省，其中上海市甲肝为35万例，浙江宁波、杭州等地发生7.3万例，江苏南通、苏州、无锡等市发生3.6万例，福建高达数万例，共死亡近100人。虽然甲肝死亡率低，但使患者约2个月不能正常活动，各单位大量减员。1988年上半年的上海就使全国人谈沪色变，旅游者、供销员等裹足不前，整个甲肝事件造成的经济损失高达10多亿元。

乙型肝炎亦称血清性肝炎，主要通过注射器传染，潜伏期达90天，在恢复期往往还能多次复发。据世界卫生组织报告，全球乙型肝炎病毒带菌者达2.4亿人，其中约6 000万人今后将死于原发性肝炎，另约4500万人将死于肝硬变。中国的乙型肝炎病毒带菌者达1亿多，约占全国人口的10%，其中许多人就是因为注射器的不洁而交叉感染的。对乙型肝炎的防范应重在预防，即将乙肝疫苗列为儿童常规接种疫苗，尤其是在广大农村应采取政策优惠措施供应疫苗，并严格进行注射器消毒。通过预防和控制传播途径，乙型肝炎是可以制服的。

丙型及其他肝炎病亦被称为非甲非乙型肝炎。据有关资料，1987年9月，新疆和田爆发非甲非乙型肝炎，发病12.2万例，死亡650人；1989年，新疆又发生戊肝15万例，主要传播途径是塘水污染引起，孕产妇患此病的病死率高达60%。据国外有关报道，丙型肝炎可能与肝癌有关；在国内，曾在河北省由于输血交叉感染引起100多例丙型肝炎病例。尽管非甲非乙型肝炎不像甲、乙型肝炎普遍，但因其特殊，一旦爆发，危害后果亦相当严重。

（六）性病与艾滋病

20世纪50年代，中国以无妓女、无乞丐、无小偷、无苍蝇等"四无"著称于世；60年代，中国政府非常自豪地向全世界宣称：中国已经消灭了性病！然而，这种自豪在改革开放以来随着资本主义腐朽生活方式的入侵重又蒙上耻辱。性病在中国卷土重来，其来势之猛、速度之快、范围之广、数量之大，都可以称得上骇人听闻。

从70年代末期起，卖淫之风又在一些城市刮起；同期，性病患者便每年以200%以上的速度增长。

1985年7月，天津市长征医院发现第一例梅毒患者，至今该市性病患者已数以千计。

1986年，上海性病发病率仅为160多例；到1987年，上升到600多例。

据卫生部卫生防疫司和中国性病防治研究中心透露，南方沿海一些城市性病已经泛滥成灾，某个不足百万人口的城市在1982年仅有1例性病，而1987年却激增到1380例；同年，在广州市查获的卖淫者为1979年的240倍。

据1989年卫生部的报告，1988年全国性病患者已突破6万人。

据中央政法委秘书长束怀德在1993年的报告，中国在1991～1992年间，仅已经查处的卖淫嫖娼案件就达22.5万多起，查处卖淫嫖娼人员44.3万多人。而实际参与卖淫嫖娼者，谁又能准确统计出来？即使按40%被查处计，中国的卖淫嫖娼者也当在100万之上。

据1993年初卫生部防疫司报告，1992年，全国仅16个性病监测点就报告性病45 996例，其中杭州市监测点性病疫情上升达36.73%；全国的性病患者数以10万计，而未报告的患者（私下偷治者）的人数更多。

从性病的地域发展趋势来看，是从沿海城市向内地、从大中城市向中小城镇、从城镇向农村蔓延，几乎遍及全国各地。

从性病的数量发展趋势来看，是大幅度直线上升。如1981年全国的性病发病率是0.02/每10万人口，即每500万人口中才有一例性病患者；到1992年底，该数据上升为17.24/每10万人口，即每5 800人中就有一位性病患者。再以绝对数论，1988年全国性病患者6万人；1991年为175 475例；1992年底，全国累计性病患者已高达836 835例，其中有23%是当年新增的。上述数据是有案可查的，那么，未经治疗或私下偷治的性病患者还有多少呢，恐怕至少也得数以10万计。性病患者的惊人增长速度及不完全统计出来的数据，已足以表明这种丑恶的传染性疾病陈渣泛起的严重危害性了，性病正在成为中国的一种社会病。

不仅如此，被称为比癌症还厉害10倍的艾滋病亦侵入了中国。1985年，中国发现首例艾滋病患者；1987年初，卫生部一位发言人在接受记者采访时宣布：中国已发现艾滋病患者7例；1990年，该数据即由146例取代；1992年，全国已查明的艾滋病患者为938人，其中700多例发生在云南省；1993年9月，卫生部防疫司齐小秋副司长公开披露：中国的艾滋病患者达1 106例；这一数据在12月1日，又被该部殷大奎副部长更正：中国的艾滋病患者已达1 159例，其中已有14人死亡，实际感染者估计在5 000～10 000人例。专家估计，到2000年，此病每年给中国造成的经济损失少则5.4亿～13亿元，多则为7.9亿～18.7亿元。短短8年，艾滋病患者已由个位逾千位，若不采取有效措施，中国将由低感染国向高感染国发展，速度的惊人，以至于国务院政策研究室已将艾滋病问题列入了由主任袁木亲自负责的研究课题。国家已成立了性病与艾滋病防治协会，将在广州、南京、昆明分别设立艾滋病防治中心，已经投入的艾滋病防治费用逾亿元。

从国际上看，全世界性病患者约2亿多人，其中淋病患者达1.5亿人，梅毒患者5 000多万人，艾滋病患者约200万人，另有艾滋病带菌者约1 400多万人。以艾滋病而论，近期内还不可能找到治疗的药物，全世界已有30多万人不治身亡，其中，美国死于艾滋病患者达10万人；美国佛罗里达州大沼泽旁边的贝尔格莱德市，人口2万，有13%的市民患艾滋病，已死亡数百人，街上行人绝迹，整个城市陷入死亡恐怖之中；中非国家乌干达在1990年即发现2万多例，艾滋病带菌者逾300万人，占全国人口的16%，长此下去，国家与民族将彻底毁灭在艾滋病之手；卢旺达国700万人口中竟有100多万带菌者；坦桑尼亚、肯尼亚、中非、津巴布韦、赞比亚、布隆迪、安哥拉、莫桑比克、马拉维等国都已陷入艾滋病的恐怖之中。

性病与艾滋病均是可耻的传染病，它们主要是不正当的性行为（如卖淫嫖娼、同性恋等，还有相当部分艾滋病患者是吸毒所致）所引发，也有的是无辜受害，如在洗澡塘、游泳池、更衣室、公共厕所甚至旅店的不洁浴缸、床铺等都有可能传染上。中国的性病在泛滥，如果任其发展，10年后，中国将有多少性病患者？因此，国家必须严厉打击卖淫嫖娼行为，严格控制性病患者尤其是艾滋病患者的病菌传播，并加强对性病患者的防治。否则，魔盒大开，造就的必然是恐怖世界。

（七）结束语

传染性病害是危及人类生命与健康的主要危险，中国的传染病因许多病种死灰复燃并趋向泛滥，局面确实十分严重，但中国曾经有过消灭血吸虫病、性病和控制住鼠疫的光荣历史，这一历史有力地表明，传染病是可以得到有效控制的，只要政府和社会及全体国民对此给予高度重视，并像50年代那样采取强有力的措施，肆虐人类生命与健康的传染病就会遭到沉重打击，中国一定会在与传染病的斗争中再度走向辉煌。

十四、职业病

（一）职业病及其种类

职业病，是指人们在从事其职业活动中接触职业性有害因素而引起的疾病。由于职业病表现为慢性疾病，不像流血的工伤事故那样触目惊心，因而与突发性的其他各种恶性事故相比，它往往成为被人遗忘的"角落"，难以引起社会和企业的重视。其实，职业病不仅摧残着成千上万职工的身体健康，而且送掉了无数健康人的生命。笔者在本文披露的资料将使广大读者明白这样一个严重的事实：职业病是中国工业大军面临的重要且可怕的灾难！

根据国家1988年实施的《职业病范围和职业病患者处理办法的规定》，职业病包括9大类共97种。

1. 职业中毒，共51种

如铅、汞、锰、镉、铊、钒、磷、砷、氰、氯气及其化合物中毒，二氧化硫中毒，光气中毒，氨中毒，氮氧化合物中毒，一氧化碳中毒，二氧化碳中毒，硫化氢中毒，磷化氢、磷化锌、磷化铝中毒，工业性氟毒，四乙基铅中毒，有机锡中毒，苯及苯化物中毒，汽油及乙烷中毒，有机磷农药中毒；等等。

2. 尘肺

包括矽肺，煤工尘肺，石墨尘肺，炭黑尘肺，石棉肺，滑石尘肺，水泥尘肺，云母尘肺，陶工尘肺，铝尘肺，电焊工尘肺，铸工尘肺等。

3. 物理同素职业病

包括中暑，减压病，高原病，航空病，局部振动病，放射性疾病等。

4. 职业性传染病

它们与患者所从事的职业有着必然的内在联系，包括炭疽、森林脑炎、布氏杆菌病等。

5. 职业性皮肤病

它包括接触性皮炎，光敏性皮炎，电光性皮炎，黑变病，痤疮，溃疡以及其他职业性皮肤病等。

6. 职业性眼病

包括化学性眼部烧伤，电光性眼炎，职业性白内障（含放射性白内障）。

7. 职业性耳鼻喉疾病

包括噪声聋，铬鼻病等。

8. 职业性肿瘤

包括石棉所致肺癌，间皮癌，联苯胺所致膀胱癌，白血病，氯甲醚所致肺癌，砷所致肺癌，皮肤癌，氯乙烯所致肝血管血瘤，焦炉工肺癌，铬酸盐制造工肺癌等。

9. 其他职业病

指不在上述职业病范围内又和职业有关的疾病，包括化学灼烧、职业性哮喘、职业性变态反应性肺胞炎、棉尘病、煤矿井下工人滑囊炎、牙酸蚀病等。

由此可见，职业病作为与特定职业及其工作对象、工作环境有关的疾病，是一个庞大的病族，尘肺、职业性中毒及职业性肿瘤又是其中主要的职业病种类。如矿山开采、矿石加工、机械工业的铸造、消砂、除锈、玻璃、陶瓷、水泥原料的破碎、过筛和配料，粉末状物质的搬运、包装和运输等工作，均易受粉尘侵害而引起尘肺等职业病。

（二）职业病的危害

职业病的危害是多方面的。一方面，它直接损害着工人的身体，造成患者劳动能力的丧失甚至造成患者的终身残废或死亡；另一方面，职业病作为工业生产中带有普遍性的疾病，又带有群发性，对工业生产造成重大影响，国家和企业每年还不得不为职业病患者付出高昂的治疗费代价。以尘肺病为例，国家每年支付给每个尘肺病人的医药费、体检费、疗养费、护理费、保健费等费用，平均约 2 900 元；由于尘肺病人劳动能力降低或完全不能再劳动造成的间接经济损失平均每人约 13 000 元；按现有 40 多万尘肺病人计算，全国仅此一项职业病造成的经济损失就达 75 亿元。

中国职业病的严重性，我们可以从1992年9月11日卫生部副部长何界生在北京人民大会堂向人大代表们的报告以及近来报界披露的资料来加以了解。

1. 尘肺病

尘肺病是由于吸入生产性粉尘而引起的以肺部纤维化为主的全身性慢性疾病。这种病魔严重威胁着接触粉尘作业的工人的性命，而治疗尘肺病目前尚无良方。据统计，中国从新中国成立到1991年底，全国县以上国有和大集体所有制企业累计发生尘肺病者47.2776万人，相当于同期世界各国尘肺患者的总和，每年给国家和企业直接或间接造成的经济损失至少达75亿元。

不仅如此，尘肺病患者仍然处于逐年增长的势头。在50年代初期，中国每年新发病例为百位数；1956年增长到千位数；1974年达到万位数；1986年全国尘肺病死亡病例数、现患病例数和累计病例数分别为1955年的161倍、413倍和456倍。1987～1991年间，县级以上国有企业每年增加尘肺病患者在2～3万例左右；这还不算1800多万家乡镇企业的1亿多农民工中的患病者。据有关职业病专家预测，依此增势，到2000年全国县级以上国有企业每年尘肺病新发病人约达3万人，累计发病人数将达80万，比目前翻一番，如果再加上遍地开花的乡镇企业患者，中国的尘肺病患者至少在100万人以上，死亡人数将以10万计。

从尘肺病的地区分布来看，四川、湖南、辽宁、山西、江西等省是尘肺病最多的省。以辽宁省为例，该省1992年已患尘肺病者高达4万多人，年均死亡783人，发病人数还在以每年1 500～2 000人的速度递增。从尘肺病的系统分布来看，煤炭系统最为严重，占全国发病例的46%；其次是有色金属、冶金、建材、机械等行业。尤其令人担忧的是，乡镇企业接触各类粉尘人员众多，而粉尘防治基本处于无控制状态，这些企业往往设备简陋、工艺落后、资金短缺，工人又缺乏自我保护意识和能力，加之某些企业领导片面追求经济效益，忽视工人的健康，而劳动卫生监督部门又势单力薄、鞭长莫及，潜在的尘肺患者在急剧增加。据有关资料，95%的乡镇企业没有任何监督监护和治疗措施，有的乡镇企业尘肺病检出率高达80%以上。

尘肺病是难以治愈的职业病，工人一旦染上，轻则慢性致残，重则死亡。中国的尘肺病死亡率达20.22%，每年仅县级以上国有工业企业因尘肺病死亡的人数就在 5 000 人以上。如全国著名的马万水掘井队自 1949 年到 1985 年的 16 任队长中有 15 人患矽肺病，马万水本人也是被矽肺病夺去生命的。再如湖南某地一个仅 2 000 多职工的水泥厂，从 50 年代建厂至 1987 年底，矽肺病死亡人数累计达 258 人，现有患病者 500 多人和疑似矽肺患者 300 多人，该厂每年用于矽肺病患者的开支达 70 多万元，企业因尘肺病困扰自 80 年起连年亏损，成了当地政府的一个沉重包袱。

尘肺病是粉尘过量所至。目前，全国县及县以上国有粉尘作业工厂约占全国总企业数的 40%，而粉尘作业点合格率仅为 54%，煤炭作业不到 20%；一些大企业生产环境中粉尘浓度大大超过国家卫生标准，有的超过几百倍，上千倍。1987 年震惊全国的哈尔滨亚麻厂的爆炸亦是粉尘过量所致，而绝大多数乡镇企业还未将粉尘控制和保护职工身体的事提到议事日程上来。如四川省在组织 30 万民工参加襄渝铁路隧道工程的建设中，全部采用干式凿岩，隧道内粉尘弥漫，致使不少民工得了矽肺病，民工发病最短的为 6 个月，患者年龄多在 30 岁以下，一些 70 年代参加施工的民工，10 年后已开始有人因尘肺病而死亡。这一现状表明了要在中国控制尘肺病还需要走十分艰难的道路，也许还要付出更大的代价。

2. 职业性中毒

职业性中毒即职工在生产中因接触有毒有害的化学物质等发生中毒，进而造成对身体的严重损害，甚至致死人命。职业性中毒包括急性中毒和慢性中毒两类共 51 种（见本文第一部分）。职业性中毒作为中国职业病的主要种类，其危害后果亦十分严重。

在中国，1991 年全国仅 10.44 万个国有工业企业的 4390 万职工中，从事有毒有害作业的工人就达 1 500 万人，占职工总人数的 1/3；而存在有毒有害作业的乡镇企业更是占 1 800 多万家乡镇企业总数的 82%，其中 62% 的厂矿无任何尘毒防护措施，接触有害物质的职工占职工总数的 34%。据统计，中国每年有案可查的急性中毒事故 1 000 多起，加上高达 70% 以上的漏报率，每年实际上要发生 4 000 多起急性职业中毒事故，受害工人高达 8 000 多人。而慢性中毒和可疑中毒者占接触有毒物质的全国职工总数的 6.2%，仅国有工业企业中的慢性职业中毒患者就达 100 万人，若加上乡镇企业的职业中毒患者，全国职业中毒患者至少在 200 万人以上。

在贵州省的大山里，有数不清的乡镇企业在土法炼汞，而农工们却毫无防护知识，企业一般也不采取任何防范措施，许多人都牙龈红肿或糜烂、流脓，有的甚至成了残废。以遵义的务川汞矿为例，防疫人员测定，炼汞回收率仅为30%，绝大部分汞蒸气散发在空气中，汞矿周围地区的空气含汞标准超过国家卫生居住标准的114倍，超过生产环境标准的76.2倍，其饮水含汞标准超过标准的66.5倍，农作物超标23倍；在对86名炼汞人员进行职业性检查时，发现慢性汞中毒率为50%，汞吸收检出率为41.86%，仅有7人属正常；而该矿还不是贵州省汞污染最严重的。

在北京，通县梨园乡的通州料器厂，专门生产玻璃料花，自1980年建厂以来，200多人的小厂年创产值400多万元，产品打入了国际市场，但在获得丰厚利润的同时，大量的铅烟也对工人造成了严重的职业危害。以该厂灯工车间为例，空气中铅烟浓度长期严重超标几倍或几十倍。1990年，该厂工人体检表明，铅吸收患者占全部工人总数的比例高达48%，并有10%的工人已轻度铅中毒；1991年初又出现4名中度铅中毒者，而该厂只有10年的生产历史，铅中毒患者仍在继续增加。

在"三资"企业中，职业中毒者也不罕见。据广东省卫生厅报告，在1992年1～2月份，珠海两家外资玩具厂先后发生12－二氯乙烷和甲苯、二甲苯职业中毒事故，共23人入院救治，其中12－二氯乙烷中毒性脑病4人，有3人因抢救无效死亡。据悉，一些外国投资者钻中国职业安全立法不健全和管理不完善的空子，以技术保密为借口，将一些在国外明令禁止使用的对人体有害的物质输入中国，对生产过程中使用的有毒化学品采用代码或编号，向工人和政府有关部门保密。有的投资者违背国际惯例，为省经费对生产卫生极不负责，据广东省卫生部门1992年对特区657家涉外工业企业的调查报告，投产前经过卫生审查的只占26%，引进设备时有必要的防尘、防毒设备的只占28.4%。在已投产的"三资"企业中，70%没有按国家有关规定对职工进行就业前体检，80%的企业对有害作业职工没有定期健康检查制度，大多数企业没有对作业场所进行定期监测。这种现象如果发生在发达国家简直是不可思议的事情，但在中国却普遍存在。对此，如果不给予高度重视并及时采取措施，我们在获得短期利益的同时将付出高昂的代价。

3. 职业性肿瘤

职业性肿瘤即职工因受化学物质危害而致癌。有资料表明，恶性肿瘤中4‰～5‰为职业肿瘤。据统计，中国每年恶性肿瘤发病100多万例，死亡90多万人，按4‰～5‰比例计算，全国有职业性肿瘤职工5万～7万人，死于职业性肿瘤者为4万多人。

综上可见，尘肺病、职业性中毒、职业性肿瘤每年要夺去数万工人的生命，如果再加上其他6大类职业病，死于职业病的人数将更多，各种职业病每年均使数以百万计的工人身受其害，真是令人震惊！

（三）职业病的防治

随着现代工业的发展，作业环境中的有毒有害物质越来越复杂，接触有害有毒作业的职工人数也越来越多，故职业病患者急剧增加的势头不减。然而，迄今为止，多数危害严重的职业病尚无有效的治疗方法。严重的职业病给国家、企业和职工带来了严重的损害后果，仅尘肺病一项每年就要使国家损失70多亿元。因此，减轻职业病的危害亦应成为当代中国的减灾重点。笔者认为，对职业病的防治，宜采取下列措施：

1. 尽快颁布《职业病防治法》，完善职业病防治法制

虽然自50年代起，国家先后颁布了有关工厂卫生监督、女工及青工保护、防止粉尘危害等一些文件和《尘肺病防治条例》、《放射性同位数与射线装置放射防护条例》两部行政法规，但这些法规并不完整，其权威性亦弱，尤其是在乡镇企业、"三资"企业、私营企业蓬勃发展的现阶段，过去已有的职业病法规在管理中更显得力不从心，急需制定一部完整的、有高度权威性的《职业病防治法》。法律应该对职业病的划分、职业病的防治、企业生产卫生监督、劳动保护以及企业与职工的关系等作出尽可能详尽的规范，并对那些逃避应该承担的保护职工健康权利责任和义务、利用职业病潜伏期长的特点而将用工合同期限定在职业病症状出现之前的企业及其法人代表给予严厉的法律制裁。职业病防治法应当成为保护劳工健康权益的根本性法律。

2. 加强监督管理，督促企业改善劳动条件

从职业病急剧上升并潜伏着"爆炸"危险的情况来看，既有企业及职工不懂得职业病危害的原因，也有企业明知职业病的危害却不顾职工健康而不改善生产环境的。对此，从国家的角度出发，就必须在以法律为依据的基础上加强行政监督管理，利用行政强制权去督促企业改善劳动条件。

然而，负责职业病的卫生部仅有一个卫生监督司的劳动卫生处对口管理和筹划此事，虽然劳动部门、工会也可以干预，但实际上并不存在权威的职业病管理部门。管理力量不足，只能让数以万计的大、中、小型企业各行其是，这种局面必须加以改变，否则职工的健康权益就缺乏有力的组织保证。同时，对企业的生产环境应加强日常监测，对不符合国家卫生标准和要求的企业，监测和管理部门有权出示黄牌甚至关闭企业。只有将保护职工的健康权益放在首位，只有在立法先行的条件下严格按章办事，才有可能建立真正的健康的现代工业文明。

3. 加强职业病防治工作

一是应建立强制性的职业病报告制度并定期公开职业病情况，以促进企业的职业病防治工作，并树立广大职工的自我保护意识。二是增加职业病防治院所的投入，目前全国的职业病防治院所不到200个，职业病专门医院仅50个。以肿瘤病床为例，全国仅有1万多张，而恶性肿瘤患者近100万（其中职业肿瘤患者4万～5万）。可见，相对成千上万职业病患者而言，加快职业病防治院所的建设已迫在眉睫。三是宣传职业病知识，让不同职业的职工明了自己所从事工作的职业危害性，在工作中能够注重保护自己的健康，那种不让职工了解所从事工作的职业危害性的"愚民"做法应该彻底摒弃；等等。

4. 乡镇企业、"三资"企业、私营企业应当成为防治重点

乡镇企业中的职业病危害，应该通过对某些有毒有害工业的限制性生产和在广大农村建立卫生生产监测机构网络加以监督等措施，来达到减轻职业病危害的目的。对"三资"企业，各级政府在积极引进外资的同时，更要避免发达国家有害、有毒工业的扩散，决不能为了眼前利益而不顾国人的健康和生命，在中国国土上，决不允许类似印度博帕尔市美国碳化物公司毒气泄漏所酿成的惨案重演。此外，私营企业也应当成为职业病防治的重点。

中国的职业病自新中国成立以来一直严重，近10年来更趋严重，而下一个10年将进入中国职业病的高峰期。数以万计的职业病患者和数以千万计的潜在受害者表明，做好职业病预防和治疗工作是工业生产中的头等大事。中国是社会主义国家，中国的经济是社会主义市场经济，和资本主义国家相比，中国更应当把职工的利益尤其是生命健康权的保护摆在发展生

产的首位。职业病的防治责任应由社会来分担,但首先应该是各地"父母"官和企业的责任。只有杜绝职业病的发生,减轻职业病的危害,才能真正提高劳动生产率,并确保工业生产和整个社会经济的稳步发展。

十五、假冒伪劣产品灾害[①]

90年代的中国,因受地方主义的保护,制售假冒伪劣的产品已经到了非常严重的地步,上至总书记坐过伪劣桑塔纳轿车、商业部长买"一日鞋",下至亿万消费者深受其害,有的甚至为此送掉性命。假冒伪劣产品的泛滥,使部分不法企业赢得了丰厚的利润,一部分不法之徒跨入了暴富的阶层,而市场经济秩序却遭到了严重破坏,国家与广大消费者蒙受着巨大的损失。因此,假冒伪劣产品作为完全由人类自身原因酿成的灾难,其危害的广泛性、严重性绝不亚于任何一种自然灾害,是当代社会必须正视的超级巨灾。

(一)假冒伪劣产品概况及其危害

顾名思义,假冒伪劣产品实际上包括假冒产品和劣质产品两大类。前者以商标侵权为主要特征,后者则以质量低劣,以次充好为主要特征。两者都是以损害消费者权益为前提,以牟取暴利为目标,因而都是工业品生产、销售中的非法行为。

中国伪劣产品的危害到底有多严重,我们可以从以下几组数字得到回答:

1991年,据中国消费者协会透露,该年度接受消费者的质量投诉信占来信总量的67.1%,和1990年相比上升了142.5%,该数据在近年以更大幅度增长。据1992年1月27日《中国妇女报》披露,1991年商业部、国家工商行政管理局、中国消费者协会通过对京、津、沪以及广州、厦门、

[①] 伪劣产品是否属于灾情,中国著名经济学家董辅礽教授在致笔者信中除对灾害问题研究充分肯定外,还曾就此提出疑问。笔者认为,定为灾害的主要依据在于一是伪劣产品是对原材料的巨大浪费,给国家或社会造成巨大损失;二是伪劣产品使用价值低,危险性大,不仅使用户或消费者蒙受经济损失,而且屡屡酿成人身伤害事故。当然,本章的假兵、假文凭案虽已超出了灾情范畴,但亦是中国伪劣产品泛滥成灾的一种折射。

大连、宁波、重庆、长春、哈尔滨等10个城市的10类商品抽样调查，商品的平均合格率仅为59.46%。不仅国内市场商品质劣问题严重，进口商品中的掺假和不合格现象也普遍存在，《经济参考报》1992年1月3日披露，1991年全国商检部门共检验进口商品12万批，发现不合格（质劣、掺假等）进口商品1.4万多件，价值达45亿美元。

1992年，国家工商行政管理部门的报告表明，该年度全国工商行政管理系统共查获制销假冒伪劣产品案116 800多件，占全年查获经济违法违章案件总数的62%；销毁处理各类假冒伪劣产品总值达3.66亿元，收缴罚款1.14亿元；查获危害农业生产的假化肥16.59万吨、假农药6 900吨、假种子9 700吨，查获危害人们生命安全和身体健康的假冒伪劣产品5 500吨、药品1 000吨、烟60万条、酒8 500万瓶；共捣毁各类假冒伪劣产品窝点和集散地1.3万多处，移送司法机关的案件1 200多起，移送司法机关的严重违法分子2 200多人。上述惊人的数据仅是中国的一个部门已经查获的假冒伪劣产品，而被其他部门检出及未被检出的假冒伪劣产品将远远超过上述数据指标。1992年8月，国家技术监督局局长朱育理说：上海的自行车、自来水笔、卷烟、羊毛衫、皮鞋、味精、洗衣粉、药品……几乎没有名牌不曾被仿冒，以至于这位沉稳的技术监督首脑向社会发出了"救救名牌，保护名牌"的呼吁，并发出于"对造成严重后果的假冒伪劣商品者可以处于极刑"的愤慨。

《瞭望》在1993年9月披露：我国已查处包括医药、烟酒、饮料、化肥、农药、饲料等假货计30多个大类300多个品种，价值13亿多元；捣毁1.26万个制售伪劣产品窝点和集散地，判处一批死刑犯，移送司法机关的4300多起，已有500多人受到刑事制裁。

即使是在国有企业及不生产假货的企业，劣质产品所造成的损失也十分惊人。有关专家估计，在中国工业企业产品中，优等品及一等品加在一起还不足总产品的35%，劣质产品造成的损失相当于全国工业总产值的15%~20%，亦即2 000亿人民币。例如，据国家技术监督局抽查报告，1992年第四季度，该局抽查了793个企业生产的41类1 003种国内销售的产品，合格794种，抽样合格率为79.2%，消费品如日用陶瓷、紧压茶、蜂蜜的抽样合格率却低于50%。1993年9月3日，《经济参考报》披露，该年度国家对12类191个厂家（商店）、192个牌号的224个品种的商品进行质量抽查,仅有塑料肠衣火腿肠和味精达100%合格率,而棉毛衫合格率为55.6%,电热片蚊香加热器为52.6%,转叶电风扇为42.1%,电动剃须刀为33.3%,全部被抽查产品的平均合格率仅为72%。同一天,国内贸易部决定:对29个劣质产品及其生产厂家亮出停销的红牌,这在新中国的商业史上还是首次抵制劣质产品的行动。

中国的伪劣产品不仅充斥着国内市场,以致消费者购买商品无一不心存疑惑;而且已走出国门,如在独联体国家就日趋泛滥,使中国的工业品在这些国家声誉扫地。

假冒伪劣产品的泛滥,造成的危害后果既是多方面的,又是十分严重的。首先,极大地损害了消费者的权益。由于假冒伪劣产品比比皆是,亿万消费者往往真假难辨。据某地消费者协会的抽样调查,所有的被调查者都在购买行为中上过当、受过骗,有的损失了金钱,有的还贻害身体,有的被调查者亲属甚至因为假冒伪劣产品而丧生。其次,造成巨大的物质财富的浪费,假冒伪劣产品也需要原材料,也需要运输,而其使用价值却极低,有的不仅没有丝毫使用价值而且害人害物,如伪劣农药造成农作物的歉收和绝产、伪劣药品及伪劣家用电器谋害人命的事例不乏罕见。可见,假冒伪劣产品越多,所造成的直接和间接浪费就越大。再次,破坏了市场经济秩序。中国正走向市场经济,市场经济的最高法则就是公平竞争、优胜劣汰,而假冒伪劣产品的泛滥,却往往败坏优质产品生产企业的信誉,使生产优质产品的企业丧失市场,加之伪劣产品的生产往往以次充好,其经销中又往往依靠行贿和回扣,从而造成其生产、经销者大牟暴利,市场经济秩序无法建立,最终将影响到整个国民经济发展的顺利接轨。如西安生产"太阳牌"锅巴的企业由于假冒产品纷纷出笼,1990年实现利税3 000多万元,1992年却开始出现亏损,短短二年,一个好端端的企业就背上了沉重的包袱;类似事例不胜枚举。此外,伪劣商品的出境,不仅损害国家的形象,而且损害了中国工业品进入国际市场的竞争力。因此,对假冒伪劣产品若掉以轻心,我们的改革事业就有可能毁于一旦。

(二)假冒伪劣产品的部分案例

以国务院决定报废的库存工业品为例,1962年全国报废工业品64亿元;1972年报废工业产品24亿元;1980年报废工业产品55亿元。1982

年，国务院决定报废的一批库存机电产品就达150多亿元（其中降价损失10亿元），其中属粗制滥造的占35％，技术落后及能耗高的占27％，产品设计不合理等约占18％，保管不善并严重锈蚀的约占20％，仅此一项就占当年全国工业收入的7.7％、占国民收入的3.5％以上。1988年，全国再次报废工业产品183.2亿元，占当年全国工业收入的3.4％，占当年国民收入的2％。这种报废的劣质产品属于国有工业企业生产的库存产品，一般不致损害消费者，但给国家带来的损失则是惊人的。

以药品为例，1993年3月19日的《中国经营报》报道，1992年全国共查处的假药案1.7万多起，平均每天48起，一些假药不仅误病而且致死人命。1992年查处的如全国最大的一起假药案，就是河南省沈丘县周口第一兽医厂，该厂连续6年制造假劣兽药、人药，其销往各地的假药达1 500万元之巨，而这家小小的集体企业竟在造假药期间获得先进企业等多项荣誉，制售假药的主犯、该厂厂长王某还连续多年被评为优秀党员、劳动模范、中级"政工师"。这起造假案于1986年始就有人举报，1990年开始调查，最后到1992年底在国务院与省一级出面后才得到处理，此中隐情，受害者能知多少？1993年2月14日，《法制日报》报道，浙江省金华县药品经营部自1988年以来无证经营、倒卖假药，已使3万多病人深受其害。1992年6月国家医药管理局和省医药局、卫生厅三令五申取缔，但至今仍安然存在，并准备乔迁新址。1993年6月20日《生活报》报道：吉林省延吉市准某伙同其亲属自1991年4月起，在农村用煮饭用的朝鲜锅将牛、猪、羊胆熬制成假熊胆，冒充名贵药材，销往东北各地，共制造假熊胆1 200多个，非法所得达数万元。同一天的《中国青年报》报道：某县医院采购员3年受回扣6万元，调进假氯霉素、假红霉素、假麦迪霉素价值80多万元。谁能估算得出，有多少病人的生命被假药、劣药所谋害，有多少人的健康受到摧残！

以食盐及调味品为例，1993年3月5日《中国食品报》报道：湖北省襄樊地区属缺碘地区，1992年底卫生防疫部门发现在1984年就被控制住的因缺碘食盐导致的地方病重新泛滥。据对30多个集镇的调查发现，出售正宗加碘盐的仅有供销社一家，而私盐摊点随处可见。这些私盐不仅无碘，而且杂质多，有的氯化钠含量低，均是国家严禁销售的。1992年3月襄樊市有关部门的一次联合行动就查处私盐200多吨，随州市盐政部门1992年共堵截、查获私盐1 021吨，其他县、区查处私盐2 000多吨，缴获伪冒食盐包装袋300多万条。无碘盐对于人的危害是慢性中毒，该地区经检查7~14岁的儿童中已有35%以上出现甲状腺增大，10%以上的儿童智力较差。同年7月27日《中国海洋报》报道，江苏省淮安、丰县、金坛的矿卤堆晒、平锅熬盐又死灰复燃，山东、安徽的劣质盐也流入江苏盐业市场。据不完全统计，淮阴县晒盐个体户已形成年产1.4万吨劣质盐的规模，丰县专以熬盐为业的私盐个体户多达100多家。这些私盐劣盐被灌进"加碘""优级"等字样的小包装袋进入千家万户，导致了东海、沭阳、淮阴、徐州、苏州、常州等地的劣质矿盐中毒事件频发。在调味品方面，1993年7月10日《中国经营报》报道：四川省经委、工商局等单位联合检查了成都、温江的16家酿造调味品企业。其中国家检测的15个样品，其理化、卫生指标合格率分别为7%和20%，有的酱油含铅量超标，有的大肠杆菌含量超标达7倍以上。类似现象，遍及全国。有专家估计，中国的调味品只有10%左右的合格产品，这一数据意味着亿万消费者日常使用的调味品都是对身体有害的假冒伪劣产品。

  以嗜好类食物为例，烟、酒、茶等商品市场上的假冒伪劣现象更为严重。任何名烟、名酒、名茶都有假冒劣质产品充斥，假酒致死人命案还在不断传来。例如，中国头号名牌香烟"红塔山"的假冒货就充斥全国各地。1992年7月被揭露的福建省云霄县生产假"红塔山"烟案，就是以韩某为首的一个团伙利用部队贩卖假烟，先后与河南、河北、江苏、浙江等地的烟贩签订的假"红塔山"香烟供货合同就达37 450件（187.25万条），合同金额达数亿元。案发时，他们已卖出17 120件。云烟、阿诗玛等高档名牌香烟，甚至白沙等中档名牌香烟，均几乎到处都有因冒牌香烟而上当受骗者。假酒劣质酒的危害已酿成了多起人命大案，如1987年贵州贵阳市奸商用工业酒精（甲醇）兑水，冒充白酒出售，致使上千人中毒，其中435人住院治疗，23人不治身亡，5人双目失明，主犯余正刚被处死刑。据不完全统计，从1983~1988年间，全国各地发生类似假酒杀人案达20多起，中毒者数以万计，死亡300多人，残废者上千人。1989年8~12月，仅广东省就发生假酒中毒案7起，中毒者374人，其中60人死亡，13人双目失明。至于以次充好的酒类经销，上当受骗者至少可以千万计。1993年6月20日《中国青年报》披露：江南某县一家面临倒闭的酒厂自从生产假"五粮液"后每年盈利100多万元；某省有20多名不法分子制造假茅台酒2 000多箱后，用20万元钱买通数10道关卡，一路绿灯，竟获利100余万元。同年8月《中国国情国力》杂志介绍：北京抽查各大饭店和商店104瓶高档名酒，仅有4瓶是真的！目前，国人若为自己消费之用，绝大多数人已不敢购买名牌烟、酒。

以一般饮料与食品为例，1992年"中国质量万里行"活动披露，中国瓶装汽水不合格率高达64.5%；而矿泉水、塑料瓶装各种饮料，又有多少人能喝上真正或合格的产品。1992年2月29日《中华工商时报》报道：遍销全国大城市的模仿亨氏商标和其外包装的"营养妈咪酥"即为广东汕头市月浦新星食品厂所假冒。同年《上海法苑》第3期报道：市场上出现的"雀巢咖啡茶"系福建晋江县陈埭村的"溪边华桥食品厂"假冒瑞士雀巢产品，该厂竟是两个农民"创办"的私人家庭工厂，几年来市场上走俏的"雀巢咖啡奶"竟是在一间简陋肮脏的破屋子里"诞生"的，真是对趋之若鹜的消费者的一大嘲讽。

以日常用品为例，1990年，商业部部长胡平在武汉商场为自己买的一双皮鞋只穿了两天就坏了，中国商业部门的最高首脑成了让人啼笑皆非的受害消费者。1991年前后，仅辽宁、安徽、北京、青岛四省市已报道的因劣质家用热水器致死人命案就达19起，其中18人死亡，1人终生残废；而不合格的家用热水器全国数以10万台计。眼镜的不合格率在70%以上。电热毯燃烧，液化炉爆炸，抽油烟机不抽烟，电视机无图像，电冰箱不制冷，洗衣机漏电，甚至连江苏虎丘牌牙刷等也被大肆仿冒，等等。城乡居民，哪一家没有采购过假冒伪劣的日常用品？！

以农业生产资料为例，1991年，劣质水泵电死人的事件发生过多起；1992年底，堂堂的福州内燃机厂制造假冒伪劣的"四方"牌手扶拖拉机和柴油机被查获，而伪劣品竟还销到了孟加拉国，国家每年损失达200万美元。1993年6月23日《中国技术监督报》报道，全国抽检29个省、市、区的339家农业生产资料生产企业的49种产品中的483个样品，综合合格率仅为40.58%，不合格率高达59.42%。假农药、假化肥、假种子，在全国泛滥成灾，广大农民深受其害。如河北阜城县一农民妻子与丈夫吵架后痛不欲生，喝下农药而平安无事，其夫给出售假农药的生产资料门市部送匾。

以汽车为例，1992年7月《中国经营报》报道，河北省邢台地区的汽车走私组装团伙连奥迪1 000型、奥迪5 000型都组装起来了。1993年7月5日《服务导报》报道，南京一法院审理了一起因南京车辆厂制售的劣质机运春运三轮车并乱敲竹杠导致一消费者自缢身亡的诉讼案。同年8月"中国质量万里行"中南组又在湖北随州市查获了一个组装假冒东风汽车的地下工厂。1993年10月2日《武汉晚报》披露：1989年江泽民担任总书记后，中央曾决定党和国家领导要坐国产车，但当时江泽民乘坐的上海大众汽车公司生产的桑塔纳轿车却常刹车不灵且刹车时有尖叫声，维修站查了几次也没有找出毛病，这部车不得不被改作他用。经大众汽车公司来人进京检查，才发现该车的制动蹄片不是大众的定点厂家生产的，而是河北省一个县的伪劣产品，等等。在道路上奔跑的汽车有多少假冒伪劣车辆，谁能一一查清。

以建筑材料为例，1993年3月27日，湖南省新化县河镇鹅塘联小学二楼录像厅横梁突然断裂，当场砸死10人，8人送医院抢救无效死亡，重伤住院者14人。4月3日，广州市黄埔区南岗镇夏园乡二队石场一座两层砖石结构民工房倒塌，36人被埋，其中11人当即死亡，等等，这些建筑物事故都是因伪劣建筑材料所致。同年6月9日《中国物资报》报道，从1992年下半年开始，在河北省任丘市、文安县、大成县逐步形成了一个以任丘为轴心、呈辐射状的伪劣钢材黑市交易中心，交易范围遍及全国各地。1993年8月3日《中国青年报》报道，北京仅朝阳区工商局在酒仙桥、青年路、双桥等地就查获劣质钢材2 000多吨，其中在双桥某储运部里查获的来自任丘地区生产的640吨劣质钢材竟用砖头做夹心。劣质钢材、劣质水泥等建筑材料还像幽灵一样地在逍遥，而用劣质建筑材料盖起来的一栋栋楼房及其他建筑物，正像一颗颗定时炸弹，在时刻威胁着无辜者的生命。

以损公肥私为特征的假发票为例，制售假发票竟已形成了"专业"队伍，广州市南方大厦附近曾出现过成捆兜售假发票的现象。据1993年3月4日《中国消费者报》报道，辽宁锦州市在706个享受公费医疗的单位中，查出用假收据报销的竟达372个单位，报销假医疗费总金额达140多万元，涉及6 825人；有的单位甚至对个人的吃喝嫖赌都可以开具假发票。据国家税务部门透露，近年来全国查出的假发票达4亿多张，这样的天文数字意味着什么，人们不言而喻。

以精神产品为例，1993年5月15日《文汇读书周报》报道，一部规模超过2 700万字并被称为"当代中国辞书之最"的《语言大典》（三环出版社1990年出版，王同忆主编），不仅公然盗印剽窃《辞海》等辞典，而且错误之多，编辑之草率，堪称荒谬绝伦。被称为"真实的历史"和为"毛泽东研究提供一份必不可少的珍贵史料"的《毛泽东之子毛岸龙》一书，虚构杜撰之处比比皆是。至于各种盗版、劣版及黄色淫秽书刊更是大肆充斥着书市。不仅如此，近年来一些人还打着港澳台出版社的名义在大陆印行各种书刊，以至于国家新闻出版署不得不出面公布：这是非法出版活动。

在假冒伪劣产品中，还有更令人叹为观止的。如1993年《开发区导刊》第5期披露：在福建福清，一下中巴车，就会有人兜售假文凭，"北大""清华""武大""复旦"的毕业文凭明码标价可以任挑任选；而同年6月16日《青年时报》披露：民政部门塞给锦西炼油化工总厂的400多名复员军人中有292人压根就没有当过兵，有的还是附近农贸市场的卖肉青年及被开除的大集体工人，但其当兵档案、手续、各种登记表以及个别人的党员登记表、军衔证明、授奖证书却查不出纰漏。原来这是锦西市葫芦岛区武装部、葫芦岛民政局、连山区武装部以及有关部队中的不法之徒制造的假兵案。整个案子涉及军方团以上单位43个，军地两方共有近300人参与假兵案，受贿金额达300多万元，办一个男兵收1万元，女兵收1~1.5万元，想要党籍、军衔、军功章的，再多加钱就行。这件假兵案虽然与假冒伪劣产品沾不着边，却又是那么惊心动魄。文凭、党籍、军衔都可以造假出售，中国的假冒伪劣之风焉能不烈？！

（三）假冒伪劣产品泛滥成灾的原因

前述部分资料，已足以表明在中国的商品市场中，假冒伪劣产品是一种无处不在的超级巨灾。这种灾害不仅已经深刻化，而且还在恶化之中。究其原因，笔者认为有以下几方面：

1. 高度集中的计划体制是中国工业品质量低下的劣根所在

在传统计划体制的条件下，我们过分强调生产决定论，通过行政手段建立和巩固了计划分配各种工业品的体制，企业生产什么，商店就经销什么，消费者也就只能消费什么。工业生产部门的"老大哥"地位和市场供应的短缺决定了企业的产品是"皇帝女儿不愁嫁"，商业部门无选择进货渠道的权利，消费者更是处于孤立无援的弱势地位。政府与企业长期以来只注重产量而忽视质量，只注重"评优"而忽视"治劣"，这种指导思想上的片面性，实质上就是中国工业生产观念上的劣根性，它带来的中国工业产品的质量长期低劣的事实表明，今天的假冒伪劣产品泛滥成灾根源在于旧体制。

2. 获取高额利润是假冒伪劣产品泛滥成灾的直接驱动力

凡制售假冒伪劣产品者，没有不知道这是损害消费者利益的行为，有的明知某种假冒伪劣产品的推出会危及他人的生命，但因高额利润的驱使，部分企业和不法之徒就不惜以身试法。在生产环节中，假冒产品、偷工减料、以次充好均会使生产者获得巨额利润。如一瓶假茅台酒，成本费用最多20元，而市场售价200多元，难怪越打假货越多。在流通环节中，盛行权钱交易，高额回扣使一些单位和个人"只认钱不认物"。前述列举的用工业酒精酿酒、制售假药倒卖私盐等均害死多起人命，无一不是不法之徒见利忘义、道德沦丧的结果。

3. 地方保护主义是制售假冒伪劣产品的温床和保护伞

在被查处的假冒伪劣产品案件中，绝大部分均与地方保护主义有关，一些地方政府从狭隘的地方利益出发，有意或无意地充当了假货的保护神。在因制售伪劣钢材而在全国声名狼藉的河北省任丘市，市政府一名主管官员居然说："任丘钢材市场是……新生事物……符合市场经济规律，市政府不便过多干预。况且，这个市场已经成为我市经济发展的支柱。"1992年在河北省邢台地区清河县，有关部门遵循国务院副总理朱镕基的批示查处并没收了所有造假工厂的营业执照，冻结了银行账号，可事隔不久，有些执照又发还了，账号又启用了。在湖南省汨罗市，滥制假药案被曝光后，上级指定该市一位主要领导任市整顿农药生产领导小组组长，他在整顿未果的情况下就批准给某些不合格的农药厂办执照，致使打假中又生产出许多假药。在湖南新化县，1992年10月29日该县副县长谢某居然召开调解会议，当众宣布将依法制定的制售伪劣农药、化肥的县农资公司罚没款由8万多元减为2 000元，将制售伪劣轮胎的县物资局轻化建材公司罚没款由1.2万多元减为1 000元，并公开在会上指责执法部门是在当"改革开放"的阻力。曾被列为中国"001号打假案"的周口第一兽药厂制售假药案，在连续被举报并进行调查期间，居然连年被评为先进企业。在四川温江县制售伪劣调味品案中，该县卫生部门不作任何检查就发放卫生许可证，显然不仅仅是失职问题。在虎丘牌牙刷打假案中，江苏苏州市检察院的工作人员在浙江义乌市查到了经销假货的窝点，而义乌市检察院一副检察长却出面刁难。在浙江金华县，有关部门明知该县药品经营部经销伪劣药品，且国家医药管理局在1992年6月就督促当地政府取缔，可因经营部年销售额达1000多万元，为该县"创收"立了功，不仅未被取缔，反而在1993年2月乔迁新址，业务更兴隆……无数起类似被报刊披露的事实，均表明假冒伪劣产品之所以有恃无恐，是因为有地方保护主义在保驾护航。各地都不同程度存在的这种狭隘的地方保护主义，正使假冒伪劣工业产品的生产与销售走入恶性循环之中。

4. 法律的软弱与管理的不力是助长制售假冒伪劣产品现象的重要因素

在发达国家，发现假冒伪劣产品，对企业、对市场、对当地政府都是一大耻辱，一旦发现或发生责任事故一定要把制售假冒伪劣产品者绳之以法，并罚得其倾家荡产才能了结。如在美国，1978年福特汽车公司就因其生产的"平托"牌汽车有缺陷造成司乘人员一死一伤而被法院判决赔偿1.035亿美元。1980年某原告因服用"派克黛维丝"厂生产的药丸而致双目失明，法院判决该厂赔偿240万美元。同年一位10岁女孩因所穿的法兰绒睡衣被厨房炉内火焰烧着而受伤，法院亦判决制造商赔偿170万美元。这些判案中的责任者还并非故意造假而只是产品有缺陷。然而，在我国，医院用假药治死了病人，却几千元可以了结；在"营养妈咪酥"打假案中，亨联公司找到了造假者，官司也打赢了，但这场打假官司的胜方——亨联公司为寻假花费了6万美元，而造假者——汕头市一个体食品厂却只被罚款200元，难怪美国亨氏集团愤然指出，这是中国法律的失败，是在鼓励多多假冒。在福建晋江县查获的"雀巢咖啡案"假冒案中，对造假者"要钱没有要命有一条"的叫嚷，执法部门只要求造假者写个保证书。热水器造成多人致死案，近几年接连发生的多起毒酒致死人命案，结果多是不了了之。无数起打假案的"宽大处理"表明了中国法律的何其疲软乏力，而在法律软弱的另一方，却是中国的消费者太不值钱了。在管理方面，有的执法机关形同虚设，有的因政府领导的介入而无法行使管理职权，而工业生产的主管部门则似乎产品质量与己无关。以热水器为例，轻工业部、农业部、建设部系统均有生产厂家，而这些部却对其本系统内热水器导致多起人命案的事却一无所知；等等。法律的软弱和管理的不力，使制售假冒伪劣产品者更加肆无忌惮。

5. 消费者缺乏自我保护意识

几十年的计划体制已把中国的消费者培养成世界上软弱无力的消费者。一方面，因长期以来中国市场的总需求大于总供给，多种商品实行计划分配，市场一短缺，消费者就只能软弱，其首先考虑的是能否买得到，其次才是质量问题，消费者质量意识必然十分淡薄，买了次品也往往自认倒霉，忍气吞声，即使到了现在，这种软弱性也仍然存在于大多数消费者身上。如对不合格热水器酿造的母子双亡惨剧和假酒、假药屡屡致死人命案等人命关天的产品事故，制售假冒伪劣者可以视做儿戏，大部分消费者也不感到多大刺激，真是当代社会的莫大悲剧。另一方面，即使是部分消费者在觉醒，但也多不具备识别假冒伪劣产品的知识，或遭恶店欺侮、或投诉无门、或投诉后也因法律的软弱和政府管理的不力而无任何效果、或花不起时间与精力打官司，等等，在社会大气候如此的情势下，消费者很难实现自我保护。消费者的软弱可欺，必然助长制售假冒伪劣产品者的猖獗。

此外，立法未跟上，市场经济规则未确立，以及保持至今的重评优、轻评劣，好唱赞歌、反感"抹黑"的传统管理与宣传体制，均是假冒伪劣产品泛滥成灾的有利生成条件。

（四）对假冒伪劣产品灾害的治理

假冒伪劣产品的泛滥成灾，已经引起了全社会的重视，如新闻部门开展的"中国产品质量万里行"活动，以及《产品质量法》《惩治生产、销售伪劣商品犯罪的决定》《保护消费者权益法》等法律的出台和实施，已经取得了一定的效果，打假除劣的社会气候正在形成。然而，由于假冒伪劣产品已经涉及社会生产的各个领域，又与地方保护主义密不可分，要彻底根治这种人为灾害，还必须采取综合治理的措施，并使之制度化、日常化，持之以恒地长期坚持下去，才会取得有效的减灾效果。

1. 立法从详，普法从速，执法从严，建立起真正的产品法治制度

其一，立法是产品法治制度的依据，我国过去忽略了产品方面的立法，因此无法建立起产品法治制度。1993年7月2日，全国人大常委会通过了《惩治生产、销售伪劣商品犯罪的决定》，作为对刑法的重要补充；同年9

月1日，《产品质量法》正式实施；加上过去颁布实施的《食品卫生法》等，除少数领域如假冒伪劣精神产品等缺乏相应的法律规范外，应该说，迄今我国的产品责任立法已基本成熟，即基本上为建立产品法治制度提供了原则依据。目前需要做的工作是继续完善这一法律体系，并制定出更为具体、详尽的实施细则。其二，有了基本的法律依据，从速普法工作就成了建立产品法治制度的基础。一方面，工商企业制售的是各种产品，有关部门应将普及产品产量法及其相关法律、法规作为地方政府职能部门尤其是工商业界普法的重点，让其明了制售假冒伪劣产品的刑事法律责任、民事法律以及监督管理部门的行政责任。如制售假药在过去的刑法中的法定最高刑仅为7年有期徒刑，人大的《惩治生产、销售伪劣产品犯罪的决定》将其修正为死刑，这样，制售假药者就不得不考虑其后果了。另一方面，产品涉及亿万消费者的权益，各种宣传媒体应尽快宣传产品方面的法律、法规，将锐利的法律武器交给广大消费者。这样，制售者懂法，再要制售假冒伪劣产品就是明知故犯，应依法从重处理；消费者懂法，就能保护好自己的正当权益，产品法治制度才会有广泛的群众基础。其三，执法从严是建立产品法治制度的关键。近几年假冒伪劣产品的泛滥，法律的软弱可欺与执法者的以罚代法，且从轻处罚甚至不罚、鼓励生产假冒伪劣产品有关。因此，要根治这一社会公害，就必须严格执法，对责任者实行严格的刑事、民事双重处罚，使牟取暴利的企业破产倒闭，使违法制售假冒伪劣产品的个人倾家荡产，对制售假药、假酒等毒害人的身体与生命者应处以死刑。只有法律硬起来，制售假冒伪劣产品者才会软不去；只有从严执法，才能真正建立起产品法律制度。否则，有关法律、法规就会变成一纸空文。从目前的情况来看，加快普法及其舆论宣传是当务之急，执法从严更是急待加强并须长期坚持下去。

2. 改变观念，转换职能，加强行政监督的力度和舆论的透明度

长期以来，只重产量、不重质量是我国工业生产的根深蒂固的观念，政府部门的职能除下达产量指标计划外，亦只注重评优、忽略治劣，在一个产品质量普遍低劣的国度里，一边是每年都要评出一大批"名优"产品，"名优"产品满天飞；一边是广大消费者怨声载道，大呼上当受骗；这不能不说是计划管理体制的失败。因此，必须摒弃传统观念，代之以质量优先的生产观念；必须转换政府机构的传统管理职能，割断其与国营企业的

"脐带"关系，代之以保护消费者权益、保护公平竞争环境的管理职责，并将"治劣"摆到比"评优"更优先的地位。只有加强行政监督的力度，同时充分发挥报纸、电视、电台等宣传媒体的作用，让制售假冒伪劣产品者及其产品曝光（最好能在报刊上设专栏每日公布市场上的假冒伪劣产品），才能有效地遏制假冒伪劣产品的泛滥。

3. 尽快普及消费者协会，树立消费者自我保护的意识

普遍建立消费者协会为消费者服务，是许多发达国家行之有效的措施和公例，我国已经建立起消费者协会，但有的消费者协会形同虚设，且尚未普及，未能发挥应有的作用。因此，笔者建议，消费者协会应尽快普及到城市的街道和农村的乡镇，使之成为每个社区的一个重要的群众组织，并向全体社区成员公布电话号码，定期开展"打假打劣"活动。同时，消费者协会必须充当广大消费者的代言人，站在广大消费者的立场上为消费者的利益服务。其组织机构应由政府有关职能部门如工商部门、投资部门、经贸部门、商业部门等扶助，招募志愿人员，可以向消费者征收一定费用，办专门的消费报道，引导消费者的消费行为并对广大消费者负责。此外，广大消费者也要丢弃过去"逆来顺受""花钱消灾""忍为高"的消费哲学，敢于抵制、揭露、举报各种假冒伪劣产品。受害者应该借助法律手段来保护自身权益、惩罚致害者，消费者检举、揭发甚至走上法庭控诉假冒伪劣产品之日，就是我国消费者现代消费意识觉醒之时，亦将标志着制售假冒伪劣产品者的穷途末路。

4. 严厉打击地方保护主义

地方保护主义是制售假冒伪劣产品的温床和保护伞，也是市场经济发展的最大阻碍因素。近几年许多已查出的假冒伪劣产品案件不了了之，甚至越打越多，关键在于地方保护主义充当了保护伞。一些地方领导要么只从局部利益出发，要么是个人品质恶劣受贿索贿，致使制售假冒伪劣产品者无所顾忌。如河南周口第一兽药厂制售假药案，就是有该县县委书记、县长及一批局长（受贿索贿者）的保护。从1986年有人开始举报，到1992年底才在"全国打假办"的重视下查实其有关罪行，1993年9月才对有关政府领导追究行政责任，一起严重的、违法制售假药案从举报到解决竟花了8年时间，类似例子不乏罕见。由此可见，要根治假冒伪劣产品灾害，不严厉打击地方保护主义是不会有效果的。对于类似周口县的领导，笔者就认为其犯了严重的渎职罪、受贿罪和破坏社会主义经济秩序罪,虽然该县多位领导已被开除党籍、撤销职务,但处罚仍属从轻,是以行政处分代替刑事处分。因此,笔者主张让地方政府领导及职能部门负领导责任,并对保护者实行行政处罚、刑事处罚、民事处罚三者并行的处罚制度,只有这样,才能抑制一部分领导干部的利己之心和玩忽职守,进而才能为彻底根治假冒伪劣灾害创造有利的气候和环境。

5. 管住源头,堵住渠道,实行连带责任制

在我国,由于未建立起连带责任制,商店销售假冒伪劣商品、种子公司销售假种子、生资部门销售假冒伪劣生产资料(农药、化肥等)、药品经销部门经销假冒伪劣药品,等等,经销者很少负责任,不是一推了之,就是象征性地补偿或退货,有的甚至明知是假货也要进销,对受害消费者的投诉不管不问,这一体制助长了商业部门销售假冒伪劣产品并从中收受巨额回扣的歪风。如1993年《中国检察报》8月7日披露:在山东临沂市,竟有25家农资经销专营单位经销假劣农药、化肥。"专营"本为护农设,谁知"专营"也坑农。对此,最好的办法是让经销假冒伪劣产品者直接对消费者负责,即所有商店都必须对自己出售的产品质量负责,一旦发现假冒伪劣产品,消费者只需向经销者索赔,而由经销者按连带责任制向批发商、生产者索赔。这样,在产品生产中截住了假冒伪劣产品的源头,在产品经销中堵住了假冒伪劣产品的渠道,连带负责,双管齐下,必将有利于澄清被假冒伪劣产品搞得乌烟瘴气的商业市场。

(五)结束语

无数事实表明,忽视质量制造灾难,而制售、保护、纵容假冒伪劣产品则是严重的犯罪行为。打假治劣是一项极其复杂的社会系统工程和一项长期而艰巨的任务。在防治假冒伪劣产品灾害中,靠几次集中打击和运动式的办法是不可能根治的,需要将前述措施看成是一个不可分割的综合体系加以实施,任何一道环节或措施的弱化都将直接影响到打假治劣的效果。笔者相信,随着《产品质量法》和《惩治生产、销售伪劣商品犯罪的决定》《保护消费者权益法》的实施、社会各界日益重视、消费者的觉醒,以及"谁卖劣货谁赔偿"制度的建立,假冒伪劣产品的浊流必将被遏制。

第四篇 科技风险分论

科技风险，是笔者于1990年提出的一个概念和灾害命题。因其有别于纯粹的自然灾害和人为事故灾害，多是在人类自觉行动中产生出来的且与科学技术的发展进步密切相关的特殊风险，既不能归于自然灾害，又不能简单地归入人为灾害，有必要将其单独列篇研讨。

值得指出的是，科技风险是一个发展的概念和命题。在当代社会，则主要是指那些高、新科技产业活动和高、新科技产品所带来的新的风险。

中国正在发展自己的高、新科技产业，虽然还远未像美国及欧洲一些国家那样发生过震惊世界的重大航天事故、核事故等灾变，但科技风险的客观存在性、不可绝对避免性以及以往发生的个案均表明，中国依然存在着科技风险，这一风险还将随着高、新科技产业的发展而发展，进而成为中国灾情的一个重要组成部分。

由于资料的匮乏（这方面的灾事往往被当成保密性资料而较少披露）和全新的命题，使得本篇稍显单薄。笔者只能在研讨科技风险概况的基础上着重研讨航天事故风险、核事故风险和计算机事故风险等科技风险，其他科技风险的专题探讨将有待以后弥补了。

一、科技风险概述

(一) 科技风险问题的提出

所谓科技风险,是指由于现代科学技术活动尤其是高、新科技活动及其产物所带来的前所未有的或尚未被人们充分认识并可能给人类社会造成各种损害后果的风险。其与科技活动的开展及科技成果的应用具有密不可分性,是人类自觉行动中所必然出现的副产品。科技风险产生的时间,可能在科学技术的研究过程中,也可能在科学技术产品的试制及应用过程中。由于科学技术是不断发展的,科技风险必然是不断发展的;同时,由于科学技术活动大多是人类自觉探索未知领域的活动,科技风险事故往往又带有一种特殊的悲壮性。

在人类社会的发展史上,科学技术因其造福于人类而一直闪耀着迷人的光彩。如我国古代的"四大发明"曾给人类社会带来了海上贸易和文化交流的发展,也为今天的火箭技术奠定了基石;蒸汽机的产生所引出的工业革命不仅奠定了资本主义制度的物质基础,也给人类带来了现代工业文明;航天技术的进步已将人类探索的空间扩展到了无垠的太空;核能工业的发展为世界提供着20%以上的宝贵电力能源;石油开采技术的进步使海洋变成人类石油、天然气资源的宝库;甚至一个小小的技术发明或改进,都会给人类社会带来一种新的享受,等等。所有这些都表明了科学技术作为第一生产力的历史功绩。可以断言,没有科学技术的发展进步,人类社会就会停滞不前,亦即不可能进入现代社会。

然而,科学技术在造福人类社会的同时,也带来了许多人们不愿意看到的灾祸。如18世纪末期,汽车的产生带来了人类社会交往的方便和运输业的发展,进而推动了整个人类社会经济的发展,但它作为一种科技产物发展至今的另一面却是每年使全世界数以十万计的人丧生于车轮之下;20世纪飞机产生并普遍应用于民用航空领域,但恶性空难事故也接连不断;类似的科技风险问题因其历史久和普遍化了而被人们认识并接受了,从而已经成了日常性的风险事故,但科技在发展,科技风险也在发展。

进入 20 世纪 50 年代以来，世界上一切重大事故灾害几乎都与现代科学技术及其产物密切相关。越是高、新技术产业，风险就越大；越是大型科技风险事故，其损害后果与社会影响就会超出许多重要的自然灾种而成为人们关注的焦点。例如：

1986 年 4 月 26 日，前苏联切尔诺贝利因发生核电站泄漏事故而造成 100 多亿美元的直接损失，其生态灾害后果及其他间接损失无法估量。这一场科技风险事故导致了世界性的连锁反应：大选在即的荷兰、菲律宾、前南斯拉夫都先后推迟或停止本国的核电计划；欧洲各国朝野政党纷纷亮相，阐述自己对核电的态度和主张；远在天边的日本人也忧心忡忡，为怕鲜奶污染而将奶粉抢购一空；一度沉寂的德国反核运动更是一触即发；意大利政府宣布禁止从东欧大部分国家进口肉类、牲畜和蔬菜；加拿大政府官员则要求扣留从欧洲运来的一批水果、蔬菜和草药，并警告前往亚洲地区的旅客不要喝鲜奶等食物；美国、英国的国民人心惶惶；正在筹建中的中国大亚湾核电站也遭到了东南亚一些国家和港澳地区的颇多责难。西方报刊则将切尔诺贝利核电站事故看做一场划时代的历史性事件，经常使用着"后切尔诺贝利时期"的新名词。一场重大科技事故造成的损害及影响，显然超过了任何自然灾害及其他人为事故灾害。

同在 1986 年，美国"挑战者"号航天飞机在卡纳维拉角上空爆炸，造成了航天史上创纪录的巨型灾难事故；接着，美国先进的"代尔塔"和"大力神"火箭以及欧洲太空署的"阿丽亚娜"火箭接连发射失败，航天事业的高风险性使人们感到震惊、惶惑甚至迷惘。

在计算机产业方面，不仅存在着硬件上的风险，而且更令人恐惧的是各种智力型的"病毒"感染软件而造成灾难，全世界的计算机用户们每年均有几个几乎普遍化的劫难日。

石油化学工业方面也屡屡发生危险。1980 年"亚历山大·基兰"号钻井平台在北海倾覆，损失上亿美元，英国石油市场因此涨价 30% 以上；1981 年中国"渤海二号"钻井平台在渤海湾从事科技勘测工作时被狂风刮沉；1986 年 1 月 9 日，中国北部湾围州的一口油井发生井喷，仅控制费用就达 600 多万美元；1993 年，中国的大型现代化科研考察船"向阳红"号在公海被撞沉，损失上亿美元；等等。

在遗传工程方面，其有机体自主的生命力和遗传因素将带给人类社会怎样的风险，至今为止还无法预料。如果真像批评者认为的，由遗传工程控制的有机体一旦被创造并释放出来，它们自己会成长壮大、再生繁衍、自由迁徙，人类将无法再行将它们召回、封闭或消灭，那么，就如打开了潘多拉的魔盒，科学将陷入"异化"的窘境。

1982年，日本山梨县纸浆加工厂发生数控机床执行工作流程的阀门自动跳扣，造成工人被卷入机床的恶性死亡事件；1984年，日本国铁东北线东鹫宫车站曾发生一起紧闭的电车车门突然全部打开的事故；1993年，中国北京的地铁亦在运行中发生过一起严重的事故；等等。

此外，工业机器人的随意启动，计算机的计算错误，自动化汽车的突然狂奔，因无线电发射机发出的电波使运转中的化学设备温度报警器失灵或报出错误警报并进而导致整套设备紧急自停事故，等等，都属于高、新技术事故。

高、新技术活动中的难以计数的事故，揭示了高，新科技各种潜在风险的惊人破坏力。尽管上述科技事故并非都发生在中国，但中国已发生过许多科技风险事故却是一个基本的事实。中国正在发展自己的高、新技术产业并向科技现代化奋进，人们对科技事故风险的隐忧也必然客观存在。因此，正视科技风险、研究科技风险、减轻科技风险有着十分重大的理论和现实意义。

（二）科技风险的特征

综观世界科技发展史及其灾难史，不难发现，科技事故风险具有下列明显的特征：

1. 客观必然性

虽然科技风险事故层出不穷，但人类选择的现代生活方式本身已与现代科学技术的发展进步密不可分，科技产业造福于人类社会的光明前景又是那么诱人，任何国家都不会因为发生了"切尔诺贝利"核事故而放弃对核能源的利用，我们也不会因为发生过"挑战者"号爆炸事件及"澳星"发射失败等而停止航天事业的发展步伐。因此，科学技术的发展进步是客观必然的，那么，作为依附其存在的副产品的科技风险在个体上虽具有偶然性，但在总体上亦会表现出客观必然性，即科技风险事故具有不可绝对避免性，它不依人的主观意志而存在，且随科技发展而发展。

2. 相对性

科技风险的相对性特征，表现在以下两方面：一是相对于其他灾害而言，尽管造成的损害后果可能相同，但原因却与科技产业有关，并因科技产业活动而异；二是相对于已被认识的风险而言，科技风险中总包含有新的风险因素，如普通交通事故就不能列为科技风险事故而只能列为一般人为事故灾害，但若一种新型交通运输工具的问世并因高、新技术问题而发生事故则可列为科技风险事故。因此，当今的科技风险所具有的相对性集中地体现在高、新技术的研制和应用过程中。

3. 难测性

科技风险往往超出人们的认知能力，因为科学技术发展无止境，而人的认知能力即使是最伟大的科学家也有局限性，因此，科技风险一般难以预测，人类的未知领域越多，科技发展的领域越广，科技风险的难测性就越大。

4. 发展性

一方面，科技风险大多是随高、新技术的产生而产生的，只要科学技术还在发展，科技风险就会层出不穷；另一方面，科学技术的发展无顶峰，科技风险也不会有止境，旧的科技风险被克服或被认识进而被控制，又会出现新的科技风险，并随着现代高、新科学技术的迅速发展和广泛应用而向巨型化发展。越是发达社会，科技产业活动可能引起的各种灾难就越是值得高度重视的主要风险。

5. 人为性

科技风险事故是由于科学技术活动及其产物带来的，而科技活动又是人类自身的自觉行为，因此，追根究底，科技风险是人为风险，即是人类在权衡利弊、发展科学技术时引出的副产品，从而与人的技术水平、认知能力、责任感等不可分割。科技风险的这种人为性特征，正是其作为特殊的风险类别区别于自然灾害的显著标志，也是具与人的故意、过失等主观失措行为等引发的一般人为事故灾害的重要区别之一。

（三）科技风险事故的分类

由于现代科技的发展涉及人类社会的一切领域，科技风险亦具有广泛性与普遍性，各种科技风险事故层出不穷，构成了一个对科学技术发展及整个社会经济发展负影响日益增大的灾害体系,而理论界及科技界至今仍未有过对科技风险事故的统计分类分析。笔者认为,对科技风险事故亦宜采取多角度分类,并以科技风险事故的个体属性为主的分类方法。

根据科技风险事故的个体属性,它可以分为航天风险事故、核风险事故、计算机风险事故、自动控制系统风险事故、生物工程风险事故、近海石油开发风险事故、医药科技风险事故以及各种高、新科技成果及产物的科技风险事故。科技风险事故的这种划分,是对科技风险进行行业管理与减灾活动的依据。

根据科技风险事故的起因,它可以分为无过失科技风险事故、过失责任科技风险事故、科技自然风险事故、科技社会风险事故、科技政治或军事风险事故等。重视科技风险事故的起因分类,有利于开展有的放矢的科技减灾工作,对预防、控制科技风险事故有着重要意义。

根据科技风险事故的发生时间,可以分为研制过程中的科技风险事故、运输及安装与调试过程中的科技风险事故,以及成果应用过程或高、新科技产物使用寿命内的科技风险事故。这种划分有助于我们根据不同的科技产业活动及成果应用领域,以及科技风险事故发生的过程特点,有重点地做好科技风险事故多发环节的风险防控工作。

根据科技风险事故的发生规律,可以分为可控制科技风险事故、不可控科技风险事故。前者如科技人员的失职引起的科技风险事故、计算机病毒等;后者如探索未知领域的失败、突发性的自然灾变所致的科技风险事故等。在减轻科技风险事故中,应尽可能杜绝可控事故的发生,预防不可控科技事故的发生。

根据科技风险的损害后果,笔者主张分为6级:(1)毁灭性科技事故——造成成千上万人死伤或数以亿元计的财产、利益损失;(2)特大型科技事故——造成众多人员伤亡或数以千万元计的财产、利益损失;(3)大型科技事故——造成多人伤亡或数以百万元计的财产、利益损失;(4)中型科技事故——造成少数人员伤亡或数以10万元计的财产、利益损失;(5)小型科技事故——造成个别人员伤亡或数以万元计的财产、利益损失;(6)微型科技事故——造成个别人员轻度伤害或数以千元计的财产、利益损失。

对科技风险事故进行科学分类,目的在于全面认识科技风险事故,并为有关部门开展科技风险管理提供依据。

（四）科技风险与保险

对科技风险的宏、微观管理，笔者曾在有关论文中提出了对策（如《灾害学》等刊物上的部分文章），且还要在本篇中的后续文稿中述及，故此处从略。

然而，科技风险事故的客观存在性和总体上发生的必然性，仅靠政府及科技产业部门的管理是不够的。因为总结经验教训，保证高、新科技产品的安全虽是人类社会解除高、新科技隐忧的治本之计，但高、新科技的发展与科技风险是一对并存的矛盾综合体。综观世界各国尤其是发达国家，各种科技产业活动及其产物，无一不充分利用保险的手段来转嫁风险，即以保险作为科技产业活动及其成果、产物商品化的必要后盾。实践证明，这是降低高、新科技产业活动风险事故代价，补偿其意外灾祸损失并确保受害者权益得到保障的良好途径。因此，保险应该成为防止、减轻、控制科技风险事故并分散其风险的综合对策中的必要组成部分。

在我国，中国人民保险公司自20世纪80年代恢复国内保险业务以来就开拓了科技风险的保险市场，如大到大亚湾核电站保险、卫星发射保险，小到新型家用电器的质量、责任保险，各种与科技产业有关的保险险种达数10种。近年来，中国太平洋保险公司等亦开始涉足科技风险保险市场。

保险人提供科技风险保险的特殊意义，不仅在于能及时补偿被保险人的各种科技意外事故损失，而且在于通过运用义务条款去对投保人实施外部监督，督促投保人加强对科技风险的管理。保险人对风险的选择和限制性承保，又迫使科技产业的组织者、所有者、管理者、使用者承担相当部分的科技风险；保险人承保后必然开展防灾防损检查，提出有关防灾建议，从而会有效地防范风险；保险人对大型科技产业活动及其成果应用一般还通过再保险安排分保，又使科技风险在更大范围乃至世界范围进行分散。通过科技风险保险服务，科技产业的发展将增加一道安全的阀门。

可以断言，高、新科技产业的发展是人类社会的必然趋势，因为用高、新科技造福于人类社会已不再是科技界的孤立声音，而是成了各国政府与普通百姓的共识。在中国，随着"863"计划的实施以及一系列的科技成果的生产应用，高、新科技产业已被国家摆到了优先发展的地位。然而，如果我们只注意到高、新科技造福于人类的诱人前景和正效益,而忽略其潜在风险,我们就会为此付出高昂的代价。因此,在发展高、新科技产业时,重视风险管理,减轻科技事故损失,将高、新科技的负效益控制到最小的程度上,应当成为整个社会尤其是高、新科技方面的决策者、研制者、管理者、使用者的一项重要职责。增加科技事故的透明度,宣传科技风险的客观性,树立全民防灾的意识,重视科技风险管理机制的建立,充分发挥保险保障的作用,都会使我们在发展我国的科技产业过程中以较小的代价来换取更大的成功。牢记令人痛苦的失败比满足于令人陶醉的成功将更有益于整个科技产业的健康发展。

二、航天事故风险

(一) 航天事业的回顾

航天事业,是指研制、生产、应用包括卫星、航天飞机、运载火箭等各种航天产品在内的高科技产业,它产生于20世纪的50年代末期,短短40年来却为人类带来了无法估量的好处。

在国际航天事业发展史上,前苏联首开纪录,于20世纪50年代末期将第一颗人造卫星送入太空;美国紧随其后,亦将自己的卫星送入了太空,并一发而不可收拾,在航天事业方面迅速占据了鳌头的地位。1965年,美国的卫星走向市场,"国际通信卫星1A"率先向保险公司投保,开创了航天产品商业化的道路和保险化的惯例。在火箭制造方面,前苏联、美国、欧洲太空署等研制推出了许多先进的运载火箭,如欧洲太空署的"阿丽亚娜"运载火箭,美国的"大力神""代尔塔"火箭等均曾在国际航天界享有崇高声誉。

在航天产品的发射方面,自20世纪50年代以来,全世界已将4 000颗人造天体及宇宙飞行器送入太空,其中前苏联为2 500多颗、美国1100多颗、其他国家和组织及各种合作发射的约300多颗。在发射成功的卫星中,通信、广播、气象、导航及地球资源卫星约占28%。航天产品已构成一个当代社会最高级、最特殊的科技产业家族。

尤其值得一提的是航天飞机。1964年,美国开始研制航天飞机;1976

年9月,"企业"号航天器制造完毕,并于1977年8月被波音飞机在2.2万米高空投射出去;1981年4月,"哥伦比亚"号航天飞机进行首次轨道试验飞行,标志着人类航天时代的开始;1982年11月,"哥伦比亚"号航天飞机首次执行卫星发射使命;1984年4月,美国宇航员乘"挑战者"号航天飞机首次在太空对一颗卫星进行修理和重新定位;1985年6月,美国首次用航天飞机同时携带并释放4颗卫星成功,航天飞机成为太空超级运载工具;1988年9月,"发现"号航天飞机升空;此外,航天飞机载人飞行,并接连执行着发射其他人造天体的任务。美国"哥伦比亚"号、"亚特兰蒂斯"号、"挑战者"号、"发现"号、"奋进"号等航天飞机的多次发射成功和使命的完成,正在使人类在太空建立永久空间站并进而架起通向太空的桥梁的梦想变成为现实。

在对太空的探索中,20世纪70年代初期,美国"阿波罗"11号飞船登月成功,人类终于在月球上留下了自己的足迹;1983年4月,太空产品显微乳胶球问世;1985年11月,美国通过航天飞机在太空进行结构安装,组装了一个高45英尺的发射塔,进行了太空建筑技术试验;1989年5月,由航天飞机在太空释放了"麦哲伦"号金星探测器,开始了人类探索其他星体的征程;1990年4月,美国发射了价值20多亿美元的哈勃太空望远镜,将遥远的宇宙空间拉到了人类的眼前。1993年9月25日,西欧"阿丽亚娜"火箭第59次升空,将1颗地球观测卫星和6颗小型卫星送入轨道,写下了1箭7星的辉煌一页。

中国是一个发展中国家,但航天事业的发展正使其成为国际航天界的重要成员。作为火药的故乡,中国的运载火箭已经形成系列,从长征1号火箭到长征4号火箭,均多次成功地完成了卫星发射任务,并已为外国卫星客户承担了卫星发射任务。从1970年4月24日将第一颗人造卫星"东方红一号"送入太空以来,中国已经成功地发射了20多颗自己制造的通信、气象、资源等方面的卫星。目前,中国的运载火箭已进入世界先进国家行列,另三个领域——航天飞机、空间站、空间应用技术研究也取得了可喜的进展。专家们预言:21世纪初,中国将发射自己独立研制的航天飞机,那时,太空就将有我们的一席之地。航天事业在中国正迅猛发展,成为国民经济中的高科技产业。

尽管航天产品的种类不多,数量有限,如卫星由于使用寿命一般为1~

2年、最长不超过10年，故实际上仍在轨道上工作的卫星只有200多颗；但因航天产品的造价高昂，且是当代社会最高级的科技产物和人类探索太空或在太空探索地球的唯一途径，航天事业已成为许多发达国家的重要科技产业。如一枚火箭造价达数千万美元、一颗卫星造价少则数千万美元、多则上亿美元，航天飞机的造价则在10亿美元以上，美国发射的哈勃太空望远镜价值就达20多亿美元，可见其绝非一般产品可以比拟。在国际上，美国的宇航局、欧洲的太空署等均是权威的航天科技产业管理机构。美国宇航局在1972～1990年间用于航天事业的总预算费用达1 225亿多美元，年均近68亿多美元，其中用于航天飞机的费用为424亿美元，约占总预算的34%。

从航天事业的历史回顾中，我们可以看到这项伟大的事业以高、新科技的发展为背景，将人类探索的领域扩展到了太空，使我们对宇宙的认知得以进步，同时在气象资料、资源情报、通信、导航、电视传播等多方面为人类社会造福。可以说，航天事业是造福于人类并引导人类迈向太空进而摆脱地球在宇宙中的孤岛地位的高科技事业，中国应该努力发展自己的航天事业。

（二）航天事故风险及个案

航天事业的发展及好处已尽人皆知，然而，航天事故风险也使人类付出了高昂的代价，在发达国家更是多次酿成过震惊世界的重大灾难。因此，航天事业是在失败中走向成功的，航天事故在当代科技风险事故中占有首要的地位。

在国际上，航天事业发展的40余年，发生过许多次航天事故。据统计，仅卫星的事故损失率就在5%以上，即每发射100颗卫星至少有5颗在发射中毁灭。例如，1967年，美国"阿波罗"飞船在肯尼迪角试验时发生事故，使3名价值万金的宇航员不幸罹难；1977年，欧洲太空署的OTS卫星发射失败，仅保险公司支付的赔款就达2800多万美元；1979年12月，美国无线电公司SatcomⅢ卫星进入同步轨道失败，损失达7700多万美元；同年欧洲的"阿丽亚娜"火箭亦发射失败；1980年5月23日，欧洲"阿丽亚娜"火箭又发射失败；1984年，美国西联电报公司的维斯塔6号卫星和印尼政府的帕拉帕B卫星未能进入预定轨道，损失达1.8亿多美元；同年法国一颗海事通信卫星发射失败,保险人赔偿 2.8 亿美元;1985 年,欧洲通讯卫星—3 和美国通用公司的空间网—3 号卫星损失,加上此前一颗租赁卫星发射失败等,当年的卫星损失达 6 亿多美元;1986 年 1 月发生在美国卡纳维拉角的"挑战者"号航天飞机爆炸事故,更是造成了举世震惊的影响,7 名宇航员丧命,经济损失在 20 亿美元以上,航天活动被迫暂停,直到 1988 年 9 月美国"发现"号航天飞机升空才得以继续。在 1986~1988 年间,卫星发射也接连出事,无论是欧洲的"阿丽亚娜"火箭,还是美国的"代尔塔"火箭等均曾发射失败,导致了航天界的信誉大受影响。经过 1989 年的平稳期后,1990 年 2 月,欧洲太空署的"阿丽亚娜"火箭发射失败,使日本两颗卫星毁于一旦,造成的损失达 17 亿法郎。

1993 年又是航天事业的高风险年。年初,美国航天飞机发射失利;8 月 2 日,美国从加利福尼亚州范登堡空军基地点火升空的"大力神 4 型"火箭及其携带的一颗绝密先进间谍卫星爆炸毁灭,经济损失约 20 亿美元,成为继 1986 年"挑战者"号航天飞机爆炸失事后最严重的航天事故;9 月 20 日,印度发射首枚极地卫星运载火箭失败,损失 1.5 亿美元;10 月 5 日,美国一颗价值 2.28 亿美元的地球观测卫星又神秘失踪;随后,"哈勃"太空望远镜又发生故障,仅太空维修费用就高达 6.29 亿美元;由此可见,航天事业是高风险事业。

中国的航天事业始于 20 世纪 60 年代,20 余年来,已取得了举世公认的成就,但航天事故也客观存在,是从失败中走向成功的。例如,至 1992 年,中国长征三号火箭在发射中就曾有数次失利,并都不同程度地造成过损失;1975 年 11 月 26 日,中国在酒泉卫星发射中心用长征二号火箭成功地发射了第一颗返回式卫星,但到 11 月 29 日,卫星在返回时信号却消失,坠毁在贵州六枝地区;1984 年 1 月 29 日,用长征三号火箭发射一颗试验卫星亦曾发生意外,报上事后披露为"基本成功";1992 年 3 月 28 日,中国在西昌卫星发射中心用长征二号火箭发射"澳星 1 号"失败,剧毒燃料不断泄漏,幸紧急关机并由抢险人员迅速抢险才保住了火箭、卫星及发射场,但仍付出了 3 名抢险人员的生命,造成了数百万元的经济损失;1992 年 12 月 24 日,中国又在西昌卫星发射中心用长征二号火箭发射"澳星 2 号",因卫星在发射后 48 秒时发生不明爆炸,损失上亿美元,其责任虽不在中方,但总归是一起严重的航天事故;1993 年 10 月 8 日,在酒泉基地用长征火箭发射的一颗携带镶着钻石的毛泽东纪念章的科学探测与技术实验卫星，失控而未返回地面。由此可见，中国的航天事故并不少。中国正在大力发展航天事业，卫星之外的其他航天产品也正在研制之中，可以预料，在航天事业这项人类共同的高风险产业发展中，中国亦面临着越来越大的航天事故风险。

（三）航天事故风险的原因

分析航天事故的原因，有利于吸取教训，走向成功。从中国航天事故的原因来看，笔者认为首先是技术上仍存在差距，加之没有雄厚的财力作后盾和过去的浓厚的政治色彩、管理体制与市场经济冲击等，造成了航天事业发展中的失误。

1992年3月22日"澳星1号"发射失败后，中国航空航天部领导向上级承担领导责任时还在宏观上总结分析了以下原因（载1992年4月5日《中国航空航天报》社论）：

1. 在贯彻"军民结合，平战结合，军品优先，以民养军"的16字方针中，在指导思想上、组织保证上、政策的制定等几个方面的关系上没有解决好，尤其是在处理坚持军品第一和发展民品的关系上，措施无力，调控能力不强，领导精力和技术力量严重分散，未能坚决贯彻"严肃认真，周到细致，稳妥可靠，万无一失"的方针，从而直接影响着科研和生产质量，更谈不上精益求精，最终导致了危机的产生。

2. 在质量意识和质量工作指导思想上，重视事后把关，轻视事先控制，忽略设计和生产过程的质量把关等问题仍然存在。把主要精力放在试验上，满足于试验的一次成功是不科学、不全面的，长征三号火箭第8次发射失利和1992年3月22日的发射失利，都表明了发射前并未将事故隐患彻底排除。

3. 在管理上，领导的精力放在微观管理上多，而对于宏观管理，一方面现代管理意识不强，另一方面缺乏强有力的法规措施，导致了管理中的诸多漏洞。

4. 缺乏对经济利益驱动的正确有力的引导，致使简化试验，质量下降，甚至影响了全局的发展。

除却上述宏观上的原因，笔者还认为，从事航天事业的各种人员尤其是科技人员的责任心和技术水平对航天事故风险有着莫大的影响，它虽然只属于微观方面的原因，但只要一道环节、一个人甚至一个小螺丝钉出了纰漏，也会酿成灾难性的后果。因此，科技水平、经济实力、宏观管理、产品质量、个人素质等均是制约中国航天事业发展并造成航天事故的影响因素。

（四）航天事故风险的防范

我们期冀着航天事业在发展中万无一失，而航天事业作为人类探索未知领域的高科技产业又注定了不可能一帆风顺，理想与现实矛盾的表现就是各种各样的航天事故。因此，在发展航天事业中，注重对风险事故的预防和管理，尽可能地控制和减少航天事故风险十分必要。

1. 增加投资，转换机制

一方面，航天科技是当代最优秀的人才从事的最高级的产业；另一方面，中国的航天产业又表现出基础薄弱、经费短缺、待遇低劣等贫困局面，以至于奖励有功人员还需要老百姓捐款。在财力如此薄弱的条件下，要加快发展航天产业、提高航天技术、杜绝航天故事，势必困难重重。因此，笔者主张，应增加投资。而投资的增加仅靠中央财政拨款显然行不通，唯一的出路就是转换现行航天科技产业完全由国家垄断的体制，走军民结合以民为主、中央和地方结合以中央为主的多方参与的道路，只有筹资在以中央为主的同时走向社会化、航天产品走向市场化（不仅走向国际市场，而且要建立国内市场），航天科技产业才会走出财政困境，进而使其硬件得到改善，为航天事业的稳定、健康的发展奠定经济基础。

2. 完善法规，加强管理

长期以来，计划体制使我们习惯了人治而忽略法治，行业管理方式也通常是用各种头痛医头、脚痛医脚的文件去解决问题。航天部门一直属于军事部门，文件多、会议多更是通病。对此，应该尽快建立一套完整的法规管理制度。在法规制度中尽可能地借鉴发达国家在这方面的管理经验，并形成深入人心的制度，如建立分工责任制、专家会商制、安全监督制等均有助于减轻航天事故的风险。在日常管理方面，应坚持事前管理、事中管理、事后管理相结合，专家管理与全员管理相结合，设计、制造、运输、安装、调试、发射等各环节管理相结合。唯有管理法制化、严格化、全面化，航天事故风险才会得到控制与减少。

3. 提高人员素质，重视保证质量

中国的航天事业虽已跨入世界先进行列，但仍与美国等有相当距离，故学习他国技术、提高技术水平不仅必要而且迫切。在人员素质方面，既要具备良好的技术素质，又要具备工作责任感及敬业精神等精神素质；既要提高专家素质，又要提高全体航天科技产业活动中的一般人员的素质；这是航天事业走向成功、避免失败的最重要的保证。同时，还应树立质量意识，确保航天产品的质量不出一丝一毫的纰漏，中外许多起航天事故的发生应该成为重视航天产品质量的警钟。

4. 依靠保险，转嫁风险

既然航天科技事故风险不可完全避免，且保险已成为国际航天事业发展中的惯例，那么，中国也应建立起自己的航天产品保险及发射保险制度，即将航天产品研制、运输、安装、发射乃至进入轨道运行的寿命期间的一切意外风险转嫁给保险公司，再由保险公司通过国际再保险将风险在世界范围内分散。自70年代以来，保险人为航天科技事故所付出的数10亿美元的赔款表明：航天产品的研制者、所有者、发射者、使用者等购买保险是经济且有效的减轻风险、避免损失的途径，保险可以充当航天科技事业发展的有力后盾。

航天事业发展迄今的事实，表明了航天科技产业的成就巨大和风险巨大，成功与失败、机会与风险仍将相伴发展下去，我们有理由相信航天事业作为人类共同的高风险伟业，会在挫折中走向成熟；同时，我们也应该牢记：若不吸取失败的教训，航天科技事故的悲剧还会继续上演，人类社会对此不应掉以轻心！

三、核事故风险

一提到核事故风险，人们自然会联想到1945年8月美国为迫使日本投降而在广岛、长崎投掷两颗原子弹造成的巨大灾难。自1945年至80年代末，美国和前苏联展开了激烈的核军备竞赛，两国共进行了1 500多次核试验，其中在大气层中爆炸约500次，核大战的恐惧曾经笼罩着科技界和整个人类。然而，1986年11月，当时的美国总统里根和前苏共总书记戈尔巴乔夫一致同意这样一个结论,即"谁也无法赢得一场核大战,因此就根本不应该打"。随着东西方对抗的逐渐消失,尤其是前苏联的解体,加之谁都知道核大战的毁灭性后果,核战争的风险尽管依然存在,却已大为减弱,军事竞赛正在为经济、技术竞赛所取代,这是世界与人类发展的大势所趋。因此,本章所探讨的核事故风险主要限于核能(原子能)技术在各国和平应用中的事故风险。

(一) 核能和平应用及其发展

核能(原子能,下同)的发现,是人类认识自然和科学技术发展的重要里程碑。1938年秋到1939年初春,科学家证实了铀原子核会发生裂变,并同时释放出惊人的能量,伟大的科学家爱因斯坦当即预言:核动力将成为一种重要的能源。

由于原子能的巨大能量和惊人的破坏力,核能技术首先被应用于军事领域,如原子弹、氢弹的研制,成为60~70年代国际军备竞争升级的追逐热点。然而,为了解决能源不足问题,从50年代开始,和平利用原子能并发展民用核能工业在一些国家也从未停止过,许多国家还把民用核能工业摆到了优先发展的战略地位,核能技术正日益造福于人类社会。

从1951年开始利用核能发电的试验以来,全世界已有近500座商用核电反应堆在20多个国家中运行,其发电量已占全世界总发电量的17%以上。在发达国家,核电已经成为一种清洁、经济的能源被广泛采用,美国、法国、俄罗斯、日本、韩国等雄踞核电发电量的前几名。在美国,运行和在建的核电反应堆达120多个,总装机容量超过一亿千瓦,核电厂生产的电力占全国电力的20%以上;在法国,50多座核电反应堆年均发电近3 000亿度,创造价值达20多亿美元;在韩国,核电厂的装机容量已超过600万千瓦,核电力已占全国电力的60%;即使在台湾,也有6座核反应堆在运行,核电厂送出的电力占全岛电力的40%左右;印度和巴基斯坦有核电站在运行;在东欧、南美的一些国家,核电厂也都在供应着强大电力。1989年,全世界有13座核电站建成投产,其中前苏联国家3座,美国和日本各2座,法、德、葡、英、韩、印各1座;1990年,全世界在建的核电站达102座,计划兴建的核电站达75座。和平应用原子能,发展核电产业,已经成为世界性潮流,势不可挡。科学家预言,人类在经历了薪柴时代、煤炭时代、石油时代之后，21世纪将进入核能时代。

中国于1964年10月在西北部戈壁滩上升起的蘑菇云曾振奋了全国人民，原子弹的爆炸成功标志着中国在60年代就加入了核大国的行列，但这种地位不久即因为没有一度核电而受到了挑战。因此，在70年代初期，核电事业就提到了国家的议事日程，只是因为过多的波折耽误了宝贵的10多年时间。到1982年，中国正式宣布自力更生建设浙江秦山核电站，并且决定与外国合作建设广东大亚湾核电站。经济的迅速发展和电力的极度短缺，促使政府下决心发展核电产业。

1991年12月15日零时15分，总装机容量为30万千瓦的秦山核电站（一期）正式并网发电，中国大陆无核电的历史从此宣告结束；1993年10月，总装机容量为90万千瓦的大亚湾核电站投产，标志着中国核电产业正在健康、稳定地发展；而正在兴建中的核电站还有秦山第二期、第三期核电站（各两座）及大亚湾第二期核电站等，国家还计划在辽宁建造两座核电站，计划到2000年建成使用9座核电站，总装机容量为600万千瓦；而海南等10多个省亦已提出了发展核电的要求。可以断言，核能的和平应用和核电产业的迅速发展，必将造福于中国的社会经济建设和全国人民。

（二）核事故风险及个案

核能民用是高科技的产物，由于核事故风险的客观存在，世界上没有哪一种工业建设像核电站这样受到公众舆论的制约。人们害怕核事故风险，像对原子弹一样地对核能民用产业存恐惧心理，既有不了解核能民用产业的原因，更有世界上发生过像前苏联"切尔诺贝利"核电站泄漏事故的影响。而事实上，世界上又没有绝对安全的东西，核能民用产业也不例外。

1990年，国际上把核事故分成7级，1～3级统称为小事故，4～7级统称为大事故。具体而言，一级核事故是核电厂运转出现异常，但尚未构成危险；二级核事故是小事故，能够影响核反应堆的安全；三级核事故是严重小事故，造成事故现场受到重大污染，并且使工人们受到过分核辐射的影响；四级核事故是大事故，主要影响核电厂，少量辐射物可能影响当地居民，食品应该进行检查；五级核事故是大事故，对事故现场内外的人均有危险，空气中测到辐射物，当地居民需要部分疏散，如1957年的美国三哩岛核事故；六级核事故是严重大事故，辐射物释放到空间，对当地居民健康造成严重影响;七级核事故是重大事故,会把大量辐射物释放到空间,会对大片地区的居民健康与环境造成长期影响,如1986年4月发生的切尔诺贝利核事故。

从核事故(军事应用中的风险除外)的发生情况来看,核事故风险包括核爆炸、核泄漏、核辐射等事故类型;核事故风险分布在核能民用研究、核电站设计、安装、调试以及核原料运输、发电等各个环节。中国的核能民用工业刚刚起步,尚未发生过核电站事故,但部分辐射个案及国外多起核电站事故的发生,表明中国在发展自己的核能民用工业中依然存在着各种核事故风险。

在核电站事故方面,我们应当吸取别国的教训,引以为诫。据统计,从1971~1984年间,在14个国家中发生过151起核事故;1951~1986年间,全世界发生比较严重的核事故达15起。例如,1957年英国温斯克尔核反应堆的放射性碘外泄,使13人丧生,260多人患放射性疾病;1972年加拿大乔克里弗核反应堆因工作人员操作错误引起反应堆里的氢氧混合物爆炸,使放射性液体外泄,造成了严重的核污染事故;1979年美国三哩岛核电站因抽水机阀门出现故障而使放射性水外泄,致1人死亡、100多人住院治疗,保险人赔偿金额达4.5亿美元;1981年日本敦贺核电站因放射性水外泄,使270多人受到核辐射,附近海湾受到严重的核污染;1986年前苏联切尔诺贝利核电站因工作人员违章,导致了一场震惊世界的空前的核事故,当即导致死亡、伤残300多人,500万人遭受了放射性物质的危害,直接经济损失达100多亿美元,间接经济损失达260多亿美元,一座城市成为一片废墟,到1990年仍有300万居民生活在有核污染的地区,留下了无法估量的后遗症。

在其他核事故风险方面,虽然笔者搜集的资料有限,但报界仍然披露过多起有关核事故案例。例如,在国外,1984年发生在摩洛哥的放射源事故,造成8人死亡;巴西还有一次是废品商弄出的放射源,使工人死亡,多人受伤害;墨西哥更有过将放射性粉末混于化妆品、导致许多人受辐射、3人死亡的案例。在中国,1989年12月22日晚,南京市扬子乙烯工地失落一枚铱——192放射源,经过128小时才找回,期间致使14人受到不同程度的伤害,47人可能受到放射物的伤害,被认定为特大放射事故;1992年11月19日,山西忻州市11名民工在一施工现场的废井挖地基时,挖出一个忻州市科委于1982年底存入废井的放射源—钴60放射源，由于民工张某不知为何物而带回家，至12月10日，致使其本人、兄、父共3人死亡，其妻虽在北京被挽救住了生命，但伤害十分严重。据有关部门透露，1992年一年中类似忻州的核放射事故在上海、武汉等地共发生8起。

由此可见，中国存在着核事故风险。这种风险随着建设规模的铺开和对核废料、放射源的处置不当，以及核电工业的发展，正在不断扩大。尽管前述列举的各种核事故造成的损害后果并不如某些自然灾害与人为事故灾害，但唯其风险特殊，更应加强对核事故风险的管理。

（三）核事故风险的防范

核电站的造价是极为高昂的，所采用的也是当代的高、新科学技术，如中国大亚湾核电站的造价就达100多亿元。既然核事故风险客观存在，就有必要重视减轻核事故风险及其危害。

1. 加强国际合作，努力吸取国外的经验、教训

在核能民用工业方面，发达国家走的路比我们的长，其技术比中国更成熟，中国应该在核电站的研制、建设、管理等方面积极借鉴国外的成功经验，缩短技术水平的距离；同时，认真吸取国外多起核事故的教训，改进我们的工作，必定会获得事半功倍的效果。例如，现今几乎一半对核电站的安全标准就是在美国三哩岛核事故发生后制定的；前苏联切尔诺贝利核事故亦对石墨型反应堆和核电站安全壳问题敲响了警钟，从而表明了核事故在给人类造成损害后果的同时也为改进此后的核电站建设提供了依据。因此，中国在发展自己的核电产业时，加强国际合作、重视吸取国外核能工业的经验教训，必定会取得良好的防灾、减灾效果。

2. 树立工作人员的核风险意识和职业责任感

核能是看不见、摸不着的放射物质，人们若是直接接触，就会在不知不觉中受到严重伤害，因而是十分危险的物质。它轻则致人残废，重则置人于死地，并在人体内留下后遗症祸及胎儿，对生态环境造成严重污染，相当长的时期内也无法恢复。而前述许多案例又都表明，工作人员的失职是核事故的最大风险因素。因此，应该树立核工作人员的核风险意识，让所有有关工作人员包括研制者、生产者、运输者以及核电站中每个环节上的工作人员都明了核事故的危害，进而达到增强工作人员责任心的目的。

只有工作人员树立了核风险意识，才有可能产生强烈的职业责任感；只有有强烈职业责任感的工作人员才可能避免工作中的失误而使核事故风险得到有效控制。

3. 重视工程防范措施

在对核事故风险进行防控中，重视诸如技术、管理、责任心等非工程措施固然必要，但工程防范措施亦同等重要，在这方面，切尔诺贝利核事故因在核反应堆外未建安全壳而酿成世界级大灾难就是一个深刻的教训。因此，笔者主张加强工程防范措施，如选择远离人群的地方修建核反应堆或迁移、疏散核反应堆周围的居民，在核反应堆外建立安全壳，建造专运核原料的特种运输工具，建设安全的核废料处理场所等等，都将有效地减少核事故的发生；即使发生核事故，其危险也会大大减轻。因此，在核电事业发展中，应将工程防范措施列入建设成本，以确保核电站运转万无一失。

4. 建立核能产业方面的法规制度

如建立核电站施工管理制度、运行管理制度，制定核事故处理法规、核事故损害赔偿制度，核废料及放射源报废处理规则等，使政府对核电产业的管理步入法制化的轨道，将有利于维护公众的利益，促进核能民用工业的健康发展。

5. 建立核能工程政策性保险制度

在国外，由于核能的风险特殊，商业保险公司一般是不承保核事故风险的，各国在发展自己的核能工业时均建立以政府为后盾的强制性核能工程政策性保险制度。如1956年，英国就率先成立了官方的核能保险委员会，不久即促成了英国核能保险集团的成立；接着，其他西欧国家、美国、日本等也成立了核能保险集团；到80年代末期，全世界已有20多个国家成立了自己的核能保险集团；这些核能保险集团接受政府的财政援助或补贴、或由政府承担超赔责任。实践证明，核能工业政策性保险作为核能工业的必要配套工程为核能的和平应用作出了很大的贡献。如在美国三哩岛核事故中，保险人就承担了全部直接经济损失的赔偿责任，付出的赔款达4.4亿美元。因此，中国应该建立自己的核能保险集团，通过向国内外保险人的分保来为核能工业的发展提供保险服务。

值得指出的是，核事故风险是危险的，但又并非像人们想象的那样令人恐惧。因为核电站毕竟不是原子弹,其核裂燃料的浓度只有30%左右(而原子弹为90%以上),绝不可能发生爆炸;同时,据专家透露,中国的核电站采用的是保险系数最高的压水式核反应堆,它与安全壳连成一体,即使发生地震等灾变,其危险性也比石墨反应堆小得多;况且,随着核能技术的进步和对多次失败教训的总结,核能工业正在走向成熟;过去数10年间,真正死于民用工业核事故的人数极少,损失也算不上是人类社会面临的主要灾种。因此,我们对核事故风险在抱着宁信其有、毋信其无的态度,并积极做好防范工作的同时,也不必对核能工业的发展过于恐惧。

中国人有过征服核能的光荣业绩,中国的核能工业已经起步并取得了初步成功,中国理当在原子能和平利用这个广阔领域中走在世界前列,并为防范核事故风险作出应有的贡献。

四、计算机事故风险

计算机是现代电子技术发展进步的产物,它的产生使人类从处理各种信息的手工劳动中解放出来。自80年代以来,随着计算机广泛应用于社会经济的一切领域,计算机科技产业异军突起,成为现代高科技产业中最具公众影响力的科技产业,给人类带来了巨大的社会、经济效益。在国际上,整数计算机更是许多国家商界、经济界、金融界事业家们必不可少的经营工具。以美国金融业为例,每个工作日通过计算机网络处理的业务额就高达一万亿美元。然而,与其他各种科技产业活动一样,计算机也蕴藏着莫大的事故风险,这类事故风险已成为当代科技事故风险中的主要种类。

(一)计算机事故风险概述

计算机事故风险,是指各种原因导致计算机事故,进而造成计算机用户的损失的风险总称。其损害后果有二:一是毁坏计算机系统的软件、应用程序及数据,造成资料及信息的灭失;二是通过修改软件(如改写程序等)而犯罪,诈骗钱财,造成计算机所有人或使用单位的直接经济损失,甚至使计算机控制系统陷入瘫痪状态。

造成计算机事故的原因,可以概括为以下几种:(1)计算机病毒的扩散和传染;(2)其他计算机犯罪活动,即一部分人利用计算机作案,窃取钱财或故意破坏计算机程序等。上述两种人为的创造性思维的智力犯罪是计算机事故的主要风险。此外，工作人员的操作失误，造成计算机储存的信息资料等的损失，以及自然灾变或意外事故导致计算机用户的损失，亦是计算机事故的重要致因。

有关资料表明，美国从 1965～1975 年间，利用修改计算机程序贪污钱财、窃取机密、扰乱信号系统等计算机犯罪事件比以前上升了 20 倍，其所涉及的款项少则几百万元，多则几亿美元，致使不少企业中枢控制系统发生瘫痪混乱事件。如 1987 年住在伏尔克斯沃加的几个人利用计算机作案，窃取了 2.59 亿美元，5 人被判有罪。1988 年一位前银行雇员冒名顶替洛杉矶银行的雇员，查找并掌握了当日银行的密码，将银行的 1 020 万美元转到了他在纽约的私人账号上。芝加哥诈骗犯阿曼德·穆尔因从芝加哥第一国家银行利用计算机窃取 6 900 万美元而被判处 10 年监禁，等等。在日本，除类似美国的计算机犯罪活动增加外，1978 年发生在宫城近海的 7.4 级地震就曾使利用计算机管理各种资料的系统受到破坏，导致存储的大量数据和资料受损，引起朝野一片混乱，经济损失惨重。80 年代初期，美国的一些软件设计人员在实验室中制造出计算机病毒，随后即被人竞相模仿，致使其在全世界蔓延，给各国的经济活动、科学研究等造成了巨大的损失。目前，全世界每年受害的计算机达 1 000 多万台，每年因各种计算机事故造成的直接经济损失在 100 亿美元以上。

中国的计算机产业发展很快。在计算机科研方面，计算机技术被列入国家"863"高科技发展计划，国防科技大学在继 80 年代末研制出"银河亿次"巨型计算机后，于 90 年代初期又研制出了"银河 10 亿次"巨型计算机，标志着中国的计算机技术已进入世界前列。在计算机科技产业方面，近几年全国各地的计算机软、硬件生产厂家更是如雨后春笋，计算机不仅已进入办公室、各企事业单位，而且越来越多地进入了普通居民家庭，成了提高工作效率的重要工具。所有这些，都表明中国的计算机科技产业已经在社会经济发展中占有很重要的地位。然而，计算机事故风险也同样成了每个计算机用户面临的潜在风险。

（二）计算机事故与计算机犯罪

前述资料表明了计算机意外事故与计算机犯罪活动的国际性。而据中国公安部计算机管理与监察局的有关报告，类似事件在许多地区也经常发生。如1986年9月18日，上海市二轻局贸易中心办公楼因两层楼间夹层电线失修，施工时又未按规定操作而引起火灾，烧毁了该市二轻局和国家物资总局机电设备公司华东一级站的6台计算机及其配套设施，而两个单位的计算机系统软件、应用程序、数据全部被毁，需要10多人一年多的时间才能全部恢复，硬件直接损失达146万多元。稍后，陕西省计委在利用计算机处理人口普查资料时，因操作员误操作，将几个月存储的所有数据资料全部抹掉了，等等。

在计算机犯罪方面，主要是犯罪分子利用计算机诈骗银行资金；还有窃取他人密码、非法复制、倒卖软件，毁坏计算机及其附属设备等。例如，1987年，北京市公安局在破获一起国际间谍案中，还发现某国际流氓组织利用计算机储存犯罪信息；1989年3月，四川省某银行微机操作员谢某，通过内外勾结盗走银行资金85万元；1989年12月至1990年6月，浙江省某银行电脑操作员方某利用电脑套取161万元，携款潜逃；在1986年至1991年间，河南省义马市耿村办事处主任李某，操作微机作案40余次，犯罪金额达33.4万余元，并妄图逃国外，终被逮捕法办；上海申银证券公司电脑员骆琪用计算机储存的股东资料，挪用公款480余万元买卖股票，亏损额达12.6万元，其本人亦被判刑20年；而中国农业银行吉林分行记账员史彪利用微机贪污公款100多万元，1993年12月初在长春被判处死刑，另一贪污犯于立新则被判处死缓。目前尚未被发现的类似罪案有多少？实在难以估算。至于计算机病毒的危害更为惊人。由此可见，计算机事故包括失控、故障、利用计算机犯罪等风险是巨大的，应该引起计算机用户的高度重视。

（三）计算机病毒及其种类

在计算机事故风险中，计算机病毒是危害最广、后果最为严重的事故风险，它作为人为制造的一种隐藏在计算机中具有极强破坏力和传染力的计算机程序和密码，被称为计算机的"恶性肿瘤"和"烈性传染病"。计算机病毒的侵扰，甚至被列为21世纪国际恐怖活动的5种新式武器之一。

计算机病毒，产生于80年代初的美国电报电话公司贝尔研究所，那是一些软件开发人员为开玩笑故意编造的错误程序；1983年11月，获得美国杰出计算机奖的科恩·汤普逊博士首次提出了计算机病毒的概念,并成功运行首道实验性病毒程序,还告诉人们如何编写这些"病毒"。以后人们出于种种目的,纷纷仿效,使计算机病毒愈演愈烈,成为全世界广大计算机用户的一大公敌。它之所以称为病毒,是因为其具有与生物病毒相同的二大特点:一是潜伏期,它进入计算机后,并不立即动作,而是等原定的一个日期或一个讯号发出才开始动作;二是感染性,只要它进入一台计算机,而这台计算机又和其他计算机联网,它就能悄悄地感染网络内的其他计算机,或者通过交换软盘而使未联网的计算机感染。计算机一旦感染上计算机病毒,轻则降低运算速度,影响工作效率;重则破坏计算机系统中保存的数据、程序,抹掉所储存的全部数据并使计算机成为"死机"。

根据计算机病毒的危害,可以分为一般病毒和恶性病毒两大类,前者只干扰运行,降低运算速度,不破坏系统,并可以消除;后者则破坏数据或系统,危害极大。据统计,至今全世界计算机病毒多达240多种,每年造成的经济损失数以10亿美元甚至上百亿美元计。如1988年11月2日,并入美国航空和航天局、军事基地和主要科研大学计算机网络的620台小型电子计算机全部因一种叫"蠕虫"的计算机病毒感染而罢工,成了一堆高级废铁,直接经济损失达9 200多万美元,研究并输入病毒的美国康乃尔大学计算机系研究生莫里斯(23岁)被处3年徒刑,并罚款1万美元。1989年10月,计算机病毒使瑞士邮电系统的60多部计算机多日处于瘫痪状态。同一时期,计算机病毒造成荷兰的10万台计算机运行失灵。各国企业界、银行界和科研机构对此惶恐不安。尤其令人忧虑的是,一些电子战专家认为进行计算机病毒战的条件已经成熟,并在努力探寻计算机病毒的"放毒"途径、"解毒"及"防毒"办法。其目标是摧毁敌方经济,即利用计算机病毒扰乱、吞噬敌方银行、经济管理及其他重要部门的计算机系统的程序,造成其经济混乱、崩溃,并窃取情报,导致对方计算机系统失灵而自相残杀,等等。如前述美国莫里斯编制的病毒程序除扰乱、冲洗、毁掉美军及西方国家计算机网络中无数正常程序外,还调出了美国国防部的军事情报。比利时一旅店老板将病毒注入政府电脑系统,竟窃取了首相马尔滕斯的秘密通信。

计算机病毒的蔓延是不分国界的,哪里有计算机,哪里就可能被计算机病毒传染。如在全世界240多种计算机病毒中,已有20多种侵入中国。

以湖北省统计系统为例，全省统计系统的700多台微机中受过计算机病毒感染的达80％以上；1990年4月13日星期五早晨，武汉水利电力学院计算机中心的一台286微机按正常程序开机时系统垮了，有关论文资料被病毒"吃掉"了不少；1992年3月，以微机系统管理的中国国家图书馆——北京图书馆竟因计算机感染病毒而闭馆数日。

在侵入中国的20多种计算机病毒中，主要有以下几种：

1. 小球病毒（又称圆点、乒乓）

这是在国内发现的首例计算机病毒，也是传播最广的计算机病毒之一。"小球病毒"发作时，计算机屏幕上会突然出现一些不停地跳来跳去的小圆白点，破坏屏幕的正常显示，机器运行速度减慢甚至被锁死。据1989年底有关部门在全国范围内抽检12 750台微机，发现感染上"小球病毒"的计算机达2 550台，占抽检数的20％，而全国按此推算，至少有6万多台微机感染上了"小球病毒"。

2. 大麻病毒（又称石头、新西兰病毒）

它是一种破坏性较强的病毒，其潜伏性和传染性均很强，产生于1988年底的新西兰，1989年下半年侵入中国。

3. 巴基斯坦病毒

这是1986年1月产生于巴基斯坦的计算机病毒，是一种老资格的计算机病毒。

4. 黑色星期五（又称耶路撒冷、疯狂拷贝、长方块）

这是一种定时病毒，当13日和星期五重合时发作，它最早在以色列的一所大学被发现。据1992年3月9日公安部计算机管理与监察局公布：自1991年以来，中国已发现两种"黑色星期五"计算机病毒，对一些单位的计算机产生了危害。

5. 米开朗琪罗

这是以著名雕塑家米开朗琪罗的名字命名并在其每年诞生日即3月6日发作的计算机病毒，它比以往发现的100多种计算机病毒更为厉害。据1992年2月28日《人民日报》消息透露：这种病毒的受害目标是全世界总数达6 000万台、能与美国国际商用机器公司出产的计算机兼容的所有机器。计算机专家认为，在最坏的情况下，全世界可能将有500万台计算机受到侵害。1992年3月10日《中国青年报》报道，公安部发布的消息中说，截至1992年3月7日下午4时，据不完全统计，全国有近10个省、市的20多个单位中发现"米开朗琪罗"病毒，并造成了用户的一定损失。

6. 雨点病毒（又称落花、感冒）

发作时屏幕上显示的字符往下降落，如同下雨，堆积在屏幕底部，并伴有雨点声，破坏显示的内容。

7. 维也纳病毒

1988年初首次在欧洲发现，据认为它出自德国汉堡市的一个计算机俱乐部，后经过他人进一步修改而成。

8. 音乐病毒

表现症状是演奏音乐，感染这种病毒的计算机，在每天17时奏出"嘟嘟"音乐，从而使储存文件发生混乱。

9. 其他

如磁盘杀手、快乐星期天等病毒均已侵入中国。

上述病毒均从国外传入，并且正在扩散，除了计算机病毒的相互传染，还有人在利用计算机病毒故意危害社会，计算机事故风险及其已造成过的灾难已经引起了计算机界的普遍关注。

（四）计算机事故的防范

对计算机事故风险的防范，应分别情况予以区别对待。如对利用计算机犯罪的风险应加强对计算机尤其是重要部门的计算机的安全保卫工作，并严厉打击计算机犯罪行为；对工作人员的操作失误可以通过加强技术培训、提高其工作责任心来加以避免；而对于传染广、蔓延快的计算机病毒则应摆到风险管理与控制的首要位置上。

要防范好计算机病毒，就必须做好下列工作：

1. 建立计算机检测和"疫情"报告制度。由于计算机病毒的潜伏性特点，往往到发现时已经造成了损失，因此，计算机用户应定期用病毒检测软件检测，并将检测结果向管理部门报告，以建立计算机病毒档案，为防范计算机病毒提供依据。

2. 加强管理和监测工作。1989年7月，国务院明确指出，计算机病毒的防治工作由公安部统一归口领导，按地区和行业成立计算机病毒诊治小组，有组织、有领导地开展计算机病毒防治工作；随后，公安部设立专司计算机事故风险管理的机构——公安部计算机管理与监察局，各省市区也相继在公安部门设立了计算机安全监察管理处。1990年3月，管理部门向各地发函，在办理一定手续后，可免费由有关单位发放国内出现的6种计算机病毒的检测软件和清除软件。应该肯定，中国的计算机事故风险管理有了统一的组织保证；但从目前的情况来看，计算机设备的使用管理还不完善，计算机病毒的检测工作还不健全，行业及地区的计算机事故风险尤其是计算机病毒防治组织还未成体系。因此，加强对计算机硬件的使用管理、开展风险普查、加强检测、完善管理与监察系统对于防治计算机病毒已成当务之急。

3. 重视日常预防工作，防患于未然。如对计算机中储存的大量数据资料进行复制，以便一旦受到计算机病毒感染时有备无患；经常清理计算机设备及其软件和磁介质，发现病毒时应即采取隔离措施，直至病毒彻底消除，方可重新投入使用；对未受感染的系统盘和系统文件、工作文件要认真做好安全保护工作，切防病毒侵入；不使用来历不明的软件；不随便将系统盘或应用程序盘借给他人；慎用公共的和共享的软件；对执行重要工作的机器要专机专用；等等。做好了日常的防检工作，就会有效地堵塞计算机病毒的传播渠道，消除计算机病毒的危害。

4. 计算机工作人员不仅要有强烈的职业责任感和工作责任心，还应了解有关计算机病毒的知识，及时掌握其发展动态和防治方法，以便经常对计算机进行检测，并能及时清除一般性计算机病毒。

5. 应该尽早制定计算机病毒防治法律制度。如严禁在计算机上玩各种电子游戏；对定购、研制、传播计算机病毒程序的当事人应该建立处罚制度；对故意制造、修改计算机病毒的当事人应根据国家刑事法律的原则给予法律制裁，对造成损害后果特别严重的犯罪分子应该处以极刑。

总之，计算机可以给国家带来巨大的社会经济效益，推动社会经济发展，但其脆弱性决定了随着计算机在全国范围内的广泛应用和计算机网络覆盖面的迅速增大，各种计算机事故风险尤其是利用计算机犯罪和计算机病毒的数量将会越来越多，其攻击性和破坏性将会更强，甚至会威胁到国家安全和社会安定，阻碍国民经济的发展。因此，重视计算机事故风险尤其是利用计算机犯罪活动与计算机病毒的研究，防止其发生，应当成为计算机科技产业界和灾害学界的重要任务。

附录一

有关灾害等级表

对中国灾情的研究，必然要涉及灾害等级的评价标准，而这些标准又是由有关部门、学界根据各种灾害多项量化指标制定的，可以作为我们考察灾情的重要依据。因此，特将有关灾害等级表收入本书，作为附录。

值得指出的是，灾情的轻重与灾害本身的等级是有区别的。首先，灾情的评价还须将灾害的等级与特定灾区的人文地理（如人口密度、财富集中、防抗灾设施等）相联系，如地震发生在城市，小震有可能酿成巨灾；若发生在农村或边远地区，大震亦可能不会造成大灾。同时，灾害等级标准一般很粗，而每次灾害的损害后果又绝少相似，故而在应用中还应将标准具体细化。其次，现行的灾害等级标准一般只以直接的、有形的损失为依据确定，而灾情却不仅仅是指直接的、有形的损失。

限于篇幅，本附录仅录入少数重要的灾害等级标准。

一、降水等级表

降雨等级	标准	降水状况
微 雨	24小时降水量小于0.1毫米；累计降水时间小于3小时	地面不湿或稍湿，如不注意，好像没有下雨一样
小 雨	24小时降水量小于5毫米	地面已全湿，但无积水
中 雨	24小时降水量5.1～25毫米	下雨时有雨声，地面有积水
大 雨	24小时降水量25.1～50毫米	雨声激烈可闻，遍地积水，薄的雨伞被湿透，并渗进水滴
暴 雨	24小时降水量为50.1～100毫米	雨声很大，倾盆而下。打开窗户，室内就听不到说话声。下水道不及时排水，常有外溢

续表

降雨等级	标准	降水状况
大暴雨	24小时降水量为100.1~200毫米	
特大暴雨	24小时降水量大于200毫米	
阵雨	一阵一阵地下雨，12小时内，降雨时间少于3小时	

注：本附录除另有注明外，均来自《灾害性天气及其预防》。

二、降雪等级表

降雪等级	标准	备注
微雪	24小时降水量少于0.1毫米	衡量阵雪大小，有以下两种方法： 1. 根据降水量：即将雪筒中收集的降雪融化成水，衡量其水层深度，以毫米为单位，表示地面平均降水量 2. 根据降雪深度：即在平坦观测场内，用积累尺测量，以厘米为单位，表示地面平均积雪深度。一般而言，一厘米厚的雪，近似一毫米降水量
小雪	24小时降水量为0.1~2.4毫米	
中雪	24小时降水量为2.5~4.9毫米	
大雪	24小时降水量大于5毫米	
阵雪	一阵一阵地阵雪，12小时内，累计降雪少于3小时	

三、龙卷风与旋风等级表

类别	名称	母云、漏斗云	发生地点	平均最大风速（米/秒）	极端量大风速（米/秒）
龙卷	陆龙卷	有	陆地上	79~103	104~130
	水龙卷	有	水面上	104~130	131~159
旋风	尘卷风	无	陆地上	57~58	79~103
	山卷风	无	陆地上	37~56	57~78
	汽卷风	无	陆地或水面	20~36	37~56
	火卷风	无	陆地或水面	37~56	57~78
	烟卷风	无	陆地或水面	37~56	57~78

四、风力等级表

风力等级	风的名称	风速（米/秒）	地面物象征
0	无风	0～0.2	静，烟直上
1	软风	0.3～1.5	烟能表示风向，但目标不能摇动
2	轻风	1.6～3.3	人略感有风，树叶有微响，风向标能转动
3	微风	3.4～5.4	树叶及微枝摇动不息，旌旗展开
4	和风	5.5～7.9	能吹起地面灰尘和纸张，树的小枝摇动
5	清（劲）风	8.0～10.7	有叶的小树摇摆，内陆的水面有水波
6	强风	10.8～13.8	大树枝动摇，举伞困难，电线呼呼有声
7	疾风	13.9～17.1	全树动摇，迎风步行感觉不便
8	大风	17.2～20.7	树枝折毁，人向前行感觉阻力很大
9	烈风	20.8～24.4	建筑物有小损，烟囱顶部及屋顶瓦片移动
10	狂风	24.5～28.4	陆上少见，见时可使树木拔起或建筑物损坏较重
11	暴风	28.5～32.6	陆上很少，有重大损坏
12	飓风	32.7～36.9	陆上很少，其摧毁力极大

五、地震烈度表

烈度	主要标志
一度	人不能感觉，仅仪器才能纪录到
二度	个别完全静止中的人才能感觉到
三度	室内少数静止中的人感觉到振动，悬挂物有时轻微摇动
四度	室内大多数人和室外少数人有感觉，少数人从梦中惊醒，门窗、顶篷、器皿等有时轻微作响
五度	室内几乎所有人和室外大多数人能感觉到，多数人从梦中惊醒，挂钟停摇，不稳的物体翻倒或落下，墙上的灰粉散落，抹灰层上可能有细小裂缝，不流动的水池里起不大的波浪，有破坏性

续表

烈度	主要标志
六度	一般民房少数损坏；简陋的棚窑少数破坏，甚至倾倒；潮湿疏松的土里有时出现裂缝，山区偶有不大的滑坡；行人不稳，家畜乱跑
七度	一般民房多数破坏，少数破坏；坚固的房屋也可能有破坏；民房烟囱顶部损坏，个别牌坊、塔和工厂烟囱轻微损坏；井泉水位有时变化；人从室内仓惶逃出，驾车不稳
八度	一般民房多数破坏，少数倾倒；坚固的房屋也可能有破坏；有些牌石、纪念物损坏、移动或翻倒；地面裂缝宽达10厘米以上；山区常有大的崩滑；人畜有伤亡
九度	一般民房多数倾倒；坚固的房屋许多遭受破坏，少数倾倒；地裂显著；有些地方的地下管道损伤或破坏；家具损坏，人畜伤亡
十度	坚固的房屋多数倾倒；地表裂缝成带，断续相连，总长度可达几公里，有时局部穿过坚硬的岩石；家具等大量损坏；铁轨弯曲；地下管道破裂
十一度	房屋普遍毁坏；山区有大规模崩滑，地表产生大的断裂；地下水剧烈变化；路基与土堤等大段毁坏，铁轨弯曲；人畜大量伤亡
十二度	广大地区房屋普遍毁坏，建筑物普遍毁坏；动、植物遭毁灭；人员大量伤亡

附注：地震震级是衡量地震等级的分类标志。在一般情况下，1~8级地震为微震；3~5级地震为弱震或小震，亦称有感地震；5~7级地震为强震或中震，亦称破坏性地震或强裂地震；7级以上地震为大地震，会造成严重后果。目前，世界上记录到最大的地震为8.9级，其中智利南部一次，中国山东莒县、宁夏海原、西藏察隅地区各一次。

六、美国龙卷灾害等级表

等级	相当风级	相当风速		灾害程度
		米/秒	公里/小时	
0	12	<33	<1171	轻度（Light）
1	12~15	33~55	117~180	中等（Moderale）
2	>15	51~70	181~253	重大（Considerabie）
3	/	71~93	254~332	强烈（Severe）
4	/	94~117	333~419	毁灭性的（Devasiating）
5	/	118~143	420	无可估量的（Lnereolible）

注：录自马宗晋等主编《灾害与社会》第129页。

七、旱灾等级表

(一) 夏、秋旱害等级表 (适应长江以南)

旱害等级	持续无雨天数	结束时一次降水量
旱兆	10～15	>20 毫米
小旱	16～30	>30 毫米
中旱	31～45	>50 毫米
大旱	46～60	>50 毫米
特大旱	60 天以上	>50 毫米

(二) 用降水量距评定干旱标准

旱期	降水量距平均百分率	
	旱	重旱 (或大旱)
连续 3 个月	−50%～−25%	−80%～−50%
连续 2 个月	−80%～−50%	−80% 以上
连续 1 个月	−80% 以上	

(三) 用危害面积衡量干旱标准

旱害等级	局部干旱	中等干旱	大干旱	特大干旱	毁灭性干旱
危害面积 (受旱面积/受旱地区耕地总面积)	10% 以下	11%～20%	21%～30%	31%～50%	50% 以上

注：录自黄元亮主编《实用农业保险》第 52 页。

八、火灾等级表

(一) 城乡火灾分级标准表

等级	分级标准
火警	凡着火直接损失不到火灾标准的，统称为火警
火灾	烧毁个人财物损失折款 50 元以上；烧毁单位或企业财产损失折款 100 元以上；因着火造成死亡或重伤一人
重大火灾	一次火灾损失折款在 1～30 万元间；或死 5 人，伤 10 人以下；农村火灾 30 户以上
特大火灾	一次火灾损失折款 30 万元以上，死亡 10 人，烧毁粮食 10 万斤，棉花 5 万斤或烧毁 50 户以上的大火

(本表由公安部颁发)

(二) 森林火灾标准表

火灾类别	受害面积（亩）	
	北方	南方
火警	<10	<10
火灾	10～1 000	10～1 000
大火灾	1 000～50 000	1 000～10 000
特大火灾	>50 000	>10 000
火情	发生火灾后未查清烧了大面积即是	同左
荒火	荒山野地或零星树木地上的火灾	同左

（本表由林业部发布）

九、马宗晋自然灾害双因子灾度表

按死亡人数划分		按折合经济损失划分	
死亡人数	灾害分级	直接经济损失	灾害分级
<10	微灾（E）	<10 万元	微灾（E）
10～100	小灾（D）	10～100 万元	小灾（D）
100～1 000	中灾（C）	100～1 000 万元	中灾（C）
1 000～10 000	大灾（B）	1 000 万元～1 亿元	大灾（B）
>10 000	巨灾（A）	>1 亿元	巨灾（A）

（这是中国科学院院士马宗晋提出的综合划分各种自然灾害等级的灾度表，录此供参考）

十、公路交通事故等级表

等级	损失和伤亡情况
小事故	轻伤 1～2 人或直接经济损失不满 50 元
一般事故	重伤 1～2 人；轻伤 3～10 人，直接经济损失在 50～1 000 元之间
大事故	死亡 1～2 人；重伤 3～10 人；轻伤 10 人以上；直接经济损失 1 000 元以上，不满 2 万元
重大事故	死亡 3 人以上；重伤 10 人以上；直接经济损失在 2 万元以上或造成严重政治影响

（本表由公安部颁布）

附录二

主要参考文献索引

1. 《人民日报》
2. 《光明日报》
3. 《科技日报》
4. 《中国青年报》
5. 《中国减灾报》
6. 《中国社会报》
7. 《中国劳动报》
8. 《中国环境报》
9. 《健康报》
10. 《法制日报》
11. 《长江日报》
12. 《报刊文摘》
13. 《灾害学》（季刊）
14. 《中国减灾》（季刊）
15. 《百科知识》（月刊）
16. 邓云特著：《中国救荒史》，上海书店，1942年版。
17. 陈良傭主编：《中国历代天灾人祸》，上海书店，1942年版。
18. 邢克军等：《生之路》，河北科技出版社，1988年版。
19. 湖南省安委会、保险公司合编：《湖南省防灾安全论文集》，1988年内部印刷。
20. 杜一主编：《灾害与灾害经济》，中国城市经济出版社，1988年版。
21. 何博传著：《山坳上的中国》，贵州人民出版社，1989年版。
22. 郑功成等：《保险案例分析》，武汉大学出版社，1989年版。
23. 刘木廷等：《环境敲响的警钟》，武汉出版社，1989年版。
24. 孟昭华等：《中国灾荒辞典》，黑龙江科技出版社，1989年版。
25. 崔乃夫主编：《中国民政辞典》，上海辞书出版社，1990年版。
26. 陈端生等编：《农业气象灾害》，北京农业大学出版社，1990年版。

27. 李文海等著:《近代中国灾荒纪年》,湖南教育出版社,1990年版。

28. 马宗晋等编:《灾害与社会》,地震出版社,1990年版。

29. 梁鸿光编:《减灾必读》,地震出版社,1990年版。

30. 马宗晋等编:《自然灾害与减灾600问答》,地震出版社,1990年版。

31. 国家减灾委办公室编:《中国减灾战略研讨会论文集》(上、中、下),1990年内部印刷。

32. 民政部救灾司编:《中国救灾年鉴》,人民出版社,1990年版。

33. 中国科协学会工作部编:《中国减轻自然灾害研究》(论文集),中国科技出版社,1990年版。

34. 郑功成著:《责任保险理论与经营实务》,中国金融出版社,1991年版。

35. 向明主编:《中国社会现实问题丛书》(环境文化系列),辽宁人民出版社,1991年版。

36. 李原等编著:《20世纪灾祸志》,福建教育出版社,1992年版。

37. 徐耀东等编著:《城市火灾浅析》,气象出版社,1992年版。

38. 郑功成主编:《财产保险学》,武汉大学出版社,1992年版。

39. 梁淑芬等编著:《湖北省自然灾害及防御对策》,湖北科技出版社,1992年版。

40. 朱立人主编:《新疆减灾四十年》,地震出版社,1993年版。

41. 郑功成主编:《新编保险案例分析》,新华出版社,1993年版。

42. 郑功成著:《中国救灾保险通论》,湖南出版社,1994年版。

43. 恩格斯:《自然辩证法》。

44. 《马克思恩格斯选集》第三卷。

45. 《中国统计年鉴》(历年)。

46. 《中国财政统计》(1952~1990)。

后 记

灾情是国情，灾害对中国社会经济各个方面的影响不仅巨大，而且还会持久下去，这是近几年来我一直讲的一个观点，也是我选择中国灾害问题作为我的主要研究课题并撰写中国第一部灾害黑皮书的出发点。在《中国灾情论》脱稿之际，我感到松了一口气，因为对我而言，此项研究终于可以划上第一个句号了。

回顾本书的研究与写作过程，可以概括为收集资料8载而成书3年。自1985年以来，我除却在自己的书斋里有目的地收集各种报刊中的有关灾情资料外，还将足迹留在了东至上海、西至新疆、南至海南、北至北京的20余省、市、自治区。不仅亲眼见识了我国许多地方的灾情（如大西北、沿海等），而且从各级民政部门、国家减灾部门、保险公司以及一些科研机构获得了许多有价值的第一手灾情资料。在收集数以千万字计的灾情资料的基础上，促使我将撰写《灾害黑皮书——中国灾情论》的愿望付诸实现的，则是1991年的江淮大水灾。这场大水灾使我联想到中国60年代初期的大灾荒、1976年的唐山地震、1987年的大兴安岭森林大火以及许许多多损失巨大、伤亡众多的灾害事故，而理论界迄今尚无一本全面、系统地研讨中国灾情问题的著作。我进而强烈意识到灾害作为中国国情重要的组成部分，有着极高的研究价值。因为如果在我国的社会发展和经济建设中不重视这种特殊的国情，我们就会为此付出惨重的代价。

随着研究的深入，接触的自然灾害、人为事故灾害、科技风险资料越来越多，我不能不为当代中国灾害之频繁、灾种之广泛、灾民之众多、灾情之严重所震惊，说中国"灾难深重"丝毫不是文学的夸张和抽象，而是具体的现实生活的写照。在一段集中写作的时间里，我甚至在睡梦中也陷入深深的对各种灾害导演的人间悲剧的悲哀之中，我觉得自己应该研究中国的灾害，并有责任为建立中国的灾情学作出贡献。

在研究过程中，我深知全面、系统地研究当代中国的灾情不是靠一本著作所能完成的，况且，作为一名社会科学工作者，自然科学知识和技术知识的欠缺必然会使我对中国灾害的研究有许多先天不足，且会有失于粗糙。因此，撰写《中国灾情论》的目的，只是在做一件基础性工作，要真正建立中国的灾情学并使之在国情研究中占据一席地位，还有待于社会科学界和自然科学界的携手合作、共同努力和深入研究。

我的研究工作得到了多方面的关注。全国政协副主席、中国科技泰斗和导弹之父钱学森教授曾数次致信笔者，给予指点；著名经济学家、全国人大常委会财经委副主任委员董辅礽教授，联合国减灾委科技委员、中国灾害防御协会秘书长谢礼立教授，均给予了热情的支持和指导；中国科学院院士、全国重大灾害综合调研组组长马宗晋教授还为拙作撰写了序言；国家减灾委办公室，中国气象学会副理事长、南京大学校务委员会副主任兼灾害研究中心主任陆渝蓉教授等多个部门、单位及个人馈赠了宝贵的资料；民政部门、保险公司及国家有关防灾、减灾机构为我的调研工作提供了极大的方便；在学术著作出版难的今天，本书一脱稿，人民出版社、海南出版社均支持该书的出版，万胜等同志甚至还做了一些具体的工作，而湖南出版社更是高度重视，在刚刚出版我的《中国救灾保险通论》后又将本书列为重点选题，该社素不相识的同志为我的两本著作费了很多心血，确实令人感动。在此，谨对上述学者、编辑和单位表示我的敬意和衷心的感谢。

我期待并祝愿，《中国灾情论》的出版能起到抛砖引玉的作用，在不久的将来，中国会有越来越多的社会科学工作者步入中国灾害问题和灾情学的研究行列，并出版更多、更好、更有助于我们认识中国的灾情、防控并减轻中国的灾情的著作。

在本书付梓之际，诚恳地希望专家、学者及广大读者不吝批评指正。

郑功成 谨识

1993年12月武昌·珞珈山